高效办公
玩转Access数据库

刘璐 编著

电子工业出版社
Publishing House of Electronics Industry
北京·BEIJING

内 容 简 介

Access 是 Office 办公软件系列中的重要组件，是桌面型关系数据库的一个典范。它让原本复杂的操作变得方便、快捷，使一些非专业人员也可以熟练地操作和应用数据库。全书共 12 章，介绍了 Access 数据库概述、Access 数据库学习方法、表与字段属性、创建"人力资源管理系统"基础表、编辑各表之间的关系、创建查询、高级查询、创建窗体、创建报表、使用宏和 VBA、导入与导出数据、数据库安全与优化等内容。

本书以创建"人力资源管理系统"为例，由浅入深、结构清晰、实例丰富、图文并茂、实用性强、内容简单、通俗易懂，适合 Access 初学者、数据库应用从业人员、大专院校师生、计算机培训人员、办公人员等使用，同时也是 Access 爱好者的必备参考书。

未经许可，不得以任何方式复制或抄袭本书之部分或全部内容。
版权所有，侵权必究。

图书在版编目（CIP）数据

高效办公：玩转 Access 数据库 / 刘璐编著. —北京：电子工业出版社，2018.4
ISBN 978-7-121-33837-3

Ⅰ. ①高… Ⅱ. ①刘… Ⅲ. ①关系数据库系统 Ⅳ. ①TP311.138

中国版本图书馆 CIP 数据核字（2018）第 045667 号

策划编辑：石 倩
责任编辑：牛 勇
特约编辑：赵树刚
印　　刷：三河市良远印务有限公司
装　　订：三河市良远印务有限公司
出版发行：电子工业出版社
　　　　　北京市海淀区万寿路 173 信箱　邮编：100036
开　　本：787×980　1/16　印张：24.5　字数：627.2 千字
版　　次：2018 年 4 月第 1 版
印　　次：2019 年 2 月第 4 次印刷
定　　价：69.00 元

凡所购买电子工业出版社图书有缺损问题，请向购买书店调换。若书店售缺，请与本社发行部联系，联系及邮购电话：（010）88254888，88258888。
质量投诉请发邮件至 zlts@phei.com.cn，盗版侵权举报请发邮件到 dbqq@phei.com.cn。
本书咨询联系方式：010-51260888-819，faq@phei.com.cn。

前 言

Access 2016 可以高效、便捷地完成各种中小型数据库的开发和管理工作,是一款重要的关系数据库产品。本书以"人力资源管理系统"为构架,从 Access 2016 的每一个基础知识点出发,由浅入深、由简单到复杂地介绍了各知识点的运用方法,配以大量的实例,每一章都配有丰富的插图说明,生动具体、浅显易懂,使用户能够快速且轻松地掌握功能强大的 Access 2016 在数据库管理中的应用体系,为工作和学习带来事半功倍的效果。

1. 本书编写意图

数据库系统是一种用于收集和组织信息较为高效、便捷的工具,但作为 Office 的重要组件之一的 Access 数据库,在实际学习和工作中能发挥的巨大作用却被很多人忽视。相对于专业的数据库软件,它具有易学易用、开发简单、接口灵活、用途广泛等特点。掌握它的操作方法,不仅可以使个人的学习办公提高效率,而且中小型企业或学校,也可以使用 Access 简单而强大的功能来管理运行业务所需要的数据,更可以在大型公司中的各个数据库服务器、工作站中起到链接的作用。

本书为 Access 的基础篇,熟练掌握本书的内容后,就可以进入下一阶段"创建销售数据库""创建财务数据库"等更高级的数据库学习和创建。

2. 中心内容

全书系统全面地介绍了 Access 2016 的应用知识,每一章都提供了丰富的实用案例,用来巩固所学知识。本书共分 12 章,内容概括如下:

第 1 章是数据库的概述,包括数据库的系统特点、数据库模型的介绍、Access 数据库结构的介绍、数据库完整性及概念模型等内容。

第 2 章简单介绍了 Access 数据库的学习方法，包括 Access 数据库的概述、如何自定义数据库等内容。

第 3 章介绍了 Access 数据库中的表与字段的属性，包括如何创建新表、如何设置字段属性等内容。

第 4 章主要针对第 3 章内容进行实际操作，创建"人力资源管理系统"基础表，包括公司定义表、部门定义表、员工基础信息表、人事合同表、招聘管理表、考勤表、培训记录表、培训人员明细表、工作日志、项目列表、项目计划明细表、用章登记表和办公用品领用明细表，以及创建数据有效性验证规则、操作数据表、操作字段、美化数据表等内容。

第 5 章全面介绍如何编辑各个表之间的关系，包括主键与索引的概述、表关系的概述等内容。

第 6 章基于表的完成创建查询，包括查询概述、查询条件、表达式、常用函数、运算符和常量等内容。

第 7 章全面介绍了高级查询，包括 SQL 概述、SQL 数据定义语句、SQL 基础查询等内容。

第 8 章全面介绍了创建窗体的内容，包括窗体概述、三种创建窗体的方法、子窗体、设置窗体格式、控件概述、使用布局、使用控件、设置窗口属性、使用条件格式、设置控件格式，以及创建"人力资源管理系统"窗体等内容。

第 9 章介绍了创建报表，包括报表的概述、创建报表、设置报表、保存与输入报表等内容。

第 10 章介绍了使用宏和 VBA，包括宏概述、宏操作、VBA 概述、VBA 语言基础、VBA 流程控制及调试 VBA 等内容。

第 11 章介绍了导入与导出数据，包括导入 Access 数据、导入 Excel 数据、导出 Access 数据、导出 Excel 数据等内容。

第 12 章全面介绍了数据库安全与优化，包括数据库安全与优化概述、优化数据库和移动数据及生成文件等内容。

3．本书特色

- 系统全面，逐层介绍。全书以创建"人力资源管理系统"为例，将 Access 2016 中的每一个内容都分为基础知识介绍和实例操作两部分，全部采用图解方式，且步骤讲解详细，图片清晰明了，增加了阅读体验，能够让新手轻松上手。读者通过阅读目录就能够厘清思路，产生强烈的学习欲和操作欲，便于读者自学和练习。
- 贴近工作，内容实用。本书内容是作者在实际工作中不断修改、完善、总结出来的，贴近实际操作，更能在工作和学习中得以实践。学习完本书后，可以举一反三，在实际工作中将内容稍加修改，便可将所学知识运用到学生管理、客户管理、资产管理等各个方面。

- 串珠逻辑，收放自如。全书通过实例分析、设计应用全面加深对 Access 2016 基础知识应用方法的讲解。在每个案例部分都提供了操作说明，并配以完成后的数据库系统，以帮助用户完全掌握案例的操作方法与技巧。

轻松注册成为博文视点社区用户（www.broadview.com.cn），扫码直达本书页面。

- **下载资源**：本书如提供示例代码及资源文件，均可在 下载资源 处下载。

- **提交勘误**：您对书中内容的修改意见可在 提交勘误 处提交，若被采纳，将获赠博文视点社区积分（在您购买电子书时，积分可用来抵扣相应金额）。

- **交流互动**：在页面下方 读者评论 处留下您的疑问或观点，与我们和其他读者一同学习交流。

页面入口：*http://www.broadview.com.cn/33837*

目 录

第 1 章 数据库概述 1
    1.1 数据库的概念 2
        1.1.1 数据与信息 2
        1.1.2 数据库 2
        1.1.3 数据库管理系统 3
        1.1.4 数据库管理技术的发展 4
        1.1.5 数据库系统的特点 6
    1.2 数据模型 8
        1.2.1 数据模型的介绍 8
        1.2.2 数据模型的分类 9
    1.3 Access 数据库结构 11
        1.3.1 Access 数据库结构介绍 11
        1.3.2 关系类型 12
    1.4 完整性及范式理论 14
        1.4.1 数据库完整性 14
        1.4.2 数据库范式理论 16
    1.5 概念模型 19
        1.5.1 实体—联系模型 19
        1.5.2 实体—联系方法 21

第 2 章 Access 数据库学习方法 25
    2.1 Access 概述 26
        2.1.1 了解 Access 数据库 26

2.1.2　Access 2016 快捷键 27
   2.1.3　Access 2016 工作界面 30
 2.2　自定义数据库 32
   2.2.1　Access 2016 中的对象 32
   2.2.2　自定义快速访问工具栏 35
   2.2.3　自定义功能区 37
   2.2.4　自定义工作环境 39

第 3 章　表与字段属性的详细介绍 41
 3.1　表介绍 42
   3.1.1　概述 42
   3.1.2　数据类型和字段属性 42
   3.1.3　表关系 54
 3.2　将表添加到 Access 桌面数据库 55
   3.2.1　在新桌面数据库中创建新表 55
   3.2.2　在现有数据库中创建新表 56
   3.2.3　通过导入或链接至外部数据来创建新表 57
   3.2.4　在桌面数据中设置表属性 61
   3.2.5　在数据表视图中设置字段属性 62
   3.2.6　保存表 63

第 4 章　创建"人力资源管理系统"基础表 64
 4.1　"人力资源管理系统"的模块 65
 4.2　创建"人力资源管理系统"基础表 66
   4.2.1　创建公司定义表 67
   4.2.2　创建部门维护表 69
   4.2.3　创建员工基础信息表 72
   4.2.4　创建人事合同表 74
   4.2.5　创建招聘管理表 75
   4.2.6　创建考勤表 76
   4.2.7　创建培训记录表 77
   4.2.8　创建培训人员明细表 78
   4.2.9　创建工作日志 79
   4.2.10　创建项目列表 80
   4.2.11　创建项目计划明细表 81

	4.2.12	创建用章登记表 81
	4.2.13	创建办公用品领用明细表 82

4.3 创建数据有效性验证规则 83
- 4.3.1 有效性规则的类型 83
- 4.3.2 可以在有效性规则中使用的内容 84
- 4.3.3 有效性规则和验证文本示例 84
- 4.3.4 向表添加有效性规则 85

4.4 操作数据表 85
- 4.4.1 输入数据的方法 85
- 4.4.2 设置数据表格式 88
- 4.4.3 使用查询列 90

4.5 操作字段 91
- 4.5.1 创建计算字段 92
- 4.5.2 排序字段与冻结字段 92
- 4.5.3 查找数据与替换数据 93
- 4.5.4 使用字段筛选 95

4.6 美化数据表 98
- 4.6.1 设置数据格式 98
- 4.6.2 设置背景颜色 99

4.7 向基础表中输入基础数据 100

第 5 章 编辑各表之间的关系 102

5.1 主键与索引 103
- 5.1.1 主键概述 103
- 5.1.2 索引概述 104

5.2 创建表之间的关系 106
- 5.2.1 表关系概述 106
- 5.2.2 创建表关系 106
- 5.2.3 表关系验证 111

第 6 章 创建查询 114

6.1 查询概述 115
- 6.1.1 查询的作用 115
- 6.1.2 查询的类型 116

6.2 查询条件 118
6.2.1 查询条件简介 119
6.2.2 文本、备忘录和超链接字段的条件 121
6.2.3 数字、货币和自动编号字段的条件 122
6.2.4 日期/时间字段的条件 123
6.2.5 是/否字段的条件 125
6.3 表达式 126
6.3.1 表达式概述 126
6.3.2 表达式语法 127
6.4 常用函数 129
6.4.1 Abs()函数 129
6.4.2 Asc()函数 129
6.4.3 Avg()函数 130
6.4.4 CallByName()函数 130
6.4.5 类型转换函数 131
6.4.6 Choose()函数 133
6.4.7 Count()函数 133
6.4.8 CreateObject()函数 134
6.4.9 CurDir()函数 135
6.4.10 Date 函数 135
6.4.11 DateAdd()函数 135
6.4.12 DateDiff()函数 136
6.4.13 DatePart()函数 138
6.4.14 DateSerial()函数 138
6.4.15 Day()函数 139
6.4.16 DDB()函数 139
6.4.17 EOF()函数 140
6.4.18 Error()函数 140
6.4.19 Exp()函数 141
6.4.20 FileDateTime()函数 141
6.4.21 First()、Last()函数 141
6.4.22 Int()、Fix()函数 142
6.4.23 IIf()函数 142
6.4.24 Input()函数 143

6.4.25	InputBox()函数	144
6.4.26	InStr()函数	145
6.4.27	InStrRev()函数	145
6.4.28	IsEmpty()函数	146
6.4.29	IsError()函数	146
6.4.30	IsNull()函数	147
6.4.31	Min()、Max()函数	147
6.4.32	Month()函数	147
6.4.33	MsgBox()函数	148
6.4.34	QBColor()函数	149
6.4.35	Right()函数	150
6.4.36	Round()函数	151
6.4.37	Second()函数	151
6.4.38	Spc()函数	151
6.4.39	Sum()函数	152
6.4.40	StrReverse()函数	153
6.4.41	Tab()函数	153
6.4.42	Time 函数	154
6.4.43	TimeSerial()函数	154

6.5 运算符和常量 155
    6.5.1 运算符 155
    6.5.2 常量 156

6.6 基础查询 157
    6.6.1 查询帮助查找和处理数据 157
    6.6.2 选择查询 157
    6.6.3 交叉表查询 160
    6.6.4 查找重复项 163
    6.6.5 查找不匹配项 165

6.7 创建查询 166
    6.7.1 办公用品领用明细表查询 167
    6.7.2 工资表查询 169
    6.7.3 月度工资表查询 171

第 7 章 高级查询 ... 173

7.1 SQL 概述 ... 174
- 7.1.1 概述 ... 174
- 7.1.2 SQL 的特点与数据类型 ... 175
- 7.1.3 了解 SQL 子句 ... 176

7.2 SQL 数据定义语句 ... 179
- 7.2.1 创建和修改数据表 ... 179
- 7.2.2 索引、限制和关系 ... 183

7.3 SQL 基础查询 ... 184
- 7.3.1 SQL 基本查询 ... 184
- 7.3.2 SQL 追加查询 ... 186
- 7.3.3 SQL 更新与删除查询 ... 187
- 7.3.4 SQL 交叉与生成表查询 ... 188

第 8 章 创建窗体与美化窗体 ... 190

8.1 窗体概述 ... 191
- 8.1.1 窗体设计要素 ... 191
- 8.1.2 窗体的组成 ... 192
- 8.1.3 窗体视图 ... 194
- 8.1.4 窗体类型 ... 195

8.2 创建窗体 ... 196
- 8.2.1 创建普通窗体 ... 196
- 8.2.2 利用向导创建窗体 ... 198
- 8.2.3 创建其他窗体 ... 199

8.3 子窗体 ... 202

8.4 设置窗体格式 ... 204
- 8.4.1 设置字体格式 ... 204
- 8.4.2 设置数字格式 ... 205
- 8.4.3 设置主题样式 ... 206

8.5 控件概述 ... 207
- 8.5.1 控件基础 ... 207
- 8.5.2 控件类型 ... 209

8.6 使用布局 ... 211
- 8.6.1 创建新布局 ... 211

8.6.2 编辑布局 212
8.7 使用控件 215
　　8.7.1 使用文本控件 215
　　8.7.2 使用组合框控件 218
　　8.7.3 使用列表框控件 219
　　8.7.4 使用选项组 221
　　8.7.5 使用选项卡控件 224
8.8 设置窗口属性 225
　　8.8.1 设置格式属性 225
　　8.8.2 设置数据属性 227
　　8.8.3 设置事件属性 229
　　8.8.4 设置其他属性 232
8.9 使用条件格式 235
　　8.9.1 新建规则 235
　　8.9.2 管理条件格式 237
8.10 设置控件格式 238
　　8.10.1 设置外观样式 238
　　8.10.2 设置形状样式 239
　　8.10.3 设置形状效果 240
8.11 创建"人力资源管理系统"窗体 242
　　8.11.1 "公司定义"录入窗体 242
　　8.11.2 "部门维护"录入窗体 249
　　8.11.3 "员工基础信息"及"考勤表"录入窗体 254
　　8.11.4 "人事合同"录入窗体 258
　　8.11.5 "招聘管理"录入窗体 261
　　8.11.6 "用章登记表"录入窗体 263
　　8.11.7 "办公用品领用明细表"录入窗体 267
　　8.11.8 "培训记录"录入窗体 268
　　8.11.9 "项目计划明细表"录入窗体 269

第9章 创建报表 270

9.1 报表的概述 271
　　9.1.1 了解报表 271
　　9.1.2 报表视图 272
　　9.1.3 报表设计基础 274

9.2 创建报表 ... 277
- 9.2.1 创建单一报表 ... 277
- 9.2.2 创建分组报表 ... 283
- 9.2.3 创建子报表 ... 285

9.3 设置报表 ... 288
- 9.3.1 使用控件布局 ... 288
- 9.3.2 设置报表节 ... 290
- 9.3.3 运算数据 ... 293

9.4 保存与输出报表 ... 295
- 9.4.1 保存报表 ... 296
- 9.4.2 设置报表页面 ... 296
- 9.4.3 打印报表 ... 298

9.5 创建报表 ... 300
- 9.5.1 员工工牌 ... 301
- 9.5.2 电子版劳动合同 ... 305
- 9.5.3 培训记录单明细表 ... 310
- 9.5.4 月度/周工作日志明细表 ... 313
- 9.5.5 部门办公用品领用明细表 ... 314
- 9.5.6 工资汇总表及月工资表 ... 318

9.6 创建数据库主窗体 ... 320

第10章 使用宏和 VBA ... 324

10.1 宏概述 ... 325
- 10.1.1 认识宏生成器 ... 325
- 10.1.2 宏的组成 ... 326

10.2 宏操作 ... 328
- 10.2.1 创建宏 ... 328
- 10.2.2 编辑及控制宏 ... 332

10.3 VBA 概述 ... 333
- 10.3.1 了解 VBA ... 334
- 10.3.2 认识 VBA 编辑器 ... 335

10.4 VBA 语言基础 ... 336
- 10.4.1 数据类型与宏转换 ... 336
- 10.4.2 常量、变量与数组 ... 338
- 10.4.3 模块、过程与函数 ... 340

10.5 VBA 流程控制 ... 342
10.5.1 条件语句 ... 342
10.5.2 判断语句 ... 343
10.5.3 循环语句 ... 344

10.6 调试 VBA ... 347
10.6.1 错误类型和编辑规则 ... 347
10.6.2 对简单错误的处理 ... 348

第 11 章 导入与导出数据 ... 350
11.1 导入数据 ... 351
11.1.1 导入 Access 数据 ... 351
11.1.2 导入 Excel 数据 ... 353
11.2 导出数据 ... 356
11.2.1 导出 Access 数据 ... 356
11.2.2 导出 Excel 数据 ... 358
11.2.3 导出文件文本 ... 361
11.3 创建 HTML 文件 ... 364
11.3.1 HTML 概述 ... 364
11.3.2 创建 HTML 文件 ... 365

第 12 章 数据库安全与优化 ... 367
12.1 数据库安全与优化概述 ... 368
12.1.1 优化数据库概述 ... 368
12.1.2 数据库安全概述 ... 369
12.1.3 Access 中的安全功能 ... 370
12.2 优化数据库 ... 373
12.2.1 优化数据库性能 ... 373
12.2.2 优化数据库对象 ... 374
12.3 移动数据及生成文件 ... 376
12.3.1 迁移数据 ... 376
12.3.2 生成 accde 格式的文件 ... 377

第 1 章 数据库概述

　　数据库（Database，DB）是按照数据结构来组织、存储和管理数据的仓库。随着信息技术和市场的发展，特别是 20 世纪 90 年代以后，数据管理不再仅仅是存储和管理数据，而是转变成用户需要的各种数据管理方式。数据库有很多种类型，从最简单的存储各种数据的表格，到能够进行海量数据存储的大型数据库系统，都在各个方面得到了广泛应用。

1.1 数据库的概念

在信息化社会，充分有效地管理和利用各类信息资源，是进行科学研究和决策管理的前提条件。数据库技术是管理信息系统、办公自动化系统、决策支持系统等各类信息系统的核心部分，是进行科学研究和决策管理的重要技术手段。

1.1.1 数据与信息

数据是反映客观事物属性的记录，是信息的具体表现形式。数据包括文字、声音、图形等一切能被计算机接收和处理的符号。数据是事物特性的反映和描述，是符号的集合，是各种抽象信息的具体化。

信息是客观事物属性的反映，是经过加工处理并对人类客观行为产生影响的数据表现形式。

可以通过工牌号、姓名、所属部门、职务、入职时间、工作年限、基本工资、职位工资、工龄工资等信息描述员工的特征：

"001 刘璐 财务部 经理 15-12-26 1 3000 800 200"

这里的员工记录就是信息。在数据库中，记录与事物的属性是对应关系，如图1-1所示。

图 1-1

1.1.2 数据库

根据上述内容，可以将数据库理解为存储在一起的相互有联系的数据集合。

严格来说，数据库应该具备以下特点：

（1）存储在一起的相关数据的集合。

（2）数据是结构化的，为多种应用服务。

（3）数据的存储独立于使用它的程序。

（4）向数据库插入新数据、修改或检索原有数据均能按一种公用的、可控制的方式进行。

当某个系统中存在结构上完全分开的若干个数据库时，则该系统包含一个"数据库集合"。因此，在Access数据库中，可以将这个"数据仓库"以"表"的形式表现出来。其中，每条记录中存储的内容就是信息。例如，在"员工信息表"中存储了员工情况的数据内容，如图1-2所示。

第 1 章 数据库概述

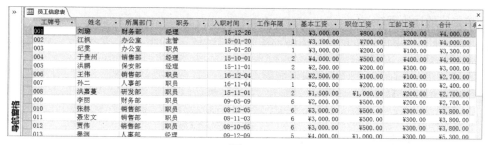

图 1-2

与以前的数据记录方式相比，通过数据库记录数据可以带来许多好处，例如：减少了数据的冗余度，从而大大节省了数据的存储空间；实现了数据资源的充分共享等。

1.1.3 数据库管理系统

数据库管理系统（DBMS，Database Management System）是一种操纵和管理数据库的大型软件，用于建立、使用和维护数据库。它对数据库进行统一管理和控制，以保证数据库的安全性和完整性。

用户通过 DBMS 访问数据库中的数据，数据库管理员也通过 DBMS 进行数据库的维护工作。它提供多种功能，可使多个应用程序和用户用不同的方法在同一时刻或不同时刻建立、修改和询问数据库。DBMS 主要包括以下功能。

1．数据定义

DBMS 提供数据定义语言（Data Definition Language，DDL），用户通过 DDL 可以方便地对数据库中的数据对象进行定义。例如：在 Access 数据表中，可以定义数据的类型及属性（如字段的大小、格式等），如图 1-3 所示。

2．数据操纵

DBMS 除了提供数据定义语言，还提供数据操纵语言（Data Manipulation Language，DML），用户可以使用 DML 实现对数据的基本操作，如查询、插入、删除和修改等操作，如图 1-4 所示。

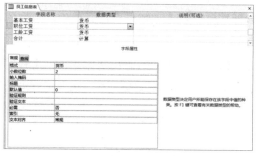

图 1-3

图 1-4

3. 数据库的运行管理

数据库在建立、运用和维护时，由数据库管理系统统一管理、统一控制，以保证数据的安全性和完整性。

4. 数据库的建立和维护

数据库的建立和维护功能包括：初始数据输入、转换功能，数据库的转储、恢复功能，数据库的管理重组织、性能监视、分析功能等。这些功能通常是由一些实用程序完成的。例如：选择"数据库工具"选项卡"分析"选项组中的"分析性能"命令，即可弹出"性能分析器"对话框，分析数据库系统各对象的性能，如图1-5所示。

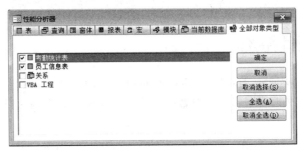

图 1-5

1.1.4 数据库管理技术的发展

数据库技术是应数据管理任务的需要而生的。数据处理是指对各种数据进行收集、存储、加工和传播的一系列活动的总和。

数据管理是指对数据进行分类、组织、编码、存储、检索和维护，它是数据处理的中心问题。随着计算机技术的发展，数据库已与计算机相结合。数据库管理技术的发展经历了以下三个阶段。

1. 人工管理阶段

在20世纪50年代中期前，计算机主要用于科学计算，当时硬件的外存储器没有磁盘这类可以随机访问、直接存取的设备，软件商没有专门管理数据的软件，数据由计算或处理数据的程序自行携带，所有数据管理任务由人工完成。

这样数据与程序不具有独立性，一组数据对应一组程序。数据不能长期保存，一个程序中的数据无法被其他程序利用，程序与程序之间存在大量的重复数据，即数据冗余。在人工管理阶段，程序与数据之间的对应关系如图1-6所示。

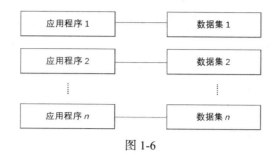

图 1-6

2．文件系统阶段

在 20 世纪 50 年代后期至 20 世纪 60 年代中后期，大量的数据存储、检索和维护成为紧迫的需求，可直接存取的磁盘成为联机的主要外存储器，软件中也出现了高级语言和操作系统。

操作系统中的文件系统是专门管理外存储器的数据管理软件。在这个阶段，程序与数据有了一定的独立性，程序和数据分开，有了程序文件和数据文件的区别。

但是这一时期的文件系统的数据文件，主要服务于某一特定的应用程序，数据和程序相互依赖，而且同一数据项可能重复出现在多个文件中，数据冗余量大，浪费空间，增加更新开销。同时，由于冗余多，不能统一修改数据，造成数据的不一致性。在文件系统阶段，数据与数据之间的关系如图 1-7 所示。

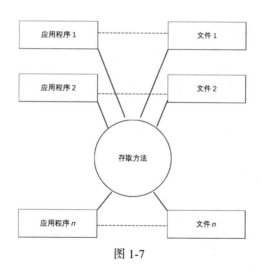

图 1-7

3．数据库系统阶段

到了 20 世纪 60 年代后期，计算机用于管理的规模越来越大，应用也越来越广泛。同时，多种应用、多种语言互相覆盖地共享数据集合的要求也越来越强烈。在处理方式上，联机实时处理要求更多，并开始提出和考虑分布处理。

在这种背景下，以文件系统作为数据管理手段已经不能满足应用需求，于是为解决多用户、多应用共享数据的需求,使数据为尽可能多的应用服务,数据库技术应运而生,出现了统一管理数据的专门软件系统——数据库管理系统。

用数据库系统管理数据比用文件系统管理数据更具优势,从文件系统到数据库系统,标志着数据管理技术的飞跃。

1.1.5 数据库系统的特点

与人工管理和文件系统相比,数据库系统的特点主要有以下几个方面。

1. 数据结构化

数据结构化是数据库系统与文件系统的根本区别。在文件系统中,相互独立的文件的记录内部是有结构的。传统文件的最简单形式是等长同格式的记录集合。例如:一个员工信息记录文件,每个记录都有记录格式。

如图 1-8 所示,表格中前几项数据是员工具有的共同信息。如果采用等长记录形式存储员工数据,为了建立完整的员工档案文件,每个员工记录的长度必须等于信息量最多的记录的长度,导致浪费大量的存储空间。

图 1-8

因此,可以将较长的记录格式进行拆分操作,以结合的形式建立新的文件,如图 1-9 所示。

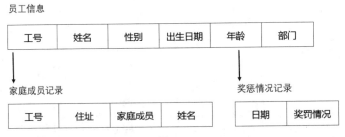

图 1-9

这样可以节省许多存储空间,灵活性也相对提高,但建立的文件还是有局限性,因为这种结构上的灵活性只是针对一个应用而言的。

而数据结构化的目的在于数据不再针对某一个应用,而是面向全组织,具有整体的结构化。不仅数据是结构化的,而且存取数据的方式也很灵活,可以存取数据库的一个数据项或一组数据项、一个记录或一组记录。而在文件系统中,数据的最小存储单位是记录。

因此，对于员工不同的信息，可以按照表格的属性输入相关的内容。例如，在"员工信息"表中输入工号、姓名、性别、出生日期等信息，在"员工管理"表中输入工号、入职时间、部门、毕业院校、所学专业等，在"家庭成员记录"中输入工号、与本人关系、姓名等，在"奖罚情况记录"中输入工号、日期、奖罚内容、奖罚金额等信息，如图 1-10 所示。

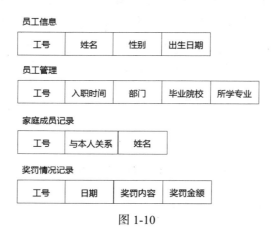

图 1-10

2．数据共享性高，冗余度低，易扩充

数据可以被多个用户、多个应用共享，这样可以大大减少数据冗余，节约存储空间；还可以避免数据之间的不相容性与不一致性。

采用人工管理或文件系统管理时，由于数据被重复存储，当不同的应用使用和修改不同的复制时，极易造成同一数据复制的值不一样。所以，在数据库中进行数据共享，减少了由于数据冗余造成的不一致现象。

由于数据面向整个系统，结构化的数据不仅可以被多个应用共同使用，而且容易增加新的应用。这样数据库就具有较大的弹性，也易于扩充，并且可以满足不同用户的要求。

3．数据独立性高

数据独立性建立在数据的逻辑结构和物理结构分离的基础上，用户以简单的逻辑结构操作数据，无须考虑数据的物理结构，转换工作由数据库管理系统实现。数据独立性分为数据的物理独立和数据的逻辑独立。

数据的物理独立指数据存取与程序分离。也就是说，数据在磁盘上怎样存储是由 DBMS 管理的，用户程序不需要了解，应用程序要处理的只是数据的逻辑结构。这样当数据的物理存储改变时，应用程序不用改变。

数据的逻辑独立指数据的使用与数据的逻辑结构相分离。也就是说，数据的逻辑结构改变时，用户程序可以不变。

4．数据由 DBMS 统一管理和控制

数据库是长期存储在计算机内，并且有结构的共享式数据集合。它可以供多个用户使用，并且具有较小的冗余度和较高的数据独立性。

而 DBMS 在数据库建立、运用和维护时对数据库进行统一控制，以保证数据的完整性和安全性。另外，在多用户同时使用数据库时，可以进行并发控制，发生故障后也可以对系统进行恢复。

所以，DBMS 提供了数据的安全性保护（Security）、数据的完整性检查（Integrity）、并发控制（Concurrency）、数据库恢复（Recovery）等功能。

1.2　数据模型

数据模型（Data Model）是对现实世界数据特征的抽象表达。它不仅反映数据本身的内容，而且反映数据之间的联系。

1.2.1　数据模型的介绍

数据模型是数据库中数据的存储方式，是数据库系统的基础。

数据的加工是一个逐步转换的过程，经历了现实世界、信息世界和计算机世界三个不同的过程，经历了两级抽象和转换，示意图如图 1-11 所示。

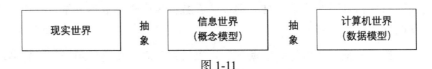

图 1-11

数据模型是严格定义的一组概念的集合，是现实世界中的事物及其联系的一种抽象表示。通常，一个数据库的数据模型由数据结构、数据操作、数据约束条件三部分组成。

数据结构是研究的对象类型的结合。这些对象描述数据的类型、内容、性质和数据之间的相互关系。

数据操作是只对数据库中各种对象（型）的实例（值）允许执行的操作的结合，包括操作及有关的操作规则。数据操作中主要的操作有查询、插入、删除、修改等。数据类型要给出这些操作确切的含义、操作规则和实现操作的语言。因此，数据操作规定了数据模型的动态特性。

数据约束条件是一组完整性规则的集合。完整性规则是给定的数据模型中数据及其联系所具有的制约和依存规则，用来限定符合数据模型的数据库状态及状态的变化，以保证数据的正确、有效和相容。

1.2.2 数据模型的分类

数据库系统模型是指数据库中数据的存储结构。根据具体数据存储需求的不同，数据库可以使用多种类型的系统模型。较常见的数据模型有层次模型、网状模型、关系模型及面向对象的模型。

1. 层次模型

层次模型以"树结构"表示数据之间的联系，是数据库系统中最早使用的一种模型。

这种模型描述的数据组织形式像一棵倒置的树，由节点和连线组成，节点表示实体。树有根、枝、叶，在这里都称为节点，根节点只有一个，向下分支，是一种一对多的关系。行政机构或家族谱的组织形式都可以被看作层次模型，如图 1-12 所示。

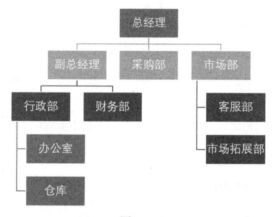

图 1-12

优点：层次分明，结构清晰，不同层次间的数据关联直接、简单。

缺点：数据不得不纵向向外扩展，节点之间很难建立横向的关联。对插入和删除操作限制较多，查询非直系的节点非常麻烦。

2. 网状模型

网状模型以"图结构"表示数据之间的联系，以"网状结构"表示实体与实体之间的联系。

这种模型描述的事物及其联系的数据组织形式就像一张网，节点表示数据元素，节点间连线表示数据间的联系。它去掉了层次模型的两个限制，允许多个节点没有双亲节点，也允许一个节点有多个双亲节点，还允许两个节点之间有多种联系。节点之间是平等的，无上下层关系。如人事系统中的"行政部""职员""办公用品""固定资产"等事物之间有联系但无层次关系，可将它们看作一种网状结构模型，如图 1-13 所示。

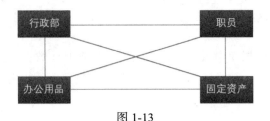

图 1-13

优点：能很容易地反映实体之间的关联，也避免了数据的重复。

缺点：结构比较复杂，路径太多。当插入或删除数据时，涉及的相关数据较多，不易维护和重建。

3．关系模型

关系型数据库使用的存储结构是多个二维表格，即反映事物及其联系的数据描述是以平面表格的形式体现的。数据表与数据库之间存在相应的关联，可以利用这些关联查询相关的数据，如图 1-14 所示。

工牌号	姓名	所属部门	联系方式	住址
001	刘璐	财务部	15942528210	辽宁省丹东市
002	江枫	办公室	15942528211	辽宁省丹东市
003	纪雯	办公室	15942528212	辽宁省丹东市
004	于贵州	销售部	15942528213	辽宁省丹东市

序号	签到日期	工牌号	签到时间	备注
20170808	2017-08-08	001	7：45	正常
20170809	2017-08-08	002	7：50	正常
20170810	2017-08-08	003	8：05	迟到
20170811	2017-08-08	004		旷工

图 1-14

在每一个二维表中，每一行称为一条记录，用来描述一个对象的信息。每一列称为一个字段，用来描述对象的一个属性。

4．面向对象的模型

面向对象的数据模型能完整地描述现实世界复杂的数据结构，并具有封装性和继承性等面向对象的技术的特点。

面向对象的数据模型基于对象（现实世界中实体的抽象）、属性（描述对象的特性）、类（具有相同特性的对象被分组为类）、类层次（类似于一棵倒立的树，每个类只有一个双亲）和继承性（类层次中的对象继承上层类的属性和方法的能力）。

1.3　Access 数据库结构

关系模型对数据库的理论和实践产生很大的影响，并且比层次和网状模型有明显的优势，若要深入学习 Access 2016 的相关内容，则了解及掌握关系模型理论是非常必要的。

1.3.1　Access 数据库结构介绍

Access 数据库是一个典型的关系数据库，是由数据表和数据表之间的关联组成的。数据表通常是一个由行和列组成的二维表，每一个数据表都说明数据库中某一特定方面或部分的对象及其属性。

数据表中的行通常叫作记录或元组，代表众多具有相同属性的对象中的一个；数据库表中的列通常叫作字段或属性，代表相应数据库表中存储对象的共有属性。

如图 1-15 所示，在“员工信息表”中，主要通过员工的一些内容来存储相关信息。每条记录代表一个员工的完整信息，每个字段代表员工的属性。这样就组成了一个相对独立于其他数据表之外的员工信息表。

另外，用户在该数据表中进行添加、删除或修改等操作时，不会影响数据库中其他数据表的内容。

员工信息表

工牌	姓名	所属部门	职务	入职时间	工作年限	基本工资	职位工资	工龄工资	合计
013	墨渊	人事部	经理	09-12-09	5	¥4,000.00	¥1,000.00	¥300.00	¥5,300.00
014	白浅	办公室	职员	05-03-02	10	¥3,000.00	¥200.00	¥200.00	¥3,400.00
015	夜华	办公室	职员	05-06-05	10	¥3,000.00	¥200.00	¥200.00	¥3,400.00
016	阿离	人事部	职员	17-04-04	1	¥1,500.00	¥100.00	¥100.00	¥1,700.00
017	折颜	研发部	主管	04-08-09	11	¥5,000.00	¥1,000.00	¥200.00	¥6,200.00
018	玄女	人事部	职员	06-04-09	10	¥3,000.00	¥200.00	¥200.00	¥3,400.00
019	素锦	研发部	职员	07-08-09	10	¥3,000.00	¥200.00	¥200.00	¥3,400.00
020	少辛	研发部	职员	07-09-09	10	¥3,000.00	¥200.00	¥200.00	¥3,400.00
021	司音	人事部	主管	09-09-09	8	¥5,000.00	¥100.00	¥100.00	¥5,200.00

记录: 第 1 项(共 32 项　无筛选器　搜索

图 1-15

数据库将关系术语作为表的同义词，所以表也叫关系，可以永久地保存内容。在 Access 数据库中，通过数据的表视图可以清楚、直观地看到数据的实体关系，并且简化了数据设计的任务。

一般情况下，数据表具有下列特征。

（1）数据表被看作由行和列组成的二维结构。

（2）每一行（记录）都代表实体集中单一实体的具体值。

（3）每一列（字段）都代表一种属性，每一列的名称都不相同。

（4）每一行与每一列的相交处（单元格）都代表一个单一数据值。

（5）列中的所有值必须遵循相同的数据格式（数据类型）。

（6）每一列都有值的具体范围，被称为属性域。

（7）在数据表中，用户可以随意调整行和列的顺序。

（8）每个表都必须具有唯一标识每一行的属性和属性组合。

键（Key）在关系中用来标识行的一列或多列。键可以是唯一（Unique）的，也可以是不唯一的（NonUnique）。下表中描述了关系数据库中一些关于键的内容。

键 名	英 文	含 义
键码	Key	关系模型中的一个重要概念，在关系中用来标识行的一列或多列
候选关键字	Candidate Key	唯一标识表中的一行而又不含多余属性的一个属性集
主关键字	Primary Key	被挑选出来，作为该行的唯一标识的候选关键字。一个表只有一个主关键字，主关键字又称为主键
公共关键字	Common Key	在关系数据库中，关系之间的联系是通过相容或相同的属性或属性组来表示的。如果两个关系中具有相容或相同的属性或属性组，那么这个属性或属性组被称为这两个关系的公共关键字
外关键字	Foreign Key	如果公共关键字在一个关系中是主关键字，那么这个公共关键字被称为另一个关系的外关键字。由此可见，外关键字标识了两个关系之间的联系。外关键字又称作外键

1.3.2 关系类型

在关系模型中，实体和实体间的联系都是用关系表示的。也就是说，二维表格中既存放着实体本身的数据，又存放着实体间的联系。关系不但可以表示实体间一对多的联系，也可以通过建立关系间的关联表示多对多的联系。

1．一对一关系

一对一关系常用于指示关键关系，可用于获取运营业务所需的数据。

一对一关系是两个表中信息之间的链接，其中每个表中每条记录只出现一次。例如，员工及其驾驶的车辆可能存在一对一关系。"员工"表中每个员工只出现一次，"公司用车"表中每辆车也只出现一次，如图1-16所示。

如果用户拥有一个包含列的表，但用户要捕获的关于这些项目的特定信息因类型而异，可以使用一对一关系。例如，用户可能有一个"联系人"表，其中有人是员工、有人是分包商。对于员工，用户希望了解其工号、扩展名及其他关键信息。对于分包商，用户希望了解其公司名称、电话号码、费率及其他信息。在这种情况下，用户可以创建"联系人""员工"和"分包商"三个独立的表，并分别在"联系人"表和"员工"表之间及"联系人"表和"分包商"表之间创建一对一关系。

2．一对多关系

假设有一个订单跟踪数据库，包含"客户"表和"订单"表。"客户"表中显示的任一客户都可以签署任意数量的订单，"订单"表中可以显示很多订单。此时，"客户"表和"订单"表之间的关系就是一对多关系。

要在数据库设计中表示一对多关系，需获取关系"一"方的主键，并将其作为额外字段添加到关系"多"方的表中。

如图 1-17 所示，可将一个新字段，即"客户"表中的 ID 字段添加到"订单"表中，并将其命名为"客户 ID"。这样 Access 就可以使用"订单"表中的"客户 ID"号来查找每个订单对应的客户。

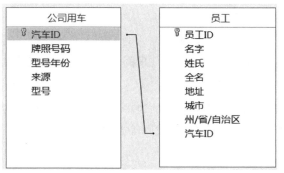

图 1-16

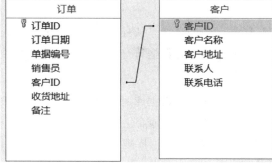

图 1-17

3．多对多关系

多对多关系是最常用的表关系。这种关系能够提供关键信息，例如销售人员联系了哪些客户，以及客户订单中有哪些产品。

当一个表中的一个或多个项与另一个表中的一个或多个项之间存在关系时，即存在多对多关系。例如：

- "订单"表中包含多个客户的订单（"客户"表中已列出这些客户），并且一个客户可能有多个订单。
- "产品"表中包含销售的各种产品，这些产品组成"订单"表中的许多订单。
- 一个订单可能包含特定产品的一个实例（或多个实例）和/或多个产品的一个实例（或多个实例）。

创建多对多关系与创建一对一关系或一对多关系的方法不同。要创建后两种关系，只需用线条连接相应的字段即可。而创建多对多关系，则需要创建一个新表来连接其他两个表。此新表被称为中间表（有时称为链接表或连接表），如图 1-18 所示。

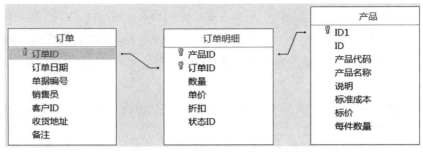

图 1-18

1.4 完整性及范式理论

数据库中的数据是从外界输入的,而在输入数据时会出现很多状况,例如输入无效或错误信息等。保证输入的数据符合规定,是多用户的关系数据库系统首要关注的问题,也是数据完整性的重要特征。

因此,在设计数据库时,最重要的是确保数据正确存储到数据库的表中。当然,使用正确的数据结构,可以极大地简化数据库管理系统(如查询、窗体、报表、代码等)。这就是表设计的一种规范,也称为"数据库规范化"。

1.4.1 数据库完整性

数据库完整性(Database Integrity)是指数据库中数据的正确性和相容性。数据库完整性由各种各样的完整性约束来保证,所以数据库完整性设计就是数据完整性约束的设计。

数据库完整性约束可以通过 DBMS 或应用程序来实现,基于 DBMS 的完整性约束作为模式的一部分存入数据库中。在关系数据模型中一般将数据完整性分为三大类。

1. 实体完整性

实体完整性规定表的每一行在表中是唯一的实体。实体完整性和参照完整性是关系模型必须满足的完整性约束条件,被称作关系的两个不变性。实体完整性规则如下:

- 实体完整性要保证关系中的每个元组都是可识别和唯一的。
- 实体完整性规则的具体内容是:若属性 A 是关系 R 的主属性,则属性 A 不可以为控制。
- 实体完整性是关系模型必须满足的完整性约束条件。
- 关系数据库管理系统可以用主关键字实现实体完整性,这是由关系数据库默认支持的。

实体完整性规则是针对关系而言的,而关系则对应一个现实世界中的实体集。现实世界中的实体是可区分的,它们具有某种标识特征;相应地,关系中的元组也是可以区分的,在关系中用主关键字做唯一性标识。例如，“订单”表对应现实中订单信息的实体集，而“订单 ID”字段中的每一个编号都能表示实体的唯一性，如图 1-19 所示。

订单

订单ID	订单日期	单据编号	销售员	客户ID	收货地址	备注	单击以添加
2017-8-18-001	2017-8-18	0001	刘璐	北京宝祥财富国际拍卖公司	北京市朝阳区		
2017-8-18-002	2017-8-18	0002	刘璐	北京弘扬网络技术有限公司	北京市和平区		
2017-8-18-003	2017-8-18	0003	刘璐	辽宁手表工业技术制造厂	辽宁省丹东市振兴区		
2017-8-18-004	2017-8-18	0004	刘璐	辽宁仪器仪表工业制造厂	辽宁省丹东市新城区		

图 1-19

主关键字中的属性（主属性）不能取空值。如果主属性取空值，则意味着关系中的某个元组是不可标识的，即存在不可区分的实体，这与实体的定义也是矛盾的。

2. 参照完整性

在关系模型中，实体与实体之间的关系同样采用关系模式来描述。通过引用对应实体的关系模式的主关键字来表示对应实体之间的关联。

设 A 是基本关系 B 的一个或一组属性，但不是 B 的主关键字，若 A 与基本关系 C 的主关键字 D 相对应，则 A 是基本关系 B 的外键。其中，B 为参照关系，C 为被参照关系（也称目标关系），而且 A 和 D 必须定义在同一个域上。

如上所述，“汽车 ID”字段是“员工”表中的属性（字段），并且不是主关键字，而“汽车 ID”字段与“公司用车”表中的“汽车 ID”字段相对应。因此“汽车 ID”是“员工”表的外键，“员工”表为参照关系，“公司用车”表为被参照关系，如图 1-20 所示。

员工

员工ID	名字	姓氏	全名	地址	城市	州/省/自治	汽车ID
001	刘璐	刘	璐	辽宁省	丹东市		F-0001
002	司音	白	司音	山东省	蓬莱市		F-002
003	卢静	卢	静	辽宁省	鞍山市		F-003

公司用车

汽车ID	牌照号码	型号年份	来源	型号	单击以添加
F-0001	辽F10507	2002	个人	捷达	
F-002	黑J19999	2007	单位	宝马	
F-003	辽A20090	2009	个人	三菱欧蓝德	
F-004	黑A10009	2010	单位	奔驰S350	

图 1-20

3. 用户定义的完整性

最常见的是限定属性的取值范围，即对值域的约束。例如，某个属性的值必须唯一，某个属性的取值必须在某个范围等。

例如，在“常规”选项卡中，将“格式”设置为“长日期”，将“输入掩码”设置为“9999\年 99\月 99\日;0”，将“默认值”设置为“=Date()”表达式，如图 1-21 所示。

图 1-21

1.4.2 数据库范式理论

数据库的设计范式是符合某一种级别的关系模式的集合,构造数据库必须遵循一定的规则。在关系数据库中,这种规则就是范式。关系数据库中的关系必须满足一定的要求,即满足不同的范式。目前,关系数据库有六种范式:第一范式(1NF)、第二范式(2NF)、第三范式(3NF)、第四范式(4NF)、第五范式(5NF)和第六范式(6NF)。满足最低要求的范式是第一范式(1NF)。在第一范式的基础上进一步满足更多要求的范式称为第二范式(2NF),其余范式以此类推。一般说来,数据库只需要满足第三范式(3NF)就可以了。

1. 第一范式

在任何一个关系数据库中,第一范式是对关系模式的基本要求,不满足第一范式的数据库就不是关系数据库。

第一范式是指数据库表的每一列都是不可分割的基本数据项,同一列中不能有多个值,即实体中的某个属性不能有多个值,或者不能有重复的值。如果出现重复的属性,就可能需要定义一个新的实体,新的实体由重复的属性构成,新实体与原实体之间为一对多关系。

在第一范式中,表的每一列只包含一个实体的信息。

如图 1-22 所示,不能将每一位客户的信息都放在一列中显示,也不能将其中的两列或多列在一列中显示;每一行只表示一位客户的信息,一个客户的信息在表中只出现一次。简而言之,第一范式就是无重复的列。

客户	客户名称	客户地址及联系方式
1	北京宝祥财富	北京市朝阳区　于经理　1564156****
2	北京弘扬网络	北京市和平区　孙经理　1360210****
3	辽宁表业集团	辽宁省丹东市　杨总　1594252****

客户	客户名称	客户地址	联系人	联系电话
1	北京宝祥财富	北京市朝阳区	于经理	1564156****
2	北京弘扬网络	北京市和平区	孙经理	1360210****
3	辽宁表业集团	辽宁省丹东市	杨总	1594252****

图 1-22

2. 第二范式

第二范式是在第一范式的基础上建立起来的，即满足第二范式必须先满足第一范式。

第二范式要求数据库表中的每一行（实例）必须可以被唯一区分。因此，通常需要为表加上一个列，以存储各个实例的唯一标识。

在图 1-23 中，可以通过“工牌 ID”字段来标识工牌的唯一性。因此，每一个工牌可以被唯一区分，这个唯一属性被称为主关键字或主键、主码。

第二范式要求实体的属性完全依赖于主关键字。所谓完全依赖是指不能存在仅依赖主关键字一部分的属性，如果存在这种属性，那么这个属性和主关键字的这一部分应该分离出来形成一个新的实体，新实体与原实体之间是一对多关系。

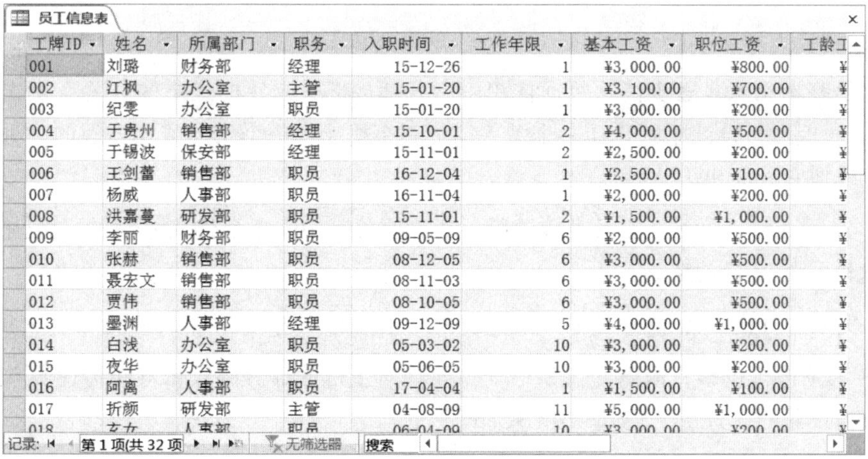
员工信息表

工牌ID	姓名	所属部门	职务	入职时间	工作年限	基本工资	职位工资	工龄工
001	刘璐	财务部	经理	15-12-26	1	¥3,000.00	¥800.00	¥
002	江枫	办公室	主管	15-01-20	1	¥3,100.00	¥700.00	¥
003	纪雯	办公室	职员	15-01-20	1	¥3,000.00	¥200.00	¥
004	于贵州	销售部	经理	15-10-01	2	¥4,000.00	¥500.00	¥
005	于锡波	保安部	经理	15-11-01	2	¥2,500.00	¥200.00	¥
006	王剑蕾	销售部	职员	16-12-04	1	¥2,500.00	¥100.00	¥
007	杨威	人事部	职员	16-11-04	1	¥2,000.00	¥200.00	¥
008	洪嘉蔓	研发部	职员	15-11-01	2	¥1,500.00	¥1,000.00	¥
009	李丽	财务部	职员	09-05-09	6	¥2,000.00	¥500.00	¥
010	张赫	销售部	职员	08-12-05	6	¥3,000.00	¥500.00	¥
011	聂宏文	销售部	职员	08-11-03	6	¥3,000.00	¥500.00	¥
012	贾伟	销售部	职员	08-10-05	6	¥3,000.00	¥500.00	¥
013	墨渊	人事部	经理	09-12-09	5	¥4,000.00	¥1,000.00	¥
014	白浅	办公室	职员	05-03-02	10	¥3,000.00	¥200.00	¥
015	夜华	办公室	职员	05-06-05	10	¥3,000.00	¥200.00	¥
016	阿离	人事部	职员	17-04-04	1	¥1,500.00	¥100.00	¥
017	折颜	研发部	主管	04-08-09	11	¥5,000.00	¥1,000.00	¥
018	玄女	人事部	职员	06-04-09	10	¥3,000.00	¥200.00	¥

记录: 第 1 项(共 32 项　无筛选器　搜索

图 1-23

3. 第三范式

满足第三范式必须先满足第二范式，并且数据表中的任何两个非主关键字段的数据值之间不存在函数信赖关系。

如图 1-24 所示，在“订单明细”表中列出了“订单 ID”字段，就不能再将“单据编号”“销售员"等与订单有关的信息列入"订单明细"表中。用户应该根据第三范式来构建该表，否则将会产生大量的数据冗余。

产品ID	订单ID	数量	单价	折扣	状态ID
B-D-001	2017-8-18-001	100	100	0.85	正常
B-D-002	2017-8-18-002	50	100	1	正常
B-D-003	2017-8-18-003	100	100	1	正常

图 1-24

4．第四范式和第五范式

如果想在存在多值依赖的情况下进一步处理数据关系多值依赖，需要讨论是否满足第四范式和第五范式。

事实上，函数依赖只是多值依赖的一种特殊情况，而多值依赖又是另外一种更高的依赖——连接依赖的特殊情况。关于函数依赖以及其他依赖情况在这里不做更详细的论述。

从上面的叙述中可以看出，数据表规范化的程度越低，数据冗余就越少，同时造成人为错误的可能性也越小，在查询检索时需要做的关联等工作就越多，数据库在操作过程中需要访问的数据表及之间的关联也就越多。

因此，在数据库设计的规范化过程中，需要根据数据库需求的实际情况，选择一个折中的规范化程序。

5．关系模式规范化步骤

规范化的基本思想是逐步消除数据依赖中不合适的部分，使模式中的各关系模式达到某种程度的"独立"。因此，设计原则是让一个关系描述一个概念、一个实体或实体间的一种联系。若多于一个概念就把它分离出去。

如图 1-25 所示，对 1NF 关系进行投影，消除原关系中非主属性对主键的函数依赖，将 1NF 关系转换成若干个 2NF 关系。

对 2NF 关系进行投影，消除原关系中非主属性对主键的传递函数依赖，从而产生一组 3NF 关系。

对 3NF 关系进行投影，消除原关系中非主属性对主键的部分函数依赖和传递函数依赖，即使决定属性成为投影的候选键，得到一组 BCNF 关系。

对 BCNF 关系进行投影，消除原关系中非主属性对主键的部分函数依赖和传递函数依赖，从而产生一组 4NF 关系。总之，在设计数据库模式结构时，必须对现实世界的实际情况与用户应用需求作进一步分析，确定一个合适的、能够反映现实世界的模式，即上面的规范化步骤可以在任何一步终止。

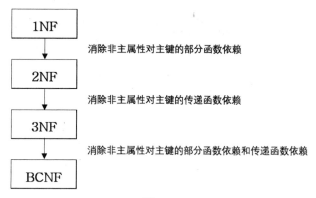

图 1-25

1.5 概念模型

概念模型用于信息世界的建模,是现实世界到信息世界的第一层抽象,是数据库设计人员进行数据库设计的有力工具,也是数据库设计人员和用户之间进行交流的语言。

概念模型的表示方法很多,最常用的就是实体—联系(Entity-Relationship)方法,该方法运用 E-R 图来描述现实世界,E-R 方法也称为 E-R 模型。

1.5.1 实体—联系模型

实体模型是设计数据库的先导。用户需要先列出实际问题或客户的要求,然后对实体及其联系进行模拟,建立一个正确的实体模型。

1. 实体

实体是客观存在并可相互区别的事物。实体是实实在在的客观存在,例如一本书、一个学生、一辆轿车等。实体本身不能被装进数据库,在数据库里出现的实体只能是实体的名称、标识符及实体的一部分属性。

2. 属性

属性是实体具有的某一特征,是实体的一些外在特征。例如一本书的作者、出版社、定价、出版日期、页码,一个学生的姓名、学号、年龄、系别,等等。属性的差异使我们把同一类实体的不同个体区分开来。

例如,"员工基础信息"实体可以由"工号""姓名"等属性组成,如图 1-26 所示。

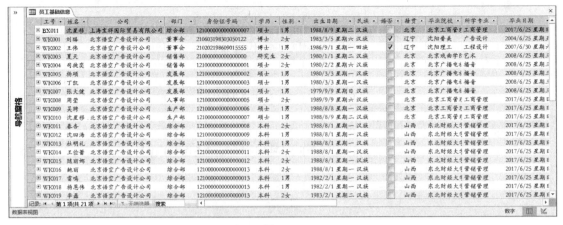

图 1-26

根据系统的需求，每个属性都有数据类型和特征。特征是指该属性在某些情况下是否是必需的，属性有默认值及取值限制等。

3．联系

在现实世界中，事物内部及事物间的联系在信息世界里反映为实体（集）内部及实体（集）间的联系。例如一名员工的出勤情况，"出勤"就是这名员工与出勤之间的联系。

例如，将出勤表与员工信息联系起来，主要表现在每个月员工出勤天数等信息，如图 1-27 所示。

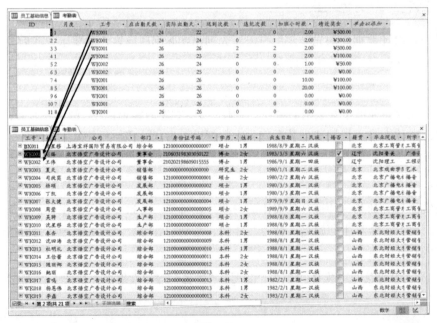

图 1-27

1.5.2 实体—联系方法

实体—联系模型是 P.P.Chen 于 1976 年提出的，直接从现实世界中抽象出实体类型及实体间的联系。用 E-R 图表示数据结构，是一种在数据库设计过程中表示数据库系统结构的方法。

它的主导思想是使用实体（Entity）、实体的属性（Attribution）及实体之间的关系（Relationship）来表示数据库系统的结构。因此，在 E-R 图中的具体表示方法为：

- 实体型。用矩形表示，矩形框内标明实体名。
- 属性。用椭圆形表示，并用无向边将其与实体连接起来。
- 联系。用菱形表示，菱形框内标明联系名，并用无向边连接有关实体，同时在无向边旁标明联系类型。

例如，用 E-R 图来完成图书借阅信息管理系统的概念模型设计。

首先，要设计图书借阅信息管理系统的数据库，并不是直接设计表，而是进行需求分析，从而得出该系统运作的数据流程图。但这部分内容不是本书的重点，故不做详细阐述。我们从设计局部 E-R 图开始进行概念模型设计。

在原有的数据流程图的基础上设计局部 E-R 图，并提取实体型，可以将实体型归纳起来，大致有出版社、图书、读者、工作人员、规则等。

1. "出版社"实体型

在"出版社"实体型中，包含"出版社号"和"名称"实体内容，"出版社号"为主键，如图 1-28 所示。

2. "读者"实体型

在"读者"实体型中，包含"姓名""单位""编号"等实体内容，"编号"为主键，如图 1-29 所示。

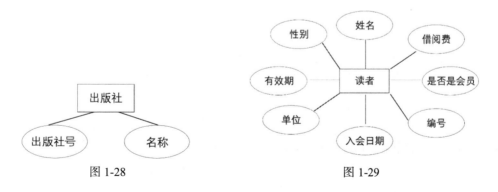

图 1-28　　　　　　　　　图 1-29

3. "图书"实体型

在"图书"实体型中，包含"书号""书名""作者"等实体内容，"书号"为主键，如图 1-30 所示。

4. "工作人员"实体型

在"工作人员"实体型中，包含"编号""姓名"等实体内容，"编号"为主键，如图 1-31 所示。

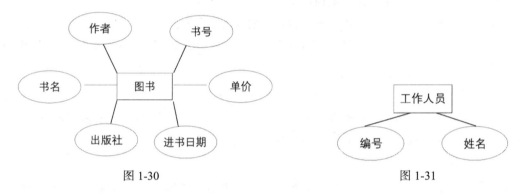

图 1-30　　　　　　　　　　图 1-31

5. "规则"实体型

在"规则"实体型中，包含"租金""类别""罚款"实体内容，"类别"为主键，如图 1-32 所示。

若研究各个实体型之间的联系，可以发现它们之间的联系如图 1-33 所示。

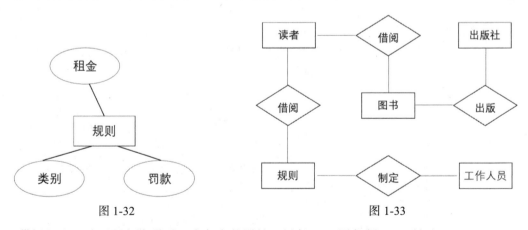

图 1-32　　　　　　　　　　图 1-33

"借阅"和"违反"两个联系又有各自的属性，局部 E-R 图如图 1-34 所示。

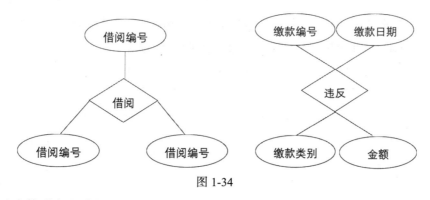

图 1-34

通过上述实体形态设计的 E-R 图，可以用来研究各实体形态之间的联系。用户也可以参照自己设计的流程图来建立实体形态联系，并完善它们之间的关系类型，如图 1-35 所示。

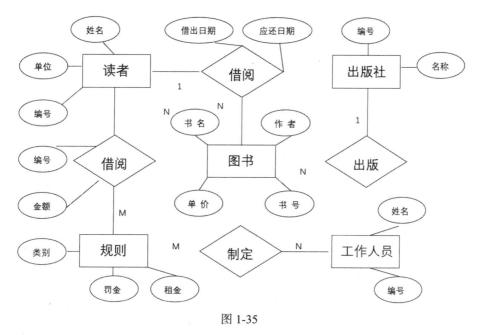

图 1-35

根据上述规则，再结合 E-R 图，可以得出以下几个关系的定义。

- 读者：编号、单位、姓名。
- 出版社：编号、名称。
- 图书：书号、书名、作者、单价、出版社。
- 规则：类别、租金、罚金。
- 工作人员：编号、姓名。
- 借阅：借阅编号、书籍编号、读者编号、借出日期、应还日期、工作人员。
- 违规记录：违规编号、读者编号、缴款日期、金额、缴款类别。

我们可以结合前面讲过的范式理论进行数据关系优化，从而得出最终的表定义。

E-R 模型是对现实世界的一种抽象，抽取了客观事物中人们所关心的信息，忽略了非本质的细节，并对这些信息进行精确描述。E-R 图表示的概念模型与具体的 DBMS 支持的数据模型相独立，是各种数据模型的共同基础，因而是抽象和描述现实世界的有力工具。

制作完 E-R 图后，就可以将 E-R 图转换为真正的数据表结构。在将 E-R 图转换为数据表的过程中，首先需要将实体转换为一个独立的数据表，然后将实体的属性转换为数据表中的字段，最后根据实体之间的关系建立数据表。

第 2 章 Access 数据库学习方法

Access是微软公司发布的Office办公软件的重要组件,是桌面型关系数据库的一个典范。它让原本复杂的操作变得简单方便,使一些非数据库专业人员也可以熟练应用数据库。使用Access不仅可以高效、快捷地完成各种中小型数据库的开发和管理工作,而且可以让具有更多开发与编程技能的用户通过内置的宏或Microsoft Visual Basic for Applications代码来提升Access的应用功能,从而实现更强大的数据管理功能。

2.1 Access 概述

Microsoft Office Access 是由微软发布的关系数据库管理系统,它结合了 MicrosoftJet Database Engine 和图形用户界面两个特点,是 Microsoft Office 的系统程序之一。

2.1.1 了解 Access 数据库

数据库是一种用于收集和组织信息的工具,可以存储有关人员、产品、订单或其他任何内容的信息。许多数据库刚开始时只是文字处理程序或电子表格中的一个列表。

1. Access 数据库概述

Access 数据库具有界面友好、简单易学、开发简单、接口灵活等特点,是典型的新一代桌面数据库管理系统。其主要特点如下:

- 完善地管理各种数据库对象,具有强大的数据组织、用户管理、安全检查等功能。
- 强大的数据处理功能,在一个工作组级别的网络环境中,使用 Access 开发的多用户数据库管理系统具有传统的 Xbase 数据库所无法实现的客户服务器结构和相应的数据库安全机制,Access 具备了许多先进的大型数据库管理系统所具备的特征,如事务处理、出错回滚能力等。
- 可以方便地生成各种数据对象,利用存储的数据建立窗体和报表,具有良好的可视性。
- 作为 Office 套件的一部分,可以与 Office 集成,实现无缝链接。
- 能够通过发布数据,实现与 Internet 的链接。Access 主要适用于中小型应用系统,或作为客户机/服务器系统中的客户端数据库。

2. Access 数据库的用途

Access 数据库的用途非常广泛。不仅可以作为个人的关系数据库管理系统来使用,还可以用在中小型企业和大型公司中来管理大型的数据库。

- Access 是家用计算机中管理个人信息的出色工具。可以使用它来创建一个包含所有家庭成员的姓名、电子邮件、爱好、生日、健康状况等信息的数据库。
- 在一个小型企业或学校中,可以使用 Access 简单而强大的功能来管理运行业务所需要的数据。
- Access 在公司环境下的重要功能之一就是能够链接工作站、数据库服务器或主机上的各种数据库格式。
- 在大型公司中,Access 特别适合创建客户机/服务器应用程序的工作站部分。

2.1.2　Access 2016 快捷键

许多用户发现 Access 桌面数据库的键盘快捷方式有助于他们更高效地工作。对于有移动或视觉障碍的用户，键盘快捷方式是代替使用鼠标的一种重要方式。

> **提示**
>
> 本小节中的这些快捷方式指的是美式键盘布局。其他键盘布局的键可能与美式键盘上的键不完全对应。如果快捷方式要求同时按两个或两个以上的键，本小节将使用加号（+）分隔这些键。如果要求按一个键后立即按另一个键，则用逗号（,）分隔这些键。本小节假定 JAWS 用户已关闭虚拟功能区菜单功能。

1. 常用快捷方式

执行的操作	快捷方式
选择功能区的活动选项卡，并激活快捷键提示	Alt 键或 F10 键（若要移到不同的选项卡，使用快捷键提示或箭头键）
打开"开始"选项卡	Alt+H
打开功能区上的"操作说明搜索"框	Alt+Q 快捷键（然后输入搜索词）
显示选中项目的快捷方式菜单	Shift+F10 快捷键
将焦点移动到窗口的不同窗格	F6 键
打开一个现有的数据库	Ctrl+O 快捷键或 Ctrl+F12 快捷键
显示或隐藏"导航窗格"	F11 键
显示或隐藏属性表	F4 键
在数据表或设计视图中切换编辑模式（显示插入点）和导航模式	F2 键
从表单设计视图切换到窗体视图	F5 键
移到数据表视图中的下一个或上一个字段	Tab 键或 Shift+Tab 快捷键
定位到数据表视图中的某个特定记录	F5 键（然后在记录编号框中键入记录编号，再按 Enter 键）
从"打印"选项打开"打印"对话框（适用于数据表、表单和报表）	Ctrl+P 快捷键
打开"页面设置"对话框（适用于表单和报表）	S 键
放大或缩小页面的一部分	Z 键
在数据表视图或窗体视图中打开"查找和替换"对话框中的"查找"选项卡	Ctrl+F 快捷键
在数据表视图或窗体视图中打开"查找和替换"对话框中的"替换"选项卡	Ctrl+H 快捷键
在数据表视图或窗体视图中添加一条新记录	Ctrl+加号（+）快捷键
打开"帮助"窗口	F1 键
退出 Access	Alt+F4 快捷键

2. 在仅使用键盘的情况下在功能区中导航

功能区即 Access 顶部的条带，按选项卡整理。每个选项卡可显示一个不同的功能区，功能区由群组构成，并且每个群组包含一个或多个命令。

仅通过键盘就可导航功能区。快捷键提示是特殊的组合键，通过几个按键就能快速找到功能区上的命令，无须考虑你在 Access 中的位置。Access 中的每个命令都可通过快捷键提示发出。

执行的操作	快捷方式
打开"文件"页面	Alt+F 快捷键
打开"开始"选项卡	Alt+H 快捷键
打开"创建"选项卡	Alt+C 快捷键
打开"外部数据"选项卡	Alt+X 快捷键
打开"数据库工具"选项卡	Alt+Y 快捷键
打开"字段"选项卡	Alt+J、B 快捷键
打开"表格"选项卡	Alt+J、T 快捷键
打开"加载项"选项卡（若存在）	Alt+X、2 快捷键
打开功能区上的"操作说明搜索"框	先按 Alt+Q 快捷键，然后输入搜索词

3. 通过键盘使用功能区选项卡

按 Alt 键移到功能区选项卡列表；使用快捷键提示直接转到选项卡。

按向下箭头，在当前选中的组中进行移动。

若要在功能区上的组之间移动，按 Ctrl 键+向右（左）键。

按 Tab 键或 Shift+Tab 组合键，在组内的命令之间移动。向前或向后移动按顺序浏览命令。

控件的激活方式各不相同，具体取决于控件类型：

（1）如果所选命令为按钮，要激活它需按空格键或 Enter 键。

（2）如果所选命令为拆分按钮（用于打开附加选项菜单的按钮），要激活它需按 Alt 键+向下键。按 Tab 键在各选项之间切换。若要选择当前选项，按空格键或 Enter 键。

（3）如果所选命令为列表（如"字体"列表），则先按向下键打开该列表，然后使用向上键或向下键在各项之间移动。

（4）如果所选命令为库，先按空格键或 Enter 键选择该命令，然后按 Tab 键在各选项之间切换。

> **提示**
>
> 在包含多行项目的库中，按 Tab 键可将焦点从当前行的开头移动到末尾。到达一行的末尾时，焦点将移动到下一行的开头。在当前行的末尾按向右键，焦点即可返回当前行的开头。

4．使用快捷键提示

可显示快捷键提示（通过键盘发出命令的字母），使用它们在功能区中进行导航。

（1）按 Alt 键。快捷键提示会以小正方形的形式出现在每个功能区命令旁。

（2）若要选择命令，按下出现在命令旁的方形快捷键提示中显示的字母。

根据用户按下的字母，可能会显示附加的快捷键提示。例如，如果用户按 Alt+F 快捷键，则将在具有另一组快捷键提示的"信息"页上打开 Backstage 视图。如果用户再次按 Alt 键，将在当前页面上显示用于导航的快捷键提示。

5．在 Access 工作区中导航

默认情况下，Access 数据库将显示为选项卡式文档。若要切换到窗口化文档，先在"文件"选项卡上选择"选项"命令，再在"Access 选项"对话框中选择"当前数据库"，并在"文档窗口选项"下选择"重叠窗口"。

执行的操作	快捷方式
显示或隐藏"导航窗格"	F11 键
转到"导航窗格"-"搜索"框（如果焦点已在"导航窗格"中）	Ctrl+F 快捷键
切换到工作区中的下一个或上一个窗格 注意：可能需要多次按 F6 键；如果按 F6 键未显示所需的任务窗格，先按 Alt 键将焦点置于功能区中，然后按 Ctrl+Tab 快捷键将焦点移到任务窗格	F6 键或 Shift+F6 快捷键
切换到下一个或上一个数据库窗口	Ctrl+F6 快捷键或 Ctrl+Shift+F6 快捷键
当所有的窗口都最小化时，还原选定的最小化窗口	Enter 键
当活动窗口不在最大化状态时，打开其调整大小模式	Ctrl+F8 快捷键（先按箭头键调整窗口大小，再按 Enter 键应用新的大小）
关闭活动的数据库窗口	Ctrl+W 快捷键或 Ctrl+F4 快捷键
在"Visual Basic 编辑器"与之前的活动窗口之间切换	Alt+F11 快捷键
将所选的窗口最大化或还原其大小	Ctrl+F10 快捷键

6．使用对话框

执行的操作	快捷方式
切换到对话框中的下一个或上一个选项卡	Ctrl+Tab 快捷键或 Ctrl+Shift+Tab 快捷键
切换到对话框中的上一个选项卡	Ctrl+Shift+Tab 快捷键
移动到下一个或上一个选项或选项组	Tab 键或 Shift+Tab 快捷键
在所选的下拉列表框中的选项之间移动，或者在选项组的选项之间移动	箭头键
执行指定给所选按钮的操作；选中或清除复选框	空格键
通过选项名称中带下画线的字母选择该选项，或者选中或清除复选框	Alt 键+字母键

续表

执行的操作	快捷方式
打开选定的下拉列表框	Alt 键+向下键
关闭选定的下拉列表框	Esc 键
执行指定给对话框中默认按钮的操作	Enter 键
取消命令并关闭对话框	Esc 键

2.1.3　Access 2016 工作界面

Access 2016 为用户提供了一个新颖、独特且操作简易的用户界面。其工作界面与 Office 其他组件的工作界面大致相同，也是由标题栏、功能区、状态栏等组成的。

1．选项卡

"选项卡"是一组重要的按钮栏，如图 2-1 所示。它提供了多种按钮，单击该栏中的按钮即可切换功能区，应用 Access 中的各种工具。另外，双击选项卡名称时可隐藏或展开选项组。

图 2-1

2．选项组

"选项组"集成了 Access 中绝大多数的功能。根据用户在"选项卡"中选择的内容，功能区可显示各种相应的功能，如图 2-2 所示。

在功能区中，相似或相关的功能按钮、下拉菜单及输入文本框等组件以组的方式显示。一些可自定义功能的组还提供了扩展按钮，辅助用户以对话框的方式设置详细的属性。

3．导航窗格

当用户打开数据库或创建新数据库时，数据库对象的名称将显示在导航窗格中。导航窗格取代了以前版本的 Access 中所用的数据库窗口。用户可通过单击"百叶窗开/关"按钮，展开或隐藏导航窗格，如图 2-3 所示。

图 2-2

图 2-3

导航窗格主要用于存储数据库对象，通过该窗格可以轻松查看和访问所有的数据库对象，包括表、查询、窗体、报表、宏、页和模块等对象。

在导航窗格中，默认的显示方式为"对象类型"，显示的组则为"表"方式。单击"所有Access对象"按钮，可在其列表中选择显示方式和组显示方式，例如，选择"表和相关视图"显示方式，同时在"按组筛选"栏中选择"所有Access对象"组显示方式，如图2-4所示。

除此之外，用户也可以单击"所有Access对象"按钮，选择"自定义"选项，自定义显示方式。

默认情况下，导航窗格是按照字母对应对象进行升序排列的，用户可以使用其内置的排列功能，自定义对象的排列方式。例如在导航窗格中，右击顶部位置执行"排序依据"命令，在弹出的菜单中选择一种排序方式即可，如图2-5所示。

图 2-4　　　　　　　　　　　　　　　　图 2-5

4．选项卡式文档

在Access 2016数据库中，可以用选项卡式文档代替重叠窗口来显示数据库对象，如图2-6所示。

用户可以通过执行"文件"|"选项"命令，来启用或禁用选项卡文档的显示。

5．记录导航按钮

记录导航按钮主要用于查看文档中的记录内容，包括"第一条记录""上一条记录""当前记录""下一条记录""尾记录"和"新（空白）记录"等按钮，如图2-7所示。

图 2-6　　　　　　　　　　　　　　　　图 2-7

2.2 自定义数据库

自定义 Access 2016 主要通过自定义工具栏和功能区来提升用户操作的便捷性。其中，功能区是一组命令的集合，取代了以前版本的菜单命令，便于查找相关的命令。而快速访问工具栏是包括独立命令的一个工具栏，用户可以根据使用习惯自定义命令，并调整其位置。

2.2.1 Access 2016 中的对象

Access 数据库是一个简单、可视化的数据库操作系统，一切数据库操作功能几乎都可以通过界面进行操作。但是要实现数据操作的具体功能，则需要通过选择数据库相应的对象来进行操作。

1. 表对象

"表"是整个数据库中的基础，主要用于存储用户需要的数据信息，也可以说是数据的容器。它包含有关特定主题（如订单明细）的数据，表中的每条记录包含关于某个项目（如特定的订单）的信息。记录由字段（如订单 ID、订单日期）组成，而记录和字段通常也分别称作行和列。

数据库可以包含许多表，每个表用于存储不同主题的信息。另外，每个表可以包含许多不同类型的字段，包括文本、数字、日期、图片等。

2. 查询对象

查询对象是对数据结果、数据操作或这两者的请求。可以使用它回答简单的问题、执行计算、合并不同表中的数据，甚至添加、更改或删除表数据。例如，先执行"创建"|"查询"|"查询设计"命令，在弹出的"显示表"对话框中，选择需要添加的表，单击"添加"按钮，如图 2-8 所示。再在"单据编号"列的"条件"单元格中输入"[]"，如图 2-9 所示。

图 2-8

图 2-9

保存并关闭该查询对象，在"导航"窗格中重新双击打开该查询对象，则会弹出"输入参数值"对话框,在此对话框中输入"0003"后,单击"确定"按钮,如图 2-10 所示。

此时打开的查询窗体中仅显示单据编号为"0003"的订单,而不显示其他信息,如图 2-11 所示。

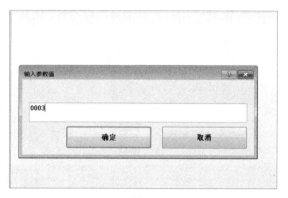

图 2-10

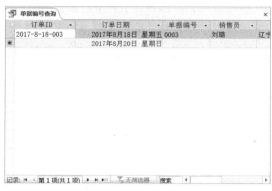

图 2-11

3. 窗体对象

窗体是一个数据库对象,可用于为数据库应用程序创建用户界面。绑定窗体是直接链接到数据源(如表或查询)的窗体,并用于输入、编辑或显示来自该数据源的数据,如图 2-12 所示。

图 2-12

另外,用户也可创建未绑定窗体,该窗体不会直接链接到数据源,但仍然包含操作应用程序所需要的命令按钮、标签或其他控件。

除此之外，使用窗体还可以控制其他用户与数据库之间的交互方式。例如，可以创建一个只显示特定字段且只允许执行特定操作的窗体，这样有助于保护数据并确保输入的数据的正确性。

4．报表对象

报表可用来汇总和显示表中的数据。一个报表可以描述一些问题，并做出简单的回答。例如，用户可以通过报表查看员工信息，如图2-13所示。

图2-13

报表可以在任何时候运行，而且将始终反映数据库中的当前数据。通常，报表的格式设置为适合打印的格式或者方便阅读的格式，并且报表也可以进行查看、导出到其他程序，或者以电子邮件的形式发送。

5．宏对象

用户通过制作宏可以简化一些重复而烦琐的操作。例如，可以将一个宏附加到窗体上的某一个命令按钮，这样每次单击该按钮时，所附加的宏就会运行，如图2-14所示。

图2-14

6．模块对象

模块与宏一样，可用于向数据库中添加功能的对象。在Access中，用户除了通过宏操作来简化对象部分操作，还可以通过Visual Basic for Applications（VBA）的宏语言编写模块，如图2-15所示。

第 2 章　Access 数据库学习方法

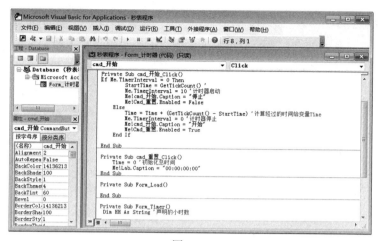

图 2-15

模块是声明、语句和过程的集合，它们作为一个单元存储在一起。一个模块可以是类模块也可以是标准模块。

2.2.2　自定义快速访问工具栏

快速访问工具栏是包含用户经常使用的命令的工具栏，并确保始终可单击访问。

1. 移动快速访问工具栏

快速访问工具栏主要显示在功能区上方与功能区下方两个位置。

如图 2-16 所示，单击"自定义快速访问工具栏"下拉按钮，在下拉列表中选择"在功能区下方显示"命令，即可将快速访问工具栏显示在功能区下方，如图 2-17 所示。

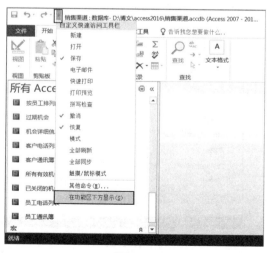

图 2-16

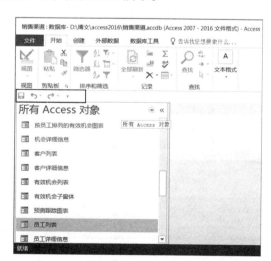

图 2-17

2. 向快速访问工具栏中添加命令

如图 2-18 所示，单击"自定义快速访问工具栏"下拉按钮，在下拉列表中选择相应的命令，即可向快速访问工具栏中添加命令，效果如图 2-19 所示。

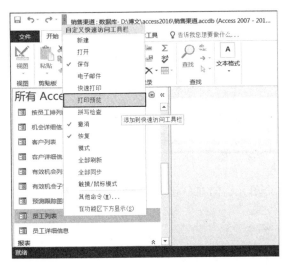

图 2-18

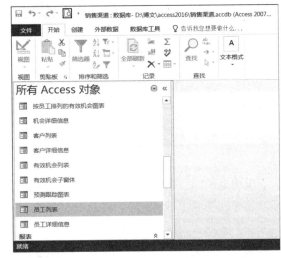

图 2-19

单击"自定义快速访问工具栏"下拉按钮，在下拉列表中选择"其他命令"命令，在弹出的"Access 选项"对话框中添加命令即可，如图 2-20 所示。

另外，在功能区相应选项组中的命令上单击鼠标右键，在弹出的菜单中选择"添加到快速访问工具栏"命令，如图 2-21 所示，也可以将该命令添加到快速访问工具栏中。

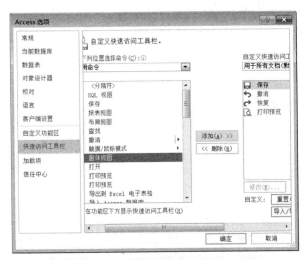

图 2-20

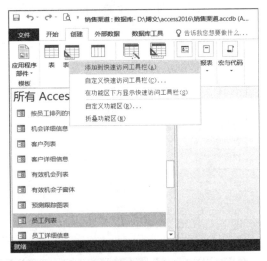

图 2-21

2.2.3 自定义功能区

在 Access 2016 中,用户可以根据使用习惯创建新的选项卡和选项组,并将相应的命令添加到选项组中。

1. 自定义选项卡

执行"文件"|"选项"命令,在弹出的"Access 选项"对话框中,单击"自定义功能区"列表框下方的"新建选项卡"按钮,如图 2-22 所示。

图 2-22

选择新建的选项卡,单击"重命名"按钮,如图 2-23 所示。在弹出的"重命名"对话框中输入选项卡的名称,单击"确定"按钮即可,如图 2-24 所示。

图 2-23

图 2-24

2. 自定义选项组

新建选项卡之后，在该选项卡下方将自带一个"新建组"按钮，用户可以单击"新建组"按钮创建新的选项组。

选择新建的组，单击"重命名"按钮，如图 2-25 所示。在弹出的"重命名"对话框的"符号"区域选择相应的符号，或者在"显示名称"文本框中输入选项组的名称，如图 2-26 所示。

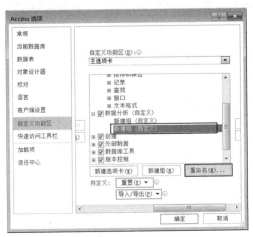
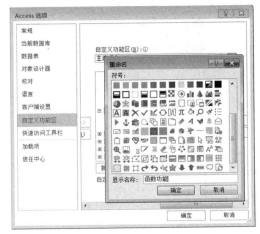

图 2-25　　　　　　　　　　　　　　图 2-26

3. 导入/导出自定义设置

在"Access 选项"对话框中的"自定义功能区"选项卡中，单击"导入/导出"下拉按钮，在下拉列表中选择"导出所有自定义设置"选项，如图 2-27 所示。

在弹出的"保存文件"对话框中，选择保存位置，单击"保存"按钮，保存自定义文件，如图 2-28 所示。

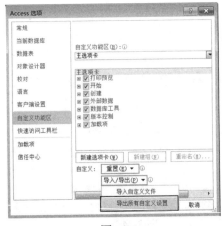
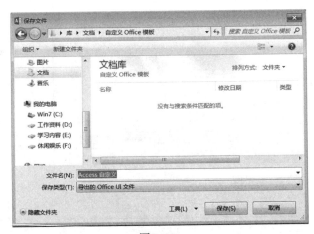

图 2-27　　　　　　　　　　　　　　图 2-28

第 2 章 Access 数据库学习方法

如果用户需要恢复到创建自定义选项之前的状态,可以单击"重置"下拉按钮,在其下拉列表中选择"重置所有自定义项"选项,如图 2-29 所示。在弹出的对话框中单击"是"按钮,如图 2-30 所示,即可自动恢复到创建自定义选项之前的状态。

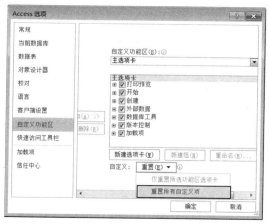

图 2-29

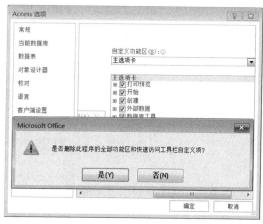

图 2-30

将自定义设置导出后,即使用户删除了所有的自定义选项,只要将导出的自定义文件导入即可还原自定义设置。首先,单击"导入/导出"下拉按钮,在其下拉列表中选择"导入自定义文件"选项,如图 2-31 所示。再在弹出的"打开"对话框中选择自定义文件,单击"打开"按钮,执行"是"命令即可,如图 2-32 所示。

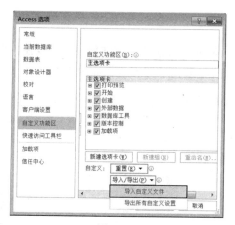

图 2-31

图 2-32

2.2.4 自定义工作环境

在 Access 2016 中,用户可以通过设置"Access 选项"对话框中的一系列选项的方法,来设置 Access 的工作环境。

1. 设置外观颜色

执行"文件"|"选项"命令，先在弹出的"Access 选项"对话框中单击"常规"选项卡，再在"对 Microsoft Office 进行个性化设置"选项组中单击"Office 主题"下拉按钮，并在其下拉列表中选择一种颜色，单击"确定"按钮即可，如图 2-33 所示。

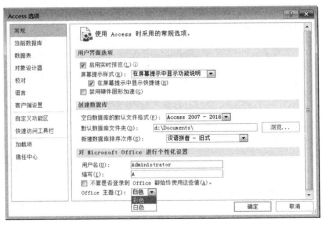

图 2-33

2. 设置默认字体

先在"Access 选项"对话框中单击"数据表"选项卡，再在"默认字体"选项组中根据用户个人需求设置 Access 默认的字号及粗细，如图 2-34 所示。

3. 设置窗体和报表设计视图中的错误检查

先在"Access 选项"对话框中单击"对象设计器"选项卡，再在"窗体和报表设计视图中的错误检查"选项组中根据用户个人需求进行设置，例如修改错误指示器颜色，如图 2-35 所示。

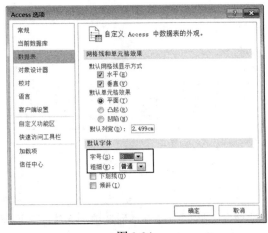

图 2-34

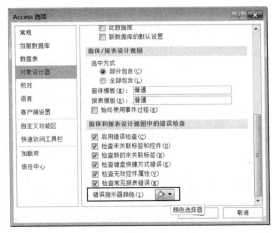

图 2-35

第 3 章
表与字段属性的详细介绍

创建数据库后，可以在表中存储数据。表是由行和列组成的基于主题的列表，包含以记录形式排列的数据。例如，可以创建"考勤统计表"来存储工牌号、姓名、所属单位、请假统计、迟到统计、应扣总额、满勤奖、考勤应扣金额等信息。表是数据库运行的基础，因此在设计数据库时应该事先规划所有表，并决定它们的关联性，以确保数据库的完整性和相关性。在本章中，将详细介绍创建数据表、设置字段、操作数据表等有关数据表的基础知识。

3.1 表介绍

表是数据库中的基本对象，因为它们保存所有信息或数据。例如，在企业数据库的联系人表中可以存储供应商、电子邮件地址和电话号码等。

3.1.1 概述

关系数据库的访问通常包含若干个相关表。在精心设计的数据库中，每个表存储特定的主题，如雇员或产品的数据。表格具有记录（行）和字段（列）。字段具有不同类型的数据，例如文本、数字、日期和超链接。

（1）“记录”包含特定的数据，如图 3-1 所示。

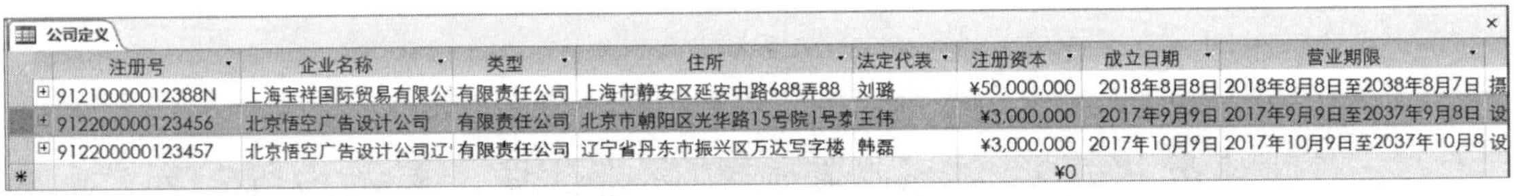

公司定义

注册号	企业名称	类型	住所	法定代表	注册资本	成立日期	营业期限	
91210000012388N	上海宝祥国际贸易有限公	有限责任公司	上海市静安区延安中路688弄88	刘璐	¥50,000,000	2018年8月8日	2018年8月8日至2038年8月7日	摄
912200000123456	北京悟空广告设计公司	有限责任公司	北京市朝阳区光华路15号院1号泰	王伟	¥3,000,000	2017年9月9日	2017年9月9日至2037年9月8日	设
912200000123457	北京悟空广告设计公司辽	有限责任公司	辽宁省丹东市振兴区万达写字楼	韩磊	¥3,000,000	2017年10月9日	2017年10月9日至2037年10月8	设
*					¥0			

图 3-1

（2）“域”包含有关表的主题，如图 3-2 所示。

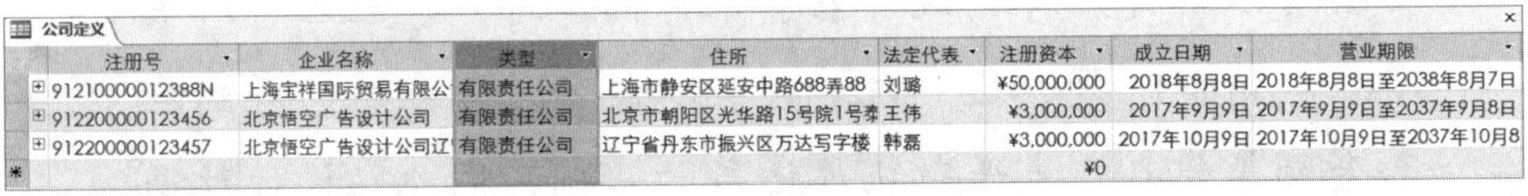

公司定义

注册号	企业名称	类型	住所	法定代表	注册资本	成立日期	营业期限
91210000012388N	上海宝祥国际贸易有限公	有限责任公司	上海市静安区延安中路688弄88	刘璐	¥50,000,000	2018年8月8日	2018年8月8日至2038年8月7日
912200000123456	北京悟空广告设计公司	有限责任公司	北京市朝阳区光华路15号院1号泰	王伟	¥3,000,000	2017年9月9日	2017年9月9日至2037年9月8日
912200000123457	北京悟空广告设计公司辽	有限责任公司	辽宁省丹东市振兴区万达写字楼	韩磊	¥3,000,000	2017年10月9日	2017年10月9日至2037年10月8
*					¥0		

图 3-2

（3）“字段值”是每条记录都具有的，如图 3-3 所示。

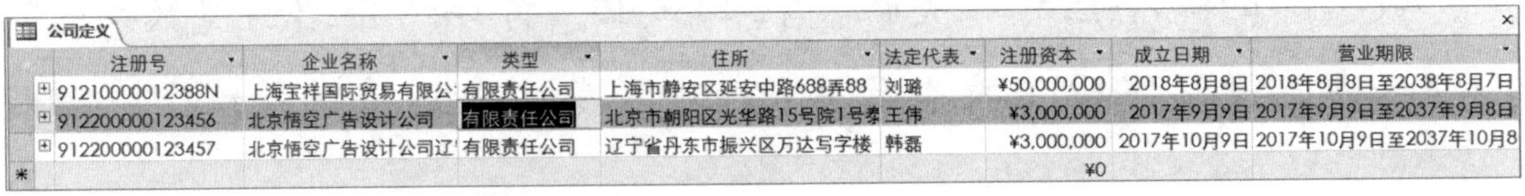

公司定义

注册号	企业名称	类型	住所	法定代表	注册资本	成立日期	营业期限
91210000012388N	上海宝祥国际贸易有限公	有限责任公司	上海市静安区延安中路688弄88	刘璐	¥50,000,000	2018年8月8日	2018年8月8日至2038年8月7日
912200000123456	北京悟空广告设计公司	有限责任公司	北京市朝阳区光华路15号院1号泰	王伟	¥3,000,000	2017年9月9日	2017年9月9日至2037年9月8日
912200000123457	北京悟空广告设计公司辽	有限责任公司	辽宁省丹东市振兴区万达写字楼	韩磊	¥3,000,000	2017年10月9日	2017年10月9日至2037年10月8
*					¥0		

图 3-3

3.1.2 数据类型和字段属性

Access 中的各个表均由字段组成。字段属性表明添加到该字段的数据的特征及行为。字段的数据类型是最重要的属性，因为它决定该字段可存储何种数据。

数据类型可能看起来比较混乱，例如，如果某个字段的数据类型是文本，那么它可存储包括文本或数值字符的数据。但数据类型为数字的字段却只能存储数值数据。因此，必须了解每种数据类型的属性。

（1）字段的数据类型确定许多其他重要的字段特性，如可用于字段的格式、字段值的大小、字段在表达式中的使用方式、是否可将字段编入索引。

（2）可预定义字段的数据类型，也可根据新建字段的方式选择数据类型。

（3）字段数据类型可以被视为一组特性，并且这些特性可应用于该字段包含的所有值。例如，存储在文本字段中的值仅包含字母、数字和有限的标点字符，并且文本字段最多仅包含 255 个字符。

> **提示**
>
> 字段中的数据有时可能显示为某种数据类型，但实际却是另一种数据类型。例如，某个字段可能看起来包含数值，但实际却包含文本值，如房间号。通常可使用表达式比较或转换不同数据类型的值。

（4）下表显示了可用于每种数据类型的格式，并解释了格式设置选项的效果。

格　式	用于显示
文本	简短的字母或数字值，如姓氏或街道地址。注意，从 Access 2013 开始，文本数据类型已重命名为短文本
数字，较大的数字	数值，如距离。注意，货币是一个单独的数据类型
货币	货币值
是/否	Yes 和 No，以及仅包含这两个值其中之一的字段
日期/时间	100—9999 年的日期和时间值
格式文本	可使用颜色和字体控件进行格式设置的文本或文本与数字的组合
计算字段	计算结果。计算必须引用相同表格中的其他字段。建议使用表达式生成器创建计算。注意，计算字段在 Access 2010 中首次引入
附件	附加到数据库中的记录的图像、电子表格文件、文档、图表及支持的其他类型的文件，类似于将文件附加到电子邮件
超链接	存储为文本并用作超链接地址的文本或文本与数字的组合
备注	长文本块。备忘录字段的典型用途是做详细的产品说明。注意，从 Access 2013 开始，备忘录数据类型已重命名为长文本
查找	显示一系列从表或查询中检索的值，或创建字段时指定的一组值。查阅向导将启动，可创建一个查阅字段。查阅字段的数据类型为文本或数字，具体取决于用户在向导中所做的选择

将数据类型应用到域时，包含一组用户可以选择的属性。

1. 附件

用途：用于允许将文件或图像附加到记录的字段。例如，如果有一个工作联系人数据库，可使用附件字段来附加联系人照片或简历等文档。对于某些文件类型，Access 会在添加各附件时对其进行压缩。附件数据类型仅适用于.accdb 文件格式的数据库。

支持的字段属性如下表所示。

属　性	使　用
标题	默认情况下，在窗体、报表和查询中为此字段显示的标签文本。如果此属性为空，则使用字段名称。允许使用任何文本字符串。 简短的标题通常较为有效
必需	要求每条记录的字段至少包含一个附件

Access 支持以下图形文件格式，无须在计算机上安装其他软件。

- Windows 位图（.bmp 文件）。
- 运行长度编码位图（.rle 文件）。
- 与设备无关的位图（.dib 文件）。
- 图形交换格式（.gif 文件）。
- 联合图像专家组（.jpe、.jpeg 和.jpg 文件）。
- 可交换文件格式（.exif 文件）。
- 可移植网络图形（.png 文件）。
- 标记的图像文件格式（.tif 和.tiff 文件）。
- 图标（.ico 和.icon 文件）。
- Windows 图元文件（.wmf 文件）。
- 增强型图元文件（.emf 文件）。

文件命名的约定：附加文件的名称可以包含在 Microsoft Windows NT 中使用的 NTFS 文件系统支持的任何 Unicode 字符。另外，命名文件名必须遵循以下准则。

- 名称不得超过 255 个字符，包括文件扩展名。
- 名称不能包含以下字符：问号（?）、引号（"）、向前或向后斜杠（/或\）、打开或关闭方括号（<或>）、星号（*）、垂直条或管道（|）、冒号（:）、段落标记（¶）。

2．自动编号

用途：使用自动编号字段可以提供唯一值，该值使每条记录具有唯一性。自动编号字段最常用作主键，尤其是在没有合适的自然键（基于数据字段的键）的情况下。自动编号字段值需要 4 个或 16 个字节。

假设有一个用于存储联系人信息的表，可将联系人姓名用作该表的主键，但若有两个姓名完全相同的联系人呢？所以姓名不适合用作自然键，因为它们通常不具有唯一性。如果使用自动编号字段，便可确保每条记录均具有唯一标识符。

> **注 意**
> 不应将自动编号字段用于对表中的记录进行计数。自动编号值不可重复使用,因此已删除的记录可能会导致计数出现缺口。此外,通过在数据表中使用汇总行便可轻松获得准确的记录数。

支持的字段属性如下表所示。

属 性	使 用
字段大小	确定分配给每个值的空间量。对于自动编号字段,允许只有两个值。 • 长整型字段大小适用于未用作复制 ID 的自动编号字段。这是默认值。除非要创建复制 ID 字段,否则不应更改此值。 注意:使用.accdb 等新文件格式的数据库不支持复制。 在关系或链接中使用自动编号字段时,此设置可使自动编号字段与其他长整型数字字段兼容。每个字段值需要 4 个字节的存储空间。 • 复制 ID 字段的大小适用于在数据库副本中用作复制 ID 的自动编号字段。除非要处理或实现复制数据库的设计,否则请勿使用此值。 每个字段值需要 16 个字节的存储空间
新值	确定自动编号字段是随每个新值递增,还是使用随机数字。选择下列选项之一: • 递增。从值 1 开始,每增加一条新记录便递增 1。 • 随机。从随机值开始,每增加一条新记录便向其分配一个随机值。值为长整型字段大小,范围为-2,147,483,648 到 2,147,483,647
格式	如果将自动编号字段用作主键或复制 ID,则不应设置此属性,或者选择符合特定需求的数字格式
题注	默认情况下,在窗体、报表和查询中此字段显示的标签文本。如果此属性为空,则使用域的名称。允许任何文本字符串
创建索引	指定字段是否有索引。有三个可用的值: • 是(不允许重复)。在字段上创建唯一索引。 • 是(允许重复)。在字段上创建非唯一索引。 • 否。删除字段上的所有索引。 注意:请勿更改在主键中使用的字段的此属性。如果没有唯一索引,则可输入重复值,这样可中断任何包含此键的关系。 虽然可通过设置已索引字段属性在单个字段上创建索引,但某些索引无法通过此方式创建。例如,不能通过设置此属性来创建多字段索引
智能标记	将智能标记附加到该字段。Access 2013 中已弃用智能标记
文本对齐	指定控件内文本的默认对齐方式

3. 计算

用途:用于存储计算结果。计算必须引用相同表格中的其他字段。建议使用表达式生成器创建计算。注意,Access 2010 中首次引入了计算数据类型。计算数据类型仅适用于.accdb 文件格式的数据库。

支持的字段属性如下表所示。

属　　性	使　　用
表达式	此计算的结果存储在计算列中。如果已保存此列，那么此表达式中只使用保存的列
结果类型	计算结果将显示为此数据类型
格式	确定字段在数据表中显示或打印时的显示方式，或者在与其绑定的窗体或报表中的显示方式。可使用任何有效的数字格式。大多数情况下，应设置"格式"值来匹配结果类型
小数位数	指定显示数字时要使用的小数位数
题注	默认情况下，在窗体、报表和查询中此字段显示的标签文本。如果此属性为空，则使用字段名称。允许使用任何文本字符串
文本对齐	指定控件内文本的默认对齐方式

4. 货币

用途：用于存储货币数据。货币字段中的数据在计算期间不会四舍五入。货币字段中小数点左侧精确到第15位，右侧精确到第4位。每个货币字段值需要8个字节的存储空间。

支持的字段属性如下表所示。

属　　性	使　　用
格式	确定字段在数据表中显示或打印时的显示方式，或者在与其绑定的窗体或报表中的显示方式。可使用任何有效的数字格式。大多数情况下，应将"格式"值设置为"货币"
小数位数	指定要显示数字时使用的小数位数的编号
输入的掩码	显示编辑字符，以引导数据输入。例如，输入掩码可能在字段开头显示美元符号（$）
题注	默认情况下，在窗体、报表和查询中此字段显示的标签文本。如果此属性为空，则使用字段名称。允许使用任何文本字符串
默认值	添加新记录时，自动向此字段分配指定值
有效性规则	提供一个表达式，每当向此字段中添加值或更改字段中的值时，该表达式必须为True。与验证文本属性结合使用
验证文本	输入某个值违反验证规则属性中的表达式时要显示的消息
必填	要求在字段中输入数据
创建索引	指定字段是否有索引。有三个可用的值： • 是（无重复）。在字段上创建唯一索引。 • 是（有重复）。在字段上创建非唯一索引。 • No。删除字段上的所有索引。 注意：请勿更改在主键中使用的字段的此属性。虽然可通过设置已索引字段属性在单个字段上创建索引，但某些索引无法通过此方式创建。例如，不能通过设置此属性来创建多字段索引
智能标记	将智能标记附加到该字段。Access 2013已弃用智能标记
文本对齐	指定在控件内的文本的默认对齐方式

5. 日期/时间

用途：用于存储基于时间的数据。

支持的字段属性如下表所示。

属　　性	使　　用
题注	默认情况下，在窗体、报表和查询中此字段显示的标签文本。如果此属性为空，则使用字段名称。允许使用任何文本字符串
默认值	添加一条新记录时自动为该字段分配指定的值
格式	确定字段在数据表中显示或打印时的显示方式，或者在与其绑定的窗体或报表中的显示方式。可使用预定义格式或构建自定义格式。 预定义格式如下： ● 常规日期。默认情况下，如果值仅为日期，则不显示时间；如果值仅为时间，则不显示日期。此设置是短日期和长时间设置的组合。 ● 长日期。与 Windows 区域设置中的长日期设置相同。示例：Saturday, April 3, 2007。 ● 中日期。以 dd-mmm-yyyy 格式显示日期。示例：3-Apr-2007。 ● 短日期。与在 Windows 区域设置中的短日期设置相同。示例：4/3/07。警告：短日期设置假定 1/1/00 和 12/31/29 之间的日期是第 21 个世纪的日期（年份假定为 2000 年到 2029 年）。30-1-1 和 12/31/99 之间的日期假定为 20 世纪的日期（年份假定为 1930 年到 1999 年）。 ● 长时间。与在 Windows 区域设置中的时间选项卡上的设置相同。示例：5:34:23 PM。 ● 中时间。以小时和分钟的形式显示时间，两者之间用时间分隔符隔开，后接 AM/PM 指示符。示例：5:34 PM。 ● 短时间。使用 24 小时制以小时和分钟的形式显示时间，两者之间用时间分隔符隔开。示例：17:34。 用户可键入以下组件的任意组合构建自定义格式。例如，要显示一年的第几周和一周的第几天，应键入 ww/w。 ● 时间分隔符，如 hh: mm。 ● 日期分隔符，如 mmm /yyyy。 ● 任何短的字符，用引号括起来的字符串（""）自定义分隔符，引号不会显示。例如，","将显示一个逗号。 日期格式组件。 ● d—第几天的一个或两个数字，为所需(1 到 31)中的月份。 ● dd—在两位数字（01 到 31）中该月第几天。 ● ddd—第三个字母（Sun 到 Sat）的工作日。 ● dddd—星期的全称（Sunday 到 Saturday）的全名。 ● w—第几天的一周（1 到 7）。 ● ww——年（1 到 53）。 ● m—在一个或两个数字，根据需要（1 到 12）为一年中的月份。 ● mm—在两位数字（01 到 12）中该年的月份。 ● mmm—第三个字母的月份（Jan 到 Dec）。

续表

属　性	使　用
格式	- mmmm—月（January 到 December)完整名称。 - 问：一年（1 到 4）中的季度。 - y—数年（1 到 366)的一天。 - yy—最后两位数字表示的年份（01 到 99)。 - yyyy—完整的年份（0100 年到 9999)。 时间格式组件 - h——一个或两个数字，根据需要（0 到 23)为小时数。 - hh—用两位数字（00 到 23）小时。 - n—在一个或两个数字，根据需要（0 到 59)为分钟。 - nn—用两位数字（00 到 59）分钟。 - s—中的一个或两个数字，根据需要秒（0 到 59)。 - ss—第二个中两位数字（00 到 59)。 时钟格式组件。 - am/pm 或 AM/PM:使用在 Windows 区域设置中定义适当的上午/下午指示器的 12 小时制时钟。 预定义格式。 - c：相同常规日期预定义格式。 - ddddd：相同短日期预定义格式。 - dddddd：相同长日期预定义格式。 - ttttt：与很长时间预定义格式相同
输入法模式	控制 Windows 东亚版本中的字符转换
输入法语句模式	控制 Windows 东亚版本中的句子转换
创建索引	指定字段是否有索引。有三个可用的值： - 是（无重复）。在字段上创建唯一索引。 - 是（有重复）。在字段上创建非唯一索引。 - No。删除字段上的所有索引。 注意：请勿更改在主键中使用的字段的此属性。虽然可通过设置已索引字段属性在单个字段上创建索引，但某些索引无法通过此方式创建。例如，不能通过设置此属性来创建多字段索引
输入掩码	显示编辑字符来引导数据输入
必填	要求在字段中输入数据
显示日期选取器	指定是否显示"日期选取器"控件 注意：如果对日期/时间字段使用输入掩码，无论如何设置此属性，"日期选取器"控件都不可用
智能标记	将智能标记附加到的字段。Access 2013 已弃用智能标记
文本对齐	指定控件内的文本的默认对齐方式
有效性规则	提供一个表达式，当向此字段添加值或更改字段中的值时，该表达式必须为 True。与验证文本属性结合使用
验证文本	输入的某个值违反有效性规则属性中的表达式时显示的消息

6. 超链接

用途：用于存储超链接，例如电子邮件地址或网站。超链接可以是 UNC 路径，也可以是 URL，最多可存储 2048 个字符。

支持的字段属性如下表所示。

属 性	使 用
允许空字符串	允许（通过设置为"是"）在超链接、文本或备忘录字段中输入零长度字符串（""）
仅追加	确定是否跟踪字段值更改。有两个设置： • 是。跟踪更改。要查看字段值的历史记录，先用鼠标右键单击该字段，然后选择"显示列历史记录"选项。 • 否。不跟踪更改。 警告：将此属性设置为"否"将删除所有现有的字段值的历史记录
标题	默认情况下，在窗体、报表和查询中此字段显示的标签文本。如果此属性为空，则使用字段名称。允许使用任何文本字符串
默认值	添加一条新记录时自动为该字段分配指定的值
格式	确定字段在数据表中显示或打印时的显示方式，或者在与其绑定的窗体或报表中的显示方式。可为超链接字段定义自定义格式
输入法模式	控制 Windows 东亚版本中的字符转换
输入法语句模式	控制 Windows 东亚版本中的句子转换
创建索引	指定字段是否有索引。有三个可用的值： • 是（无重复）。在字段上创建唯一索引。 • 是（有重复）。在字段上创建非唯一索引。 • No。删除字段上的所有索引。 注意：不会更改为字段主键中使用此属性。虽然用户可以通过设置索引字段属性的上一个字段创建索引，但无法以这种方式创建某些类型的索引。例如，不能通过设置此属性来创建多字段索引
必填	要求在字段中输入数据
智能标记	将智能标记附加到的字段。Access 2013 已弃用智能标记
文本对齐	指定在控件内的文本的默认对齐方式
Unicode 压缩	存储少于 4096 个字符时，对存储在此字段中的文本进行压缩
有效性规则	提供一个表达式，当向此字段添加值或更改字段中的值时，该表达式必须为 True。与验证文本属性结合使用
验证文本	输入的某个值违反验证规则属性中的表达式时要显示的消息

7. 备忘录

用途：用于存储长度超过 255 个字符且为格式文本的文本块。注意，从 Access 2013 开始，备忘录数据类型已重命名为长文本。

支持的字段属性如下表所示。

属 性	使 用
允许空字符串	允许（通过设置为"是"）在超链接、文本或备忘录字段中输入零长度字符串（""）
仅追加	确定是否跟踪字段值更改。有两个设置： • 是。跟踪更改。要查看字段值的历史记录，先用鼠标右键单击该字段，然后选择"显示列历史记录"选项。 • 否。不跟踪更改。 警告：将此属性设置为"否"将删除所有现有的字段值的历史记录
标题	默认情况下，在窗体、报表和查询中此字段显示的标签文本。如果此属性为空，则使用字段名称。允许使用任何文本字符串
默认值	添加一条新记录时自动为该字段分配指定的值
格式	确定字段在数据表中显示或打印时的显示方式，或者在与其绑定的窗体或报表中的显示方式。可为备忘录字段定义自定义格式
输入法模式	控制 Windows 东亚版本中的字符转换
输入法语句模式	控制 Windows 东亚版本中的句子转换
创建索引	指定字段是否有索引。有三个可用的值： • 是（无重复）。在字段上创建唯一索引。 • 是（有重复）。在字段上创建非唯一索引。 • No。删除字段上的所有索引。 注意：不会更改为字段主键中使用此属性。虽然用户可以通过设置索引字段属性的上一个字段创建索引，但无法以这种方式创建某些类型的索引。例如，不能通过设置此属性来创建多字段索引
必填	要求在字段中输入数据
智能标记	将智能标记附加到的字段。Access 2013 已弃用智能标记
文本对齐	指定在控件内的文本的默认对齐方式
Unicode 压缩	压缩存储小于 4096 个字符时，在此字段中存储的文本
有效性规则	提供一个表达式，当向此字段添加值或更改字段中的值时，该表达式必须为 True。与验证文本属性结合使用
验证文本	输入的某个值违反验证规则属性中的表达式时要显示的消息

8．数字

用途：用于存储非货币值数值。如果可能在字段中使用这些值来执行计算，需使用数字数据类型。

支持的字段属性如下表所示。

属 性	使 用
标题	默认情况下，在窗体、报表和查询中此字段显示的标签文本。如果此属性为空，则使用字段名称。允许使用任何文本字符串
小数位数	指定显示数字时要使用的小数位数
默认值	添加新记录时，自动向此字段分配指定值

续表

属性	使用
字段大小	选择下列选项之一。 • 字节。用于的范围为 0 到 255 的整数。存储要求为 1 个字节。 • 整数。用于整数从-32768 到 32767 的范围。存储要求为 2 个字节。 • 长整型。范围为 2147483648 到 2147483647，用于整数。存储要求为 4 个字节。 提示：当用户创建外键，使与另一个表的自动编号主键字段相关联时，使用长整型。 • 单个。用于数字浮动点，值的范围从-3.4 x 1038 到 3.4 x 1038 和多达 7 个有效位数。存储要求为 4 个字节。 • 双。用于数字浮动点的值的范围从-1.797 x 10308 到 1.797 x 10308 和多达 15 个有效位数。存储要求为 8 字节。 • 复制 ID。用于存储复制所需的全局唯一标识符。存储要求为 16 个字节。注意，复制不支持使用.accdb 文件格式。 • 小数位数。用于数字值的范围为从-9.999...x 1027 到 9.999...x 1027。存储要求为 12 个字节。 提示：为实现最佳性能，始终指定满足要求的最小"字段大小"
格式	确定字段在数据表中显示或打印时的显示方式，或者在与其绑定的窗体或报表中的显示方式。可使用任何有效的数字格式
创建索引	指定字段是否有索引。有三个可用的值： • 是（无重复）。在字段上创建唯一索引。 • 是（有重复）。在字段上创建非唯一索引。 • No。删除字段上的所有索引。 注意：请勿更改在主键中使用的字段的此属性。虽然可通过设置已索引字段属性在单个字段上创建索引，但某些索引无法通过此方式创建。例如，不能通过设置此属性来创建多字段索引
输入的掩码	显示编辑字符，以引导数据输入
必填	要求在字段中输入数据
智能标记	将智能标记附加到的字段。Access 2013 已弃用智能标记
文本对齐	指定在控件内的文本的默认对齐方式
有效性规则	提供一个表达式，当向此字段添加值或更改字段中的值时，该表达式必须为 True。与验证文本属性结合使用
验证文本	输入的某个值违反验证规则属性中的表达式时要显示的消息

9. 较大的数字

用途：用于存储非货币值大数值。如果可能在字段使用中这些值来执行计算，需使用大数据类型。

支持的字段属性如下表所示。

属　性	使　用
标题	默认情况下，在窗体、报表和查询中此字段显示的标签文本。如果此属性为空，则使用字段名称。允许使用任何文本字符串
小数位数	指定显示数字时要使用的小数位数
默认值	添加新记录时，自动向此字段分配指定值
格式	确定字段在数据表中显示或打印时的显示方式，或者在与其绑定的窗体或报表中的显示方式。可使用任何有效的数字格式
创建索引	指定字段是否有索引。有三个可用的值： • 是（无重复）。在字段上创建唯一索引。 • 是（有重复）。在字段上创建非唯一索引。 • No。删除字段上的所有索引。 注意：请勿更改在主键中使用的字段的此属性。虽然可通过设置已索引字段属性在单个字段上创建索引，但某些索引无法通过此方式创建。例如，不能通过设置此属性来创建多字段索引
输入的掩码	显示编辑字符来引导数据输入。例如，输入掩码可能在字段开头显示美元符号（$）
必填	要求在字段中输入数据
智能标记	将智能标记附加到的字段。Access 2013 已弃用智能标记
文本对齐	指定在控件内的文本的默认对齐方式
有效性规则	提供一个表达式，当向此字段添加值或更改字段中的值时，该表达式必须为True。与验证文本属性结合使用
验证文本	输入的某个值违反有效性规则属性中的表达式时显示的消息

10．OLE 对象

用途：用于将 OLE 对象（如 Microsoft Office Excel 电子表格）附加到记录。要想使用 OLE 功能，必须使用 OLE 对象数据类型。

大多数情况下，应使用附件字段而不是 OLE 对象字段。OLE 对象字段支持的文件类型比附件字段支持的文件类型少。此外，OLE 对象字段不允许将多个文件附加到单条记录。

支持的字段属性如下表所示。

属　性	使　用
标题	默认情况下，在窗体、报表和查询中此字段显示的标签文本。如果此属性为空，则使用字段名称。允许使用任何文本字符串
必填	要求在字段中输入数据
文本对齐	指定在控件内的文本的默认对齐方式

11．文本

用途：用于存储不超过 255 个字符的文本。注意，从 Access 2013 开始，文本数据类型已重命名为短文本。

支持的字段属性如下表所示。

属　　性	使　　用
允许零长度	允许（通过设置为"是"）在超链接、文本或备忘录字段中输入零长度字符串（""）
题注	默认情况下，在窗体、报表和查询中此字段显示的标签文本。如果此属性为空，则使用字段名称。允许使用任何文本字符串
默认值	添加一条新记录时自动为该字段分配指定的值
字段大小	输入 1 到 255 之间的值。文本字段的字符数范围为 1 到 255。对于较大的文本字段，需使用备忘录数据类型。 提示：为实现最佳性能，始终指定满足要求的最小"字段大小"。 例如，如果要存储长度已知的邮政编码，应将该长度指定为字段大小
格式	确定字段在数据表中显示或打印时的显示方式，或者在与其绑定的窗体或报表中的显示方式。可为文本字段定义自定义格式
输入法模式	控制 Windows 东亚版本中的字符转换
输入法语句模式	控制 Windows 东亚版本中的句子转换
创建索引	指定字段是否有索引。有三个可用的值： ● 是（无重复）。在字段上创建唯一索引。 ● 是（有重复）。在字段上创建非唯一索引。 ● No。删除字段上的所有索引
必填	要求在字段中输入数据
智能标记	将智能标记附加到的字段。Access 2013 已弃用智能标记
文本对齐	指定在控件内的文本的默认对齐方式
Unicode 压缩	压缩存储小于 4096 个字符时，在此字段中存储的文本
有效性规则	提供一个表达式，当向此字段添加值或更改字段中的值时，该表达式必须为 True。与验证文本属性结合使用
验证文本	输入的某个值违反有效性规则属性中的表达式时显示的消息

12．是/否

用途：用于存储一个布尔值。

支持的字段属性如下表所示。

属　　性	使　　用
题注	默认情况下，在窗体、报表和查询中此字段显示的标签文本。如果此属性为空，则使用字段名称。允许使用任何文本字符串
默认值	添加一条新记录时自动为该字段分配指定的值
格式	确定字段在数据表中显示或打印时的显示方式，或者在与其绑定的窗体或报表中的显示方式。选择下列选项之一： ● 真/假。显示为 True 或 False 的值。 ● 是/否。显示的值为是或否。 ● 打开/关闭。显示为任何一个值

续表

属 性	使 用
创建索引	指定字段是否有索引。有三个可用的值： • 是（无重复）。在字段上创建唯一索引。 • 是（有重复）。在字段上创建非唯一索引。 • No。删除字段上的所有索引
文本对齐	指定在控件内的文本的默认对齐方式
有效性规则	提供一个表达式，当向此字段添加值或更改字段中的值时，该表达式必须为True。与验证文本属性结合使用
验证文本	输入的某个值违反有效性规则属性中的表达式时显示的消息

3.1.3 表关系

虽然数据库中的每个表存储有关特定主题的数据，但是关系数据库（如 Access）中的表存储关于相关主题的数据。例如，数据库可能包含：

- 客户表。列出公司的客户及其地址。
- 产品表。列出所售产品，包括每个产品的价格和图片。
- 订单表。跟踪客户订单。

要连接不同表中存储的数据，可以创建关系。关系是指具有共同字段的两个表之间的逻辑连接。

1．键

属于表关系的一部分的字段称为键。键通常包含一个字段，但也可能包含多个字段。键有以下两种类型。

- 主键：一个表可以有一个主键。主键只包含一个或多个唯一标识用户存储在表中每条记录的字段。Access 将自动提供主键作为唯一标识号，该主键称为 ID 号。
- 外键：一个表可以有一个或多个外键。外键包含对应于另一个表的主键中的值。例如，用户可能有订单表，其中每个订单有对应于客户表中的记录的客户 ID 号。客户 ID 字段是订单表的外键。

键字段之间的值的对应关系构成表关系的基础。使用表关系来组合相关表中的数据。例如，假定有一个"公司定义"表和一个"员工档案"表。在用户的"公司定义"表中，每条记录由主键字段 ID 标识。

若要使每个员工档案与公司关联，可以向"员工档案"表中添加对应于"公司定义"表的 ID 字段的外键字段，并在两个键之间创建关系。在向"员工档案"表中添加记录时，对客户 ID 使用来自"公司定义"表的值。每当用户希望查看有关订单客户的任何信息时，都可以使用关系来识别"公司定义"表中的哪些数据对应于"员工档案"表中的哪些记录，如图 3-4 所示。

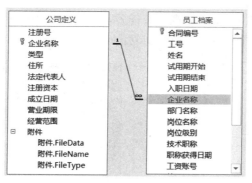

图 3-4

> 提示
> 1. 主键用字段名称旁边的钥匙图标表示。
> 2. 外键缺少钥匙图标。

2．使用关系的好处

按相关表分隔数据具有以下好处：

- 一致性。因为每项数据只在一个表中记录一次，所以可减少出现模棱两可或不一致情况的可能性。例如，用户在有关客户的表中只存储一次客户的名字，而非在包含订单数据的表中重复（且可能不一致）存储它。
- 提高效率。只在一个位置记录数据意味着使用的磁盘空间更少。另外，与较大的表相比，较小的表往往可以更快地提供数据。而且，如果不对单独的主题使用单独的表，则会向表中引入空值（不存在数据）和冗余，这都会浪费空间和影响性能。
- 易于理解。如果按表正确分隔主题，则数据库的设计更易于理解。

3.2 将表添加到 Access 桌面数据库

如果有不属于任何现有表的新数据源，可以创建新表。可以采用多种方法将表添加到 Access 数据库，例如创建新数据库、将表插入现有数据库、导入或链接另一个数据源中的表。创建新的空数据库时，会自动插入一个新的空白表，可以在该表中输入数据来开始定义字段。

3.2.1 在新桌面数据库中创建新表

在新桌面数据库中创建新表的具体操作步骤如下。

在"文件"选项卡中执行"新建"|"空白桌面数据库"命令，如图 3-5 所示。

在"文件名"文本框中为新数据库键入文件名,如果要将数据库保存在不同的位置,应先单击文件夹图标,再单击"创建"按钮,如图 3-6 所示。

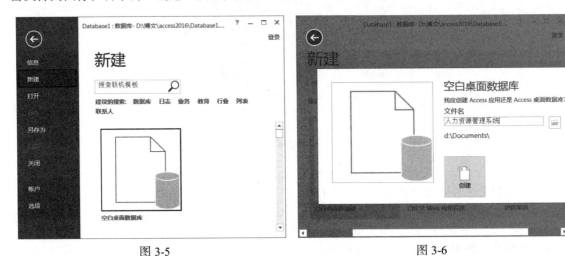

图 3-5　　　　　　　　　　　　　　　图 3-6

此时将打开新的数据库及名为"表 1"的新表,如图 3-7 所示。

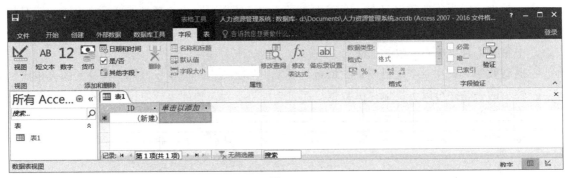

图 3-7

3.2.2　在现有数据库中创建新表

在现有数据库中创建新表的具体操作步骤如下。

执行"创建"|"表格"|"表"命令,如图 3-8 所示,即可创建一个新表。

图 3-8

3.2.3 通过导入或链接至外部数据来创建新表

用户可以通过导入或链接到其他位置存储的数据来创建新表。可以导入或链接到 Excel 工作表、Windows SharePoint Services 列表、XML 文件、其他 Access 数据库、Microsoft Outlook 文件夹等位置中的数据。

导入数据时，将在当前数据库的新表中创建数据的副本。以后对源数据进行的更改不会影响导入的数据，并且对导入的数据进行的更改也不会影响源数据。连接到数据源并导入其数据后，可以使用导入的数据，而无须连接到源；也可以更改导入的表的设计。

链接到数据时，将在当前数据库中创建一个链接表，表示指向其他位置所存储的现有信息的活动链接。更改链接表中的数据时，也会更改源中的这些数据。每当源中的数据更改时，该更改也会显示在链接表中。当用户使用链接表时，必须能够连接到数据源，不能更改链接表的设计。

> **注 意**
>
> 不能使用链接表编辑 Excel 工作表中的数据，应先将源数据导入 Access 数据库中，然后从 Excel 链接到该数据库。

通过导入 Excel 创建新表的具体操作步骤如下。

执行"外部数据"|"导入并连接"|"Excel"命令，如图 3-9 所示。

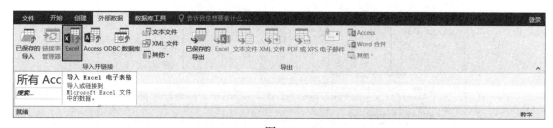

图 3-9

在弹出的"获取外部数据-Excel 电子表格"对话框中，单击"浏览"按钮，如图 3-10 所示。

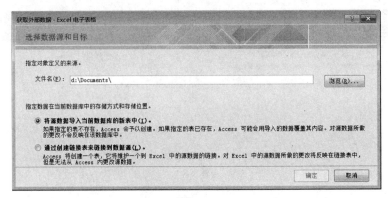

图 3-10

在弹出的"打开"对话框中,查找用户需要导入的 Excel 文件,单击"打开"按钮,如图 3-11 所示。

图 3-11

返回"获取外部数据-Excel 电子表格"对话框,单击"确定"按钮,如图 3-12 所示。

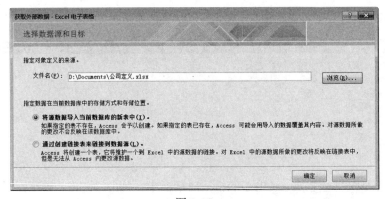

图 3-12

在弹出的"导入数据表向导"对话框中,根据用户的需求进行修改后,单击"下一步"按钮,如图 3-13 所示。

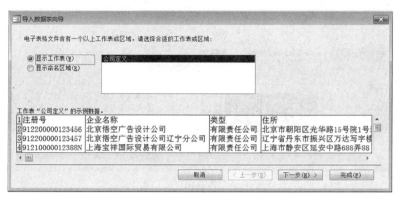

图 3-13

选择"第一行包含列标题"复选框,如图 3-14 所示。

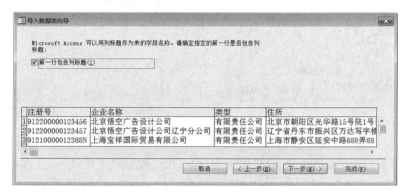

图 3-14

单击每一个字段,查看其"数据类型"是否正确,如果正确,则单击"下一步"按钮,如图 3-15 所示。

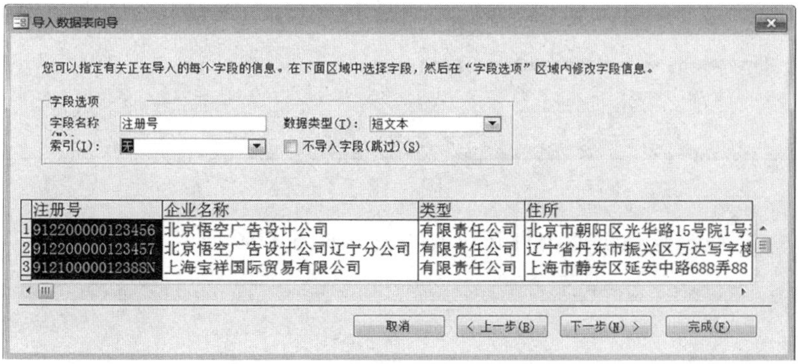

图 3-15

根据用户的需要设置表的主键，如图 3-16 所示。

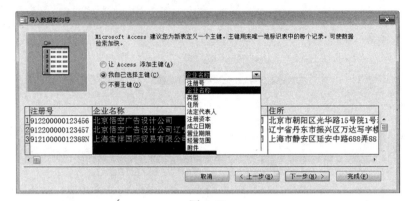

图 3-16

在"导入到表"的文本框中输入表的名称，单击"完成"按钮，如图 3-17 所示。

图 3-17

返回"获取外部数据-Excel 电子表格"对话框，如果用户需要陆续从此 Excel 表格中导入数据，可以选择"保存导入步骤"复选框，如果仅导入一次，则不需要选择此复选框，单击"关闭"按钮，如图 3-18 所示。

图 3-18

完成导入后，在 Access 数据库中打开导入的表，如图 3-19 所示。

图 3-19

3.2.4 在桌面数据中设置表属性

设置应用于整个表或全部记录的属性的具体操作步骤如下。

打开要设置属性的表。在"开始"选项卡"视图"组中,单击"视图"|"设计视图"按钮,如图 3-20 所示。

执行"设计"|"显示/隐藏"|"属性表"命令,如图 3-21 所示。

图 3-20

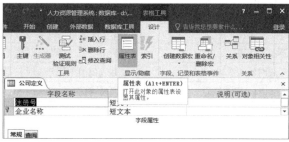

图 3-21

在属性表中,先单击"常规"选项卡,再单击设置的属性左侧的框,并为该属性输入设置,如图 3-22 所示。按"Ctrl+S"组合键保存所做的更改。

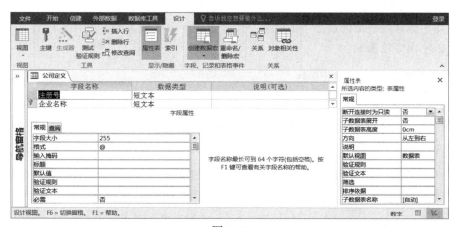

图 3-22

使用属性表属性,可以达到以下目的。

使用属性	目的
在 SharePoint 网站上显示视图	指定基于表的视图是否可以显示在 SharePoint 网站上。 注意：此设置的效果取决于"在 SharePoint 网站上显示所有视图"数据库属性的设置
子数据表展开	执行下列操作之一： • 如果希望子数据表窗口展开以显示所有行，应保留此属性设置为"0"。 • 如果希望控制子数据表的高度，应以英寸为单位输入所需高度
方向	应根据语言阅读方向是从左到右，还是从右到左来设置查看方向
Description	提供表的说明。此说明将显示在表的工具提示中
默认视图	将"数据表""数据透视表"或"数据透视图"设置为用户打开表时的默认视图
验证规则	输入在用户添加或更改记录时必须为 True 的表达式
验证文本	输入在记录违反"有效性规则"属性中的表达式时显示的消息
筛选	定义条件以仅在数据表视图中显示匹配行
排序依据	选择一个或多个字段，以指定数据表视图中行的默认排序顺序
子数据表名称	指定子数据表是否应显示在数据表视图中，如果显示，则要指定哪个表或查询应提供子数据表中的行
链接子字段	列出用于子数据表的表或查询中与为表指定的"链接主字段"属性匹配的字段
链接主字段	列出表中与为表指定的"链接子字段"属性匹配的字段
加载时的筛选器	在数据表视图中打开表时，自动应用"筛选"属性中的筛选条件
加载时的排序方式	在数据表视图中打开表时，自动应用"排序依据"属性中的排序条件

> **提示**
> 若要提供更多空间，输入或编辑属性框中的设置，按组合键"Shift+F2"来显示缩放框。

3.2.5 在数据表视图中设置字段属性

可以在使用数据表视图的过程中重命名字段，更改字段数据类型、格式属性及字段的一些其他属性，具体操作步骤如下。

1．在数据表视图中设置字段属性

在导航窗格中，用鼠标右键单击数据表，在弹出的菜单中选择"打开"命令，如图 3-23 所示。打开数据表后，在"表格工具"|"字段"|"字段属性"下拉列表中选择合适的属性，如图 3-24 所示。

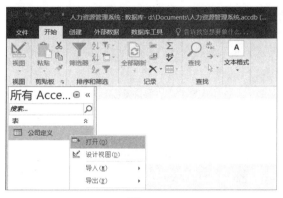

图 3-23

图 3-24

2．在设计视图中设置字段属性

在导航窗格中，用鼠标右键单击数据表，在弹出的菜单中选择"设计视图"选项，如图 3-25 所示。找到想要设置的数据类型，单击数据类型字段下拉列表按钮，并从列表中选择一种数据类型的字段名称，如图 3-26 所示，完成设置后按"Ctrl+S"组合键保存所做的更改。

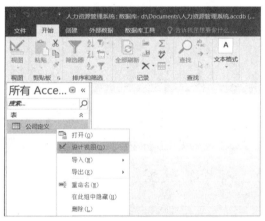

图 3-25

图 3-26

3.2.6 保存表

创建或修改表后，应在桌面数据库中保存设计。第一次保存表时，以它所包含的数据的名称命名。例如，用户可以命名为"表客户""部件库存"或"产品"。

Access 提供了大量灵活的命名方法，但是也会受到一些限制，例如：表名称最多可以有 64 个字符，可以是字母、数字、空格和除了句点（.）、感叹号（!）的特殊字符的任意组合，不能包含任何"'""/""\""*""?""%""&"等字符。

第 4 章

创建"人力资源管理系统"基础表

　　创建 Access 数据库要从创建基础表开始，需要用户构建清晰的思维导图，规划各表之间的钩稽关系，这样才能快速、有效地创建有用的数据表，在后期的窗体、报表也能准确、完整地提取出所需要的、有用的数据。

4.1 "人力资源管理系统"的模块

本书所编写的人力资源管理系统主要包括四大模块。

模块一：基础设置。

内容包括：公司录入、部门录入和员工基础信息录入，如图4-1所示。

模块二：人事人力。

内容包括：招聘管理，人事合同，劳动合同打印，员工工牌，员工培训，迟到、罚款、违纪明细，加班与绩效明细，如图4-2所示。

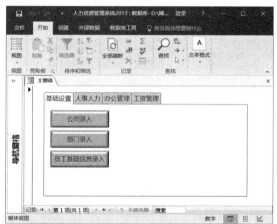

图 4-1

图 4-2

模块三：办公管理。

内容包括：项目计划表、用章登记表、办公用品领用表、工作日志汇总表，如图4-3所示。

模块四：工资管理。

内容包括：全年工资汇总表、1月份工资明细表~12月份工资明细表，如图4-4所示。

图 4-3

图 4-4

该系统中各表之间的关系如图 4-5 所示。

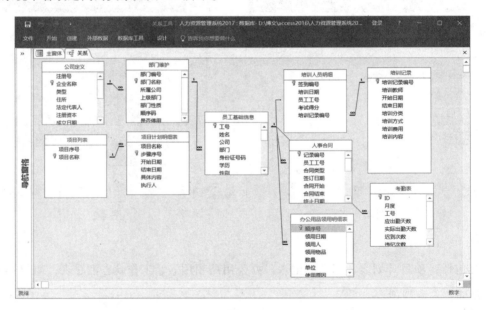

图 4-5

4.2 创建"人力资源管理系统"基础表

根据系统功能，应创建以下基础表：

（1）公司定义表。

（2）部门维护表。

(3)员工基础信息表。

(4)人事合同表。

(5)招聘管理表。

(6)考勤表。

(7)培训记录表。

(8)培训人员明细表。

(9)工作日志表。

(10)项目列表。

(11)项目计划明细表。

(12)用章登记表。

(13)办公用品领用明细表。

4.2.1 创建公司定义表

公司定义表包括下表所示字段。

字段名称	数据类型	说明
注册号	短文本	内容为企业工商注册号码
企业名称	短文本	设置为主键
类型	短文本	
住所	短文本	
法定代表人	短文本	
注册资本	货币	小数位数为0
成立日期	日期/时间	常规日期,输入掩码"yyy-mm-dd"
营业期限	短文本	
经营范围	长文本	
附件	附件	营业执照扫描件

创建公司定义表的具体操作步骤如下。

(1)在"创建"选项卡"表格"选项组中单击"表设计"按钮,如图4-6所示。

图4-6

（2）在表设计视图中依次创建如图4-7所示的字段。

（3）选择"企业名称"字段后，单击"设计"选项卡"工具"选项组中的"主键"按钮，如图4-8所示。

图 4-7

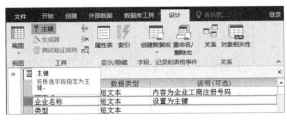

图 4-8

（4）保存表，并将其命名为"公司定义"，如图4-9所示。

图 4-9

（5）选择"类型"字段，在下方的"常规"选项卡"默认值"属性中设置默认值为""有限责任公司""，如图4-10所示。

（6）选择"注册资本"字段，将"常规"选项卡"格式"属性设置为"货币"格式，并设置"小数位数"属性为"0"，如图4-11所示。

图 4-10　　　　　　　　　　　　图 4-11

（7）选择"成立日期"字段，将"常规"选项卡"格式"属性设置为"常规日期"格式，并设置"输入掩码"属性为""yyy-mm-dd""，如图4-12所示。

第 4 章 创建"人力资源管理系统"基础表

> **提示**
> 用户也可以单击"输入掩码"属性右侧的 ⋯ 按钮,在弹出的"输入掩码向导"对话框中选择一种格式后单击"尝试"文本输入框,即可查看输入的格式,如图 4-13 所示。

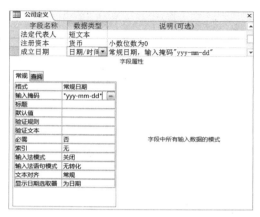

图 4-12

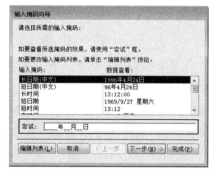

图 4-13

4.2.2 创建部门维护表

部门维护表包括下表所示字段。

字段名称	数据类型	说　明
部门编号	短文本	
部门名称	短文本	主键
所属公司	短文本	"显示控件"为"组合框";"行来源类型"为"表/查询";"行来源"为"SELECT 公司定义.企业名称 FROM 公司定义;";"绑定列"为"1";"列数"为"1"
上级部门	短文本	"显示控件"为"组合框";"行来源类型"为"值列表";"行来源"为""无上级部门";"总经理办公室";"开发部";"财务部";"人事部";"销售部";"采购部""
部门性质	短文本	"显示控件"为"组合框";"行来源类型"为"值列表";"行来源"为""管理部";"财务部";"销售部";"制造部""
顺序码	自动编号	
是否停用	是/否	"默认值"为"No";"显示控件"为"复选框"

创建部门维护表的具体操作步骤如下。

(1)在表设计视图中依次创建如图 4-14 所示的字段。

(2)选择"所属公司"字段,在"查阅"选项卡"显示控件"属性下拉列表中选择"组合框",并设置"行来源类型"属性为"表/查询",单击"行来源"输入框右侧的 ⋯ 按钮,如图 4-15 所示。

图 4-14

图 4-15

（3）在"显示表"对话框"表"选项卡的列表中选择"公司定义"，单击"添加"按钮，如图 4-16 所示。

（4）关闭"显示表"对话框，返回到表设计器中，双击"公司定义"表中的"企业名称"字段，将其添加到"部门维护"查询生成器中，如图 4-17 所示。

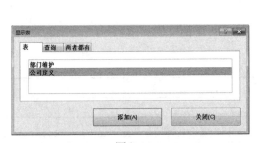
图 4-16

图 4-17

（5）在关闭"部门维护：查询生成器"设计视图时，弹出"Microsoft Access"对话框，询问用户"是否保存对 SQL 语句的更改并更新属性？"，单击"是"按钮，如图 4-18 所示。

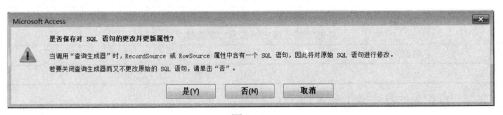
图 4-18

（6）返回表设计视图，可见"行来源"输入框中自动生成查找语句，用户也可以通过自动输入语句生成相关查询，如图 4-19 所示。

（7）选择"上级部门"字段，在"查阅"选项卡"显示控件"属性下拉列表中选择"组合框"，设置"行来源类型"属性为"值列表",在"行来源"输入框中输入""无上级部门";"总经理办公室";"开发部";"财务部";"人事部";"销售部";"采购部"",如图4-20所示。

图 4-19

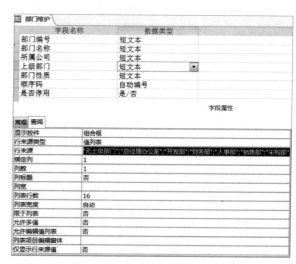

图 4-20

> **提示**
> 在"行来源"属性中输入的符号为英文格式。

（8）选择"部门性质"字段,在"查阅"选项卡"显示控件"属性下拉列表中选择"组合框",设置"行来源类型"属性为"值列表",在"行来源"输入框中输入""管理部";"财务部";"销售部";"制造部"",如图4-21所示。

（9）选择"是否停用"字段,将"常规"选项卡"默认值"属性设置为"No",如图4-22所示。

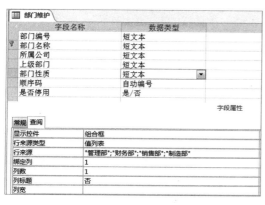

图 4-21

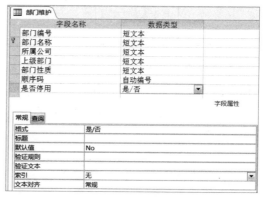

图 4-22

4.2.3 创建员工基础信息表

员工基础信息表包括下表所示字段。

字段名称	数据类型	说明
工号	短文本	主键,不可重复
姓名	短文本	
公司	短文本	"显示控件"为"组合框";"行来源类型"为"表/查询";"行来源"为"SELECT 公司定义.企业名称 FROM 公司定义;";"绑定列"为"1";"列数"为"1"
部门	短文本	"显示控件"为"组合框";"行来源类型"为"表/查询";"行来源"为"SELECT 部门维护.部门名称 FROM 部门维护;";"绑定列"为"1";"列数"为"1"
身份证号码	长文本	
学历	短文本	"显示控件"为"组合框";"行来源类型"为"值列表";"行来源"为""专科";"本科";"研究生";"硕士";"博士"";"绑定列"为"1";"列数"为"1"
性别	短文本	"显示控件"为"组合框";"行来源类型"为"值列表";"行来源"为""1 男";"2 女"";"绑定列"为"1";"列数"为"1"
出生日期	日期/时间	"格式"为"常规日期"
民族	短文本	
婚否	是/否	"默认值"为"No";"显示控件"为"复选框"
籍贯	短文本	
毕业院校	长文本	
所学专业	长文本	
毕业日期	日期/时间	"格式"为"常规日期"
家庭住址	短文本	
联系电话	短文本	
邮箱	短文本	
工作经历	长文本	
特长	长文本	
照片	超链接	

创建员工基础信息表的具体操作步骤如下。

(1)在表设计视图中依次创建如图 4-23 所示的字段。

(2)设置"公司"字段如图 4-24 所示。

第 4 章 创建"人力资源管理系统"基础表

图 4-23

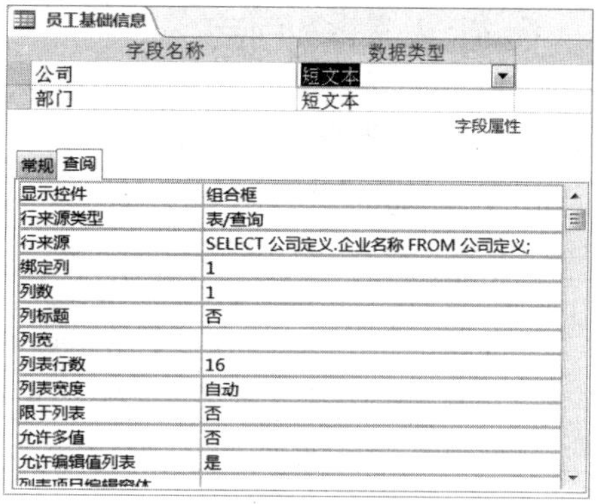

图 4-24

（3）设置"部门"字段如图 4-25 所示。

（4）设置"学历"字段如图 4-26 所示。

图 4-25

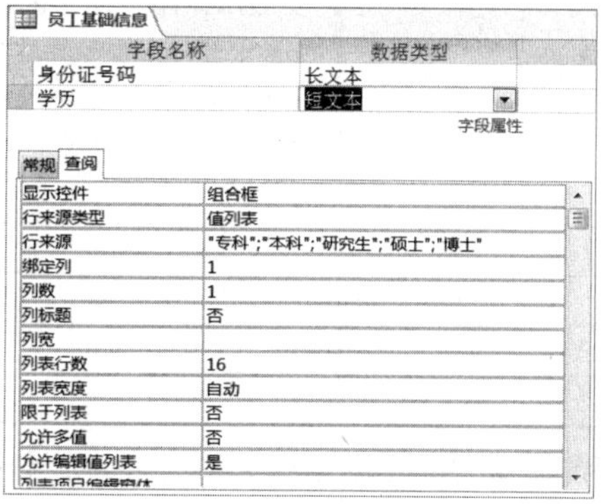

图 4-26

（5）设置"性别"字段如图 4-27 所示。

（6）设置"婚否"字段如图 4-28 所示。

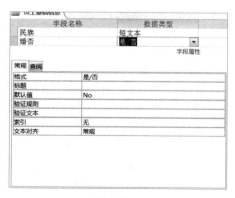

图 4-27

图 4-28

73

4.2.4 创建人事合同表

人事合同表包括下表所示字段。

字段名称	数据类型	说明
记录编号	短文本	主键
员工工号	短文本	"显示控件"为"组合框";"行来源类型"为"表/查询";"行来源"为"SELECT 员工基础信息.工号,员工基础信息.姓名 FROM 员工基础信息;";"绑定列"为"1";"列数"为"2"
合同类型	短文本	"默认值"为"正式合同"
签订日期	日期/时间	
合同开始	日期/时间	
合同结束	日期/时间	
终止日期	日期/时间	
终止原因	长文本	
合同复印件	附件	
任职岗位	短文本	"显示控件"为"组合框";"行来源类型"为"值列表";"行来源"为""员工";"技工";"部门主管";"经理";"副总经理";"总经理"";"绑定列"为"1";"列数"为"1"
技术职称	短文本	"显示控件"为"组合框";"行来源类型"为"值列表";"行来源"为""无";"初级";"中级";"高级"";"绑定列"为"1";"列数"为"1"
岗位工资	货币	
技术工资	货币	
加班费	货币	
社保缴费基数	货币	
医保缴费基数	货币	

按照前面讲解的步骤创建人事合同表,如图 4-29 所示。

图 4-29

4.2.5 创建招聘管理表

招聘管理表包括下表所示字段。

字段名称	数据类型	说明
招聘信息编码	自动编码	主键
部门名称	短文本	"显示控件"为"组合框";"行来源类型"为"表/查询";"行来源"为"SELECT 部门维护.部门名称 FROM 部门维护;";"绑定列"为"1";"列数"为"1"
岗位名称	短文本	
计划人数	数字	
薪资待遇	短文本	
增补人数	短文本	
到岗日期	日期/时间	
增补原因	短文本	
性别要求	是/否	
婚否要求	是/否	
年龄要求	短文本	
专业要求	短文本	
外语要求	短文本	
电脑水平要求	短文本	
经验要求	短文本	
招聘状态	短文本	"显示控件"为"组合框";"行来源类型"为"值列表";"行来源"为""已完成";"未完成"";"绑定列"为"1";"列数"为"1"
岗位职责	长文本	
岗位要求	长文本	
其他备注	长文本	
创建日期	日期/时间	

按照前面讲解的步骤创建招聘管理表,如图 4-30 所示。

图 4-30

4.2.6 创建考勤表

考勤表包括下表所示字段。

字段名称	数据类型	说 明
ID	自动编号	主键
月度	短文本	
工号	短文本	"显示控件"为"组合框";"行来源类型"为"表/查询";"行来源"为"SELECT 员工基础信息.工号 FROM 员工基础信息;";"绑定列"为"1";"列数"为"1"
应出勤天数	数字	
实际出勤天数	数字	
迟到次数	数字	
违纪次数	数字	
加班小时数	数字	
绩效奖金	货币	

按照前面讲解的步骤创建考勤表,如图 4-31 所示。

第 4 章 创建"人力资源管理系统"基础表

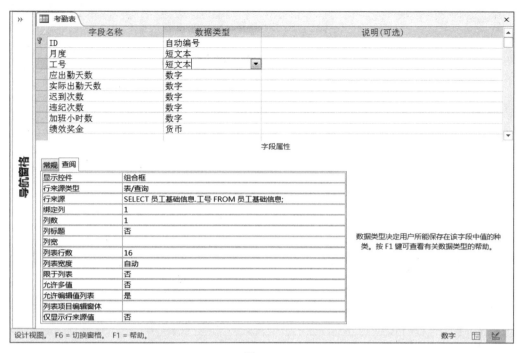

图 4-31

4.2.7 创建培训记录表

培训记录表包括下表所示字段。

字段名称	数据类型	说　　明
培训记录编号	短文本	主键
培训教师	短文本	
开始日期	日期/时间	
结束日期	日期/时间	
培训分类	短文本	
培训方式	短文本	
培训费用	货币	
培训内容	长文本	

按照前面讲解的步骤创建培训记录表，如图 4-32 所示。

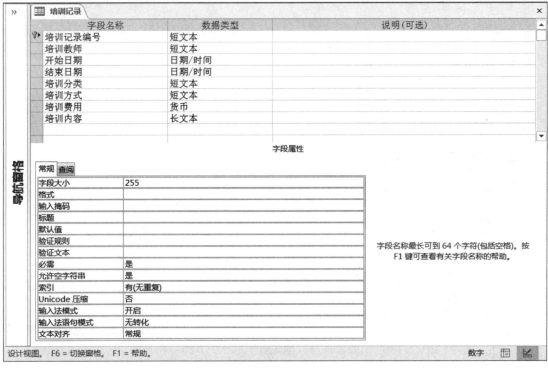

图 4-32

4.2.8 创建培训人员明细表

培训人员明细表包括下表所示字段。

字段名称	数据类型	说　　明
签到编号	自动编号	主键
培训日期	日期/时间	
员工工号	短文本	"显示控件"为"组合框"；"行来源类型"为"表/查询"；"行来源"为"SELECT 员工基础信息.姓名 FROM 员工基础信息;"；"绑定列"为"1"；"列数"为"1"
考试得分	数字	
培训记录编号	短文本	

培训人员明细表的创建如图 4-33 所示。

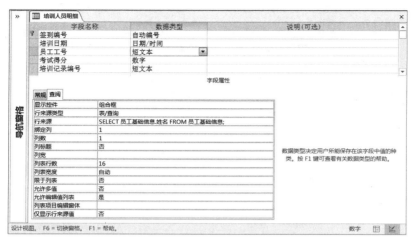

图 4-33

4.2.9 创建工作日志

在日常工作中，工作日志通常使用 Excel 创建，为了使本人力资源管理系统功能更完善，在这里添加了这一部分，并且为了避免二次输入重复工作，因此工作日志使用外部数据导入的方式创建，在 Excel 中创建的工作日志如图 4-34 所示。

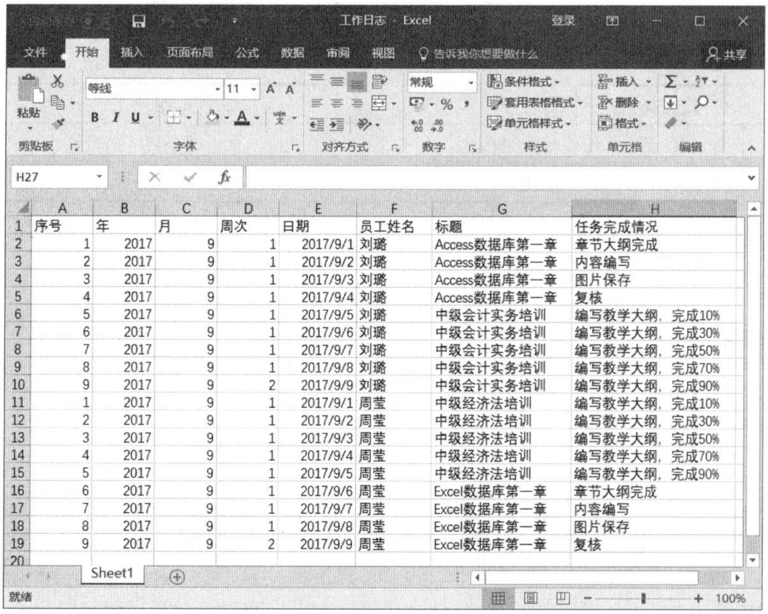

序号	年	月	周次	日期	员工姓名	标题	任务完成情况
1	2017	9	1	2017/9/1	刘璐	Access数据库第一章	章节大纲完成
2	2017	9	1	2017/9/2	刘璐	Access数据库第一章	内容编写
3	2017	9	1	2017/9/3	刘璐	Access数据库第一章	图片保存
4	2017	9	1	2017/9/4	刘璐	Access数据库第一章	复核
5	2017	9	1	2017/9/5	刘璐	中级会计实务培训	编写教学大纲，完成10%
6	2017	9	1	2017/9/6	刘璐	中级会计实务培训	编写教学大纲，完成30%
7	2017	9	1	2017/9/7	刘璐	中级会计实务培训	编写教学大纲，完成50%
8	2017	9	1	2017/9/8	刘璐	中级会计实务培训	编写教学大纲，完成70%
9	2017	9	2	2017/9/9	刘璐	中级会计实务培训	编写教学大纲，完成90%
1	2017	9	1	2017/9/1	周莹	中级经济法培训	编写教学大纲，完成10%
2	2017	9	1	2017/9/2	周莹	中级经济法培训	编写教学大纲，完成30%
3	2017	9	1	2017/9/3	周莹	中级经济法培训	编写教学大纲，完成50%
4	2017	9	1	2017/9/4	周莹	中级经济法培训	编写教学大纲，完成70%
5	2017	9	1	2017/9/5	周莹	中级经济法培训	编写教学大纲，完成90%
6	2017	9	1	2017/9/6	周莹	Excel数据库第一章	章节大纲完成
7	2017	9	1	2017/9/7	周莹	Excel数据库第一章	内容编写
8	2017	9	1	2017/9/8	周莹	Excel数据库第一章	图片保存
9	2017	9	2	2017/9/9	周莹	Excel数据库第一章	复核

图 4-34

导入到 Access 数据库后的表如图 4-35 所示。

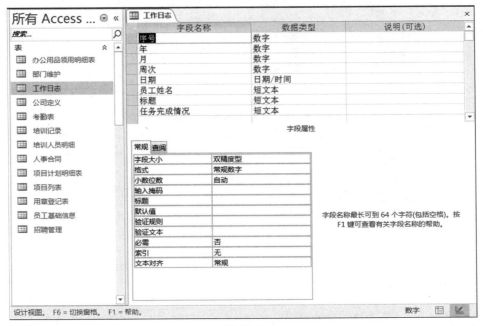

图 4-35

4.2.10 创建项目列表

项目列表包括下表所示字段。

字段名称	数据类型	说明
项目序号	自动编号	
项目名称	短文本	主键

项目列表的创建如图 4-36 所示。

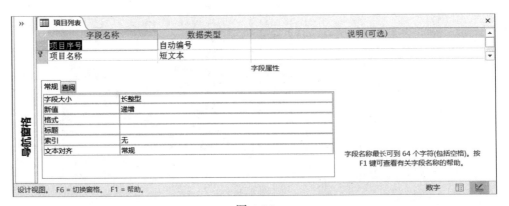

图 4-36

4.2.11 创建项目计划明细表

项目计划明细表包括下表所示字段。

字段名称	数据类型	说明
项目名称	短文本	
步骤序号	自动编号	主键
开始日期	日期/时间	
结束日期	日期/时间	
具体内容	长文本	
执行人	短文本	"显示控件"为"组合框";"行来源类型"为"表/查询";"行来源"为"SELECT 员工基础信息.姓名, 员工基础信息.部门 FROM 员工基础信息;";"绑定列"为"1";"列数"为"2"

项目计划明细表的创建如图 4-37 所示。

图 4-37

4.2.12 创建用章登记表

用章登记表包括下表所示字段。

字段名称	数据类型	说明
顺序号	自动编号	主键
用章日期	日期/时间	
文件标题	短文本	
发往机关	短文本	
份数	数字	
用章人签字	短文本	

续表

字段名称	数据类型	说明
批准人签字	短文本	
盖章人签字	短文本	
备注	短文本	

用章登记表的创建如图4-38所示。

图4-38

4.2.13 创建办公用品领用明细表

办公用品领用明细表包括下表所示字段。

字段名称	数据类型	说明
顺序号	自动编号	主键
领用日期	日期/时间	
领用人	短文本	
领用物品	短文本	
数量	数字	
单位	短文本	
使用原因	短文本	
备注	短文本	

办公用品领用明细表的创建如图4-39所示。

第 4 章　创建"人力资源管理系统"基础表

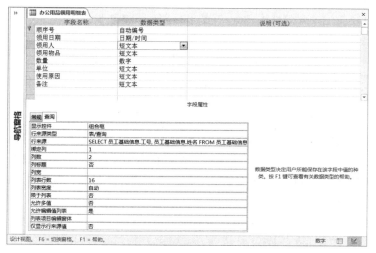

图 4-39

4.3　创建数据有效性验证规则

本节说明如何使用表字段和窗体控件中的有效性规则和验证文本。有效性规则是限制表字段中的输入或窗体中的控件（如文本框）的一种方法。验证文本要求用户提供消息，以帮助输入无效数据的用户。

输入数据时，Access 检查输入是否违反有效性规则，如果违反，则不接受输入，Access 将显示一条消息。

4.3.1　有效性规则的类型

可以创建两种基本类型的有效性规则。

1．字段验证规则

使用字段验证规则检查时，将该字段的字段中输入的值。假设用户在一个日期字段，并且输入的"> = #01/01/2010 年#"在该字段的有效性规则属性中。该规则现在要求用户输入"2010 年 1 月 1 日"之后的日期，如果用户输入早于 2010 年的日期，并尝试将焦点放在另一个字段，Access 会阻止用户离开当前字段，直到解决问题。

2．记录有效性规则

使用记录有效性规则来控制何时可以保存记录（在表格中的行）。记录有效性规则与字段验证规则引用同一个表中的其他字段。当用户需要检查这些值在另一个字段中的值时，用户可以创建记录有效性规则。例如，客户要求商家提供 30 天内的产品，如果商家不在该时间内提供，必须做

83

出赔偿。用户可以定义记录有效性规则为"[要求日期] < = [订购日期] + 30",以确保商家输入正确的发货日期。

4.3.2 可以在有效性规则中使用的内容

有效性规则可以包含表达式来返回单个值的函数。用户可以使用表达式进行计算、操作字符或测试数据。有效性规则表达式可以测试数据,例如,表达式可以检查一系列值,如"东京""莫斯科""巴黎""赫尔辛基"之一。表达式还可以执行数学运算,例如,表达式<100时,则强制用户输入小于 100 的值。表达式([订购日期]-[发货日期])则表示计算订购日期和发货日期间隔的天数。

4.3.3 有效性规则和验证文本示例

有效性规则使用 Access 表达式语法。有关表达式的详细信息如下表所示。

有效性规则	验证文本
<>0	输入非零值
>=0	值不得小于零。必须输入正数
0 或>100	值必须为 0 或大于 100
0 到 1 之间	输入带百分号的值。(用于将数值存储为百分比的字段)
<#01/01/2007#	输入 2007 年之前的日期
>=#01/01/2007# AND <#01/01/2008#	必须输入 2007 年的日期
<Date()	出生日期不能是将来的日期
StrComp(UCase([姓氏]),[姓氏],0) = 0	"姓氏"字段中的数据必须大写
>=Int(Now())	输入当天的日期
M 或 F	输入 M(代表男性)或 F(代表女性)
LIKE "[A-Z]*@[A-Z].com" 或 "[A-Z]*@[A-Z].net" 或 "[A-Z]*@[A-Z].org"	输入有效的.com、.net 或.org 的电子邮件地址
[要求日期]<=[订购日期]+30	输入订购日期之后的 30 天内的要求日期
[结束日期]>=[开始日期]	输入不早于开始日期的结束日期

常见有效性规则运算符的语法示例如下表所示。

运算符	函数	示例
NOT	测试相反值。在除 IS NOT NULL 之外的任何比较运算符之前使用	NOT >10(与<=10 相同)
IN	测试值是否等于列表中的现有成员。比较值必须是括在圆括号中的逗号分隔列表	IN ("东京","巴黎","莫斯科")
BETWEEN	测试值范围。必须使用两个比较值(低和高),并且必须使用 AND 分隔符来分隔这两个值	BETWEEN 100 AND 1000(与>=100 AND <=1000 相同)
LIKE	匹配文本和备注字段中的模式字符串	LIKE "Geo*"

续表

运算符	函 数	示 例
IS NOT NULL	强制用户在字段中输入值。此设置与将"必填"字段属性设置为"是"具有相同的效果。但是，如果启用了"必填"属性但用户没有输入值，则Access会显示令人稍感不快的错误消息。通常，如果使用IS NOT NULL 并在"验证文本"属性中输入友好的消息，则数据库会更易于使用	IS NOT NULL
AND	指定有效性规则的所有部分必须为真	>=#01/01/2007# AND =#03/06/2008#
或者	指定并非所有有效性规则必须为真	一月 OR 二月
<	小于	
<=	小于或等于	
>	大于	
>=	大于或等于	
=	等于	
<>	不等于	

4.3.4 向表添加有效性规则

可以添加字段验证规则和/或记录有效性规则。字段验证规则检查字段的输入，并在焦点离开字段时应用。记录有效性规则检查一个或多个字段的输入，并在焦点离开记录时应用。记录有效性规则通常用于比较两个或多个字段的值。

> **提示**
> 自动编号、OLE对象、附件和ReplicationID字段类型不支持有效性规则。

4.4 操作数据表

用户创建完数据表并设置其字段之后，便可以在数据表中进行数据输入、格式设置等一系列操作。

4.4.1 输入数据的方法

在Access中，用户可以通过以下三种方法输入各种类型的数据。

1. 直接输入

打开需要输入数据的表，选择字段下面的单元格，直接输入需要的数据即可，如图4-40所示。

输入数据之后，用户可以使用"Tab"键和"Enter"键，或者使用"→""←""↑""↓"方向键来移动单元格。

图 4-40

2．窗体输入

使用 Access 中的窗体，可以更加便捷和准确地输入数据。窗体的设计决定了输入或编辑数据的方法，用户创建窗体之后，便可以在窗体视图中输入相关字段的数据，如图 4-41 所示。

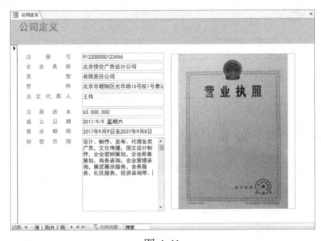

图 4-41

窗体具有列表、文本框和按钮等控件，每个控件与不同表中的字段、查询、宏或其他打开的窗体上的控件相关联，主要用于从表中读取数据或将数据写入基础数据表中。

3．快速输入

Access 提供了下列快速输入数据的方法，以协助用户设置默认值，指定不同的值或重复使用值。

1）为字段或控件设置默认值

当多个记录的给定字段使用相同的值时，可以为绑定到该字段的控件设置一个默认值，从而节省录入时间。用户设置默认值之后，打开窗体或创建新记录时，其默认值将显示在该控件中。例如，"公司定义"表中"类型"字段的默认值是"有限责任公司"。

2）重复使用值

选择要重复使用的上一个记录的字段值，按"Ctrl+'"组合键即可复制上一条记录的值。

第 4 章 创建"人力资源管理系统"基础表

3）输入空值

当用户需要在字段中输入一个空值时（如果设计数据库时允许该字段为空），在相应字段下的单元格中直接输入一个中间不存在空格的双引号（""）即可，如图 4-42 和图 4-43 所示。

图 4-42　　　　　　　　　　　　　　　图 4-43

4）复制粘贴数据

使用 Access 可以像使用 Excel 一样对数据进行复制粘贴操作。

选择需要复制的字段，同在 Excel 中操作一样，先按下鼠标左键并拖动鼠标，可以同时选择多列或多行，再单击鼠标右键，在弹出的级联菜单中选择"复制"命令，如图 4-44 所示。

打开需要粘贴的位置后，单击鼠标右键，在弹出的级联菜单中选择"粘贴"命令，如图 4-45 所示，即可复制所选数据。

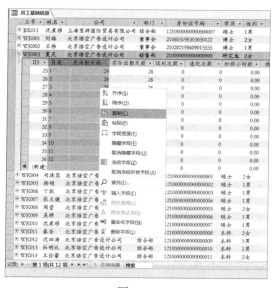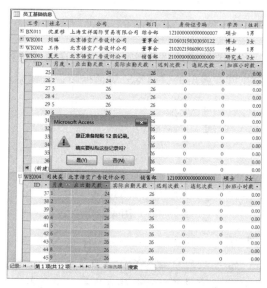

图 4-44　　　　　　　　　　　　　　　图 4-45

4.4.2 设置数据表格式

用户创建数据表后，可以设置数据表的格式来美化数据表。

1. 设置行高和列宽

在录入记录时，有时会遇到无法将该单元格的内容全部显示的情况。此时，用户可以通过调整行高或列宽来显示字符内容。

调整行高时，需要将光标置于两行标识之间，当光标变成双向箭头时，上下拖动鼠标即可调整行高。

同样，调整列宽时，则需要将光标置于两列标识之间，当光标变成双向箭头时，左右拖动鼠标即可调整列宽。

如果需要精确地调整行高，可以在行的位置单击鼠标右键，在弹出的菜单中选择"行高"命令，再在弹出的"行高"对话框中设置精确值，如图 4-46 和图 4-47 所示。

图 4-46

图 4-47

> 提示
> 在"行高"对话框中，选中"标准高度"复选框则采用默认值，默认值为 13.5。

当需要精确地调整列宽时，可以在列的位置单击鼠标右键，在弹出的菜单中选择"字段宽度"命令，再在弹出的"列宽"对话框中设置精确值，如图 4-48 和图 4-49 所示。

图 4-48

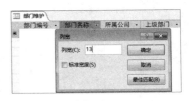
图 4-49

> 提示
> 在字段列中输入了多个数值之后，可将光标置于两列之间，当光标变成双向箭头时，双击鼠标左键即可自动调整左边一列为适当宽度。

第 4 章 创建"人力资源管理系统"基础表

此外,执行"文件"|"选项"命令,在弹出的"Access 选项"对话框中,激活"数据表"选项卡,更改"默认列宽"选项中的默认值,单击"确定"按钮,即可更改默认宽度值,如图 4-50 所示。

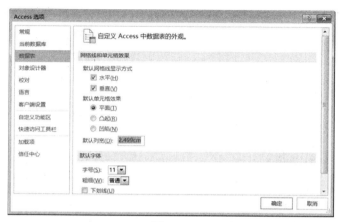

图 4-50

2. 调整字段顺序

有时,需要将某个字段调整到其他字段之前或之后,以突出显示数据表中重要的信息内容。

在数据表中,选择需要调整顺序的字段列,并按住鼠标左键拖动该字段列,系统将显示一条较粗的竖线,如图 4-51 所示。此时,移动该竖线至合适的位置后松开鼠标即可,如图 4-52 所示。

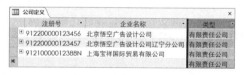

图 4-51

图 4-52

3. 隐藏和显示字段

在数据表中,对一些重要的字段,用户可以将其隐藏起来,以免被其他用户看到,等到需要时再将其显示出来。

在数据表视图中,选中需要隐藏的字段列,单击鼠标右键,在弹出的菜单中选择"隐藏字段"命令,即可隐藏该字段,如图 4-53 和图 4-54 所示。

图 4-53

图 4-54

当用户需要取消隐藏字段时，则可以选中任何字段列，单击鼠标右键，在弹出的菜单中选择"取消隐藏字段"命令，如图4-55所示。在弹出的"取消隐藏列"对话框中启用需要显示的字段，如图4-56所示，再单击"确定"按钮，即可显示被隐藏的字段。

图4-55

图4-56

提示

在"取消隐藏列"对话框中，禁用某个字段名称，单击"确定"按钮，即可隐藏该字段列。

4.4.3 使用查询列

查询列（或字段）是表中的字段，其中的值是从另一个表或值列表中检索出来的。

1．查询列概述

用户可以使用查询列显示组合框或列表框中的选项列表，选项可以来自表或查询，也可以是自己输入的列值。

查询字段呈现一个数据列表，用户可使用该列表选择一个或多个项目，一般情况下，用户可以创建下列两种类型的查询列表。

- 值列表：包含手动输入的硬编码值集。值位于查询字段的"行来源"属性中。
- 查询列表：使用查询从其他表中检索值，字段的"行来源"属性中包含查询而不是值的编码列表。

2．创建查询列字段

在数据表中，先将视图切换到"数据表"视图中，单击表中的"单击以添加"字段中的下拉按钮，在其下拉列表中选择"查阅和关系"选项，如图4-57所示。

然后，在弹出的"查询向导"对话框中选择"自行键入所需的值"选项，并单击"下一步"按钮（提示：由于安装时选择的版本不同，有些按钮会显示为英文），如图4-58所示。

第 4 章 创建"人力资源管理系统"基础表

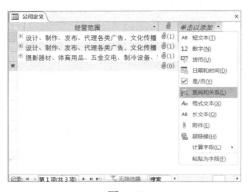

图 4-57

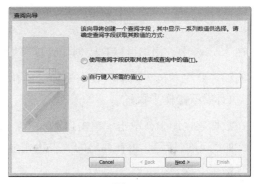

图 4-58

将"列数"设置为"1",在列表框中输入列的内容,并单击"下一步"按钮,如图 4-59 所示。

将"请为查阅字段指定标签"设置为"法人",并单击"完成"按钮,如图 4-60 所示。

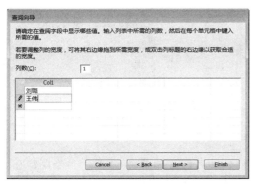

图 4-59

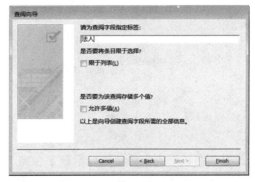

图 4-60

最后,在数据表中将显示新添加的字段,在该字段中,用户可选择需要查询的内容,如图 4-61 所示。

图 4-61

4.5 操作字段

在 Access 中,除了对字段的一些属性进行精简操作,还可以对字段进行创建计算字段、查找、排序、筛选等深入的操作。

4.5.1　创建计算字段

在 Access 中，用户可以直接创建计算字段，而无须使用查询来执行计算。

例如，要在"员工档案"表中添加"奖罚金额"计算字段（实际奖惩金额=本月奖金−本月扣款），执行以下操作步骤。

在数据表视图中，单击"单击以添加"字段，先在弹出的菜单中执行"计算字段"|"数字"命令，如图 4-62 所示，再在弹出的"表达式生成器"对话框中输入计算公式，如图 4-63 所示，并单击"确定"按钮。

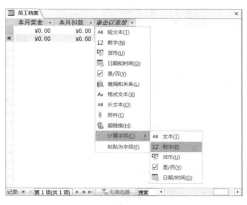

图 4-62

图 4-63

此时，在数据表中将自动显示新字段列，修改该列的名称，如图 4-64 所示，当用户在"本月奖金"和"本月扣款"两个字段中输入数值后，"奖罚金额"字段便会自动显示计算结果，如图 4-65 所示。

图 4-64

图 4-65

4.5.2　排序字段与冻结字段

排序字段是按照一定的排列对字段进行升序或降序排列，冻结字段则是固定指定的字段，以方便查看其他字段。

1. 冻结字段

冻结字段类似于 Excel 中的冻结窗格，在需要冻结的字段上单击鼠标右键，执行"冻结字段"命令，如图 4-66 所示，即可冻结该字段。此时拖动滚动条，即可查看字段冻结后的效果，如图 4-67 所示。

第 4 章 创建"人力资源管理系统"基础表

图 4-66

图 4-67

2．排序字段

在 Access 中，默认情况下所有的记录都以主键为依据，按照升序的排序方式对数据进行排序。在数据表视图中，用鼠标右键单击需要改变排序方式的字段，执行"降序"或"升序"命令，即可更改排序方式，如图 4-68 所示。

图 4-68

> **提示**
>
> 对数据进行排序后，可通过执行"开始"|"排序和筛选"|"取消排序"命令来取消数据的排序效果。

4.5.3 查找数据与替换数据

当数据表中存储的数据非常庞大时，单纯地通过垂直滚动，将非常不容易查找和替换某个字段中的数据。此时用户可以使用"查找和替换"功能，轻松地查找并替换相应的数据。

1．查找数据

在数据表中，用鼠标右键单击需要查找数据的字段，执行"查找"命令，如图 4-69 所示。在弹出的"查找和替换"对话框中，"查找内容"文本框中将显示第一条记录，此时，更改查找内容文本，单击"查找下一个"按钮即可，如图 4-70 所示。

图 4-69

图 4-70

在"查找和替换"对话框中，各设置参数的具体含义如下表所示。

选 项	子 选 项	含 义
查找范围	当前字段	在当前字段列中查找内容
	当前文档	在当前表中查找内容
匹配	字段任何部分	所查找的内容属于字段数据的部分内容
	整个字段	所查找的内容与字段内容完全相同
	字段开头	所查找的内容与字段内容的开始部分相同
搜索	向上	以光标所在的记录为依据，向前面的记录进行查找操作
	向下	以光标所在的记录为依据，向后面的记录进行查找操作
	全部	对文档中所有的记录进行查找
区分大小写		在查找字母内容时，区分大小写，即大写字母与小写字母属于不同的字段数据
按格式搜索字段		区分所搜索的数据的格式效果

2. 替换数据

当用户需要替换所查找的数据时，需要选择"开始"|"查找"|"替换"命令，如图 4-71 所示。在"查找和替换"文本框中分别输入所需查找和替换的内容，并单击"替换"或"全部替换"按钮即可，如图 4-72 所示。

图 4-71

图 4-72

第 4 章 创建"人力资源管理系统"基础表

> **提示**
> 用户可通过"Ctrl+F"组合键快速打开"查找和替换"对话框。

4.5.4 使用字段筛选

筛选可以将数据局限于特定记录，不需要更改查询、窗体或报表设计。应用筛选时，只有包含满足条件的记录才会显示在视图中，而那些无法满足条件的记录则会被隐藏起来。

1. 公用筛选器

数据表中每个字段名称的右侧都会显示一个下拉按钮，单击该下拉按钮，在打开的"文本筛选器"中选择需要筛选的条件，再单击"确定"按钮即可筛选出，如图 4-73 所示。

2. 基于范围筛选

在字段列中选择包含筛选值的单元格，例如选择包含"刘璐"的单元格，执行"开始"|"排序和筛选"|"选择"|"包含'刘璐'"命令，即可筛选出所有包含"刘璐"文本的记录，如图 4-74 所示。

图 4-73   图 4-74

3. 按窗体筛选

在 Access 中，用户可通过窗体筛选对数据表中的若干个字段进行筛选，或查找特定的记录。

执行"开始"|"排序和筛选"|"高级"|"按窗体筛选"命令，如图 4-75 所示。

在弹出的"部门维护：按窗体筛选"对话框中的"查找"选项卡中，选择"部门性质"字段下的单元格，并单击其下拉按钮，再选择"管理部"选项，如图 4-76 所示。

图 4-75   图 4-76

执行"开始"|"排序和筛选"|"应用筛选"命令，如图 4-77 所示。应用筛选后，数据表中仅显示"部门性质"是"管理部"的数据，如图 4-78 所示。

图 4-77

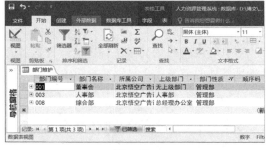

图 4-78

4．高级筛选

执行"开始"|"排序和筛选"|"高级"|"高级筛选/排序"命令，如图 4-79 所示。

在弹出的"部门维护筛选 1"窗口中将"字段"设置为"部门性质"，将"条件"设置为"管理部"，如图 4-80 所示。

图 4-79

图 4-80

执行"开始"|"排序和筛选"|"应用筛选"命令，如图 4-81 所示。应用筛选后，数据表中仅显示"部门性质"是"管理部"的数据，如图 4-82 所示。

图 4-81

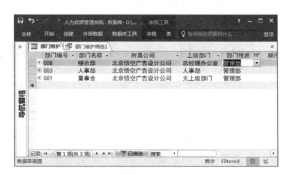

图 4-82

5. 移除或清除筛选

移除筛选是将视图还原到未筛选之前的状态，但筛选状态仍然保存在数据表中。若要移除筛选，只需单击"记录导航"栏中的"已筛选"按钮，如图4-83所示。或者执行"开始"|"排序和筛选"|"切换筛选"命令，也可移除筛选，如图4-84所示。

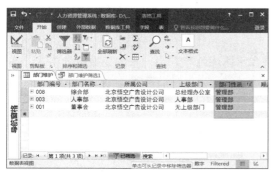

图4-83

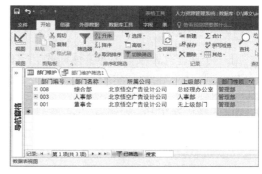

图4-84

提 示

当用户想查看筛选结果时，只需单击"记录导航"栏中的"未筛选"按钮，或再次执行"切换筛选"命令即可。

清除筛选是从数据表中彻底地删除筛选状态，执行"开始"|"排序和筛选"|"高级"|"清除所有筛选器"命令，如图4-85所示，即可删除数据表中所有的筛选器。

另外，用户也可以单击某个字段中的筛选状态按钮来清除筛选器。例如，单击"部门性质"字段中的筛选按钮，在其"筛选器"中执行"从'部门性质'清除筛选器"命令，如图4-86所示，即可只清除该字段内的筛选器。

图4-85

图4-86

提 示

用户可以通过启用"筛选器"列表框中的所有复选框的方法，来清除筛选状态。

4.6 美化数据表

美化数据表，即通过添加背景颜色、设置字体格式和颜色，以及设置数据表中的网格线等，来改变数据表的外观。

4.6.1 设置数据格式

用户可通过设置数据表的字体样式、字体效果和字体颜色等方法，来改变数据的格式。在设置过程中，每项设置将应用于数据表中的全部数据。

1. 设置字体格式

在 Access 中，数据表中默认的字体为宋体，如果用户想更改文本的字体样式，只需执行"开始"｜"文本格式"｜"字体"命令，在其列表中选择一种字体格式即可，如图 4-87 所示。

另外，执行"开始"｜"文本格式"｜"字号"命令，在其下拉列表中选择字号，即可设置字号的大小，如图 4-88 所示。

图 4-87

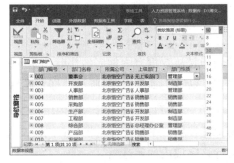

图 4-88

2. 设置字体效果

数据表的常用字段效果包括加粗、倾斜和下画线三种，主要用来突出文本，强调文本的重要性。

例如，执行"开始"｜"文本格式"｜"倾斜"命令，即可设置单元格文本的倾斜字体格式，如图 4-89 所示。

3. 设置字体颜色

在 Access 中，除了可以为文本设置内置的字体颜色，还可以自定义字体颜色，以起到美化版面的效果。

执行"开始"｜"文本格式"｜"字体颜色"命令，在其列表中的"主题颜色"或"标题色"栏中选择一种色块即可，如图 4-90 所示。

第 4 章 创建"人力资源管理系统"基础表

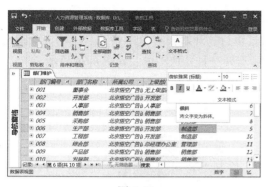
图 4-89

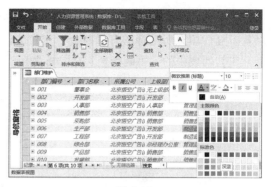
图 4-90

当用户不满意列表中的颜色时,可执行"开始"|"文本格式"|"字体颜色"|"其他颜色"命令。在弹出的"颜色"对话框中,先选择"标准"选项卡,再选择一种色块,并单击"确定"按钮,如图 4-91 所示。

另外,在"颜色"对话框中,选择"自定义"选项卡,单击"颜色模式"下拉按钮,并在其下拉列表中选择"RGB"选项,分别设置相应的颜色值即可自定义字体颜色,如图 4-92 所示。

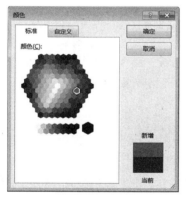
图 4-91

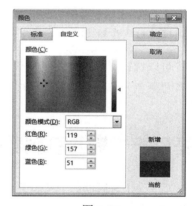
图 4-92

"颜色模式"下拉列表中主要包括 RGB 与 HSL 两种颜色模式。其中,RGB 颜色模式主要基于红、绿、蓝三种基色,这三种基色均由 256(0~255)种颜色组成。用户只需单击"红色""绿色"和"蓝色"微调按钮,或在微调框中直接输入颜色值,即可设置字体颜色。而 HSL 颜色模块主要基于色调、饱和度与亮度三种效果来调整颜色,其数值的取值范围为 0~255,用户只需要在"色调""饱和度"与"亮度"微调框中设置数值即可。

4.6.2 设置背景颜色

在默认情况下,数据表的背景颜色为白色。用户可执行"开始"|"文本格式"|"背景颜色"命令,在其列表中的"主题颜色"或"标题色"栏中选择一种色块即可,如图 4-93 所示。

除此之外，用户也可以使用替补填充/背景色来完善数据表的背景填充效果。替补填充/背景色可以重新隔行填充所选择的背景颜色。用户可以通过执行"开始"|"文本格式"|"可选行颜色"命令，在其列表中的"主题颜色"或"标题色"栏中选择一种色块即可，如图4-94所示。

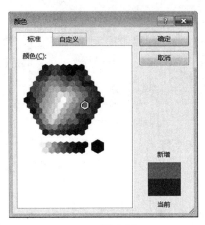

图 4-93

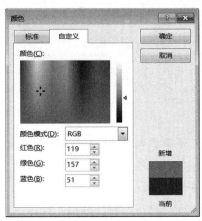

图 4-94

提示　用户可通过执行"开始"|"文本格式"|"可选行颜色"|"无颜色"命令，取消颜色填充。

另外，用户可以执行"文本格式"|"设置数据表格式"命令，在弹出的"数字数据表格式"对话框中，设置背景色、替代背景色、网格线颜色及单元格效果等格式。

4.7　向基础表中输入基础数据

创建基础表后，为了对后期的创建表关系、查询、窗体、报表等相关内容的正确性进行测试，先输入简单的基础数据。

打开"公司定义"数据表，根据字段要求输入相关内容，如图4-95所示。

图 4-95

打开"部门维护"数据表，根据字段要求输入相关内容，如图4-96所示。

第 4 章 创建"人力资源管理系统"基础表

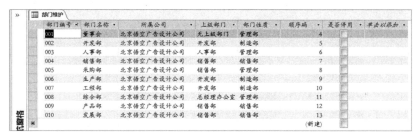

图 4-96

打开"员工基础信息"数据表，根据字段要求输入相关内容，如图 4-97 所示。

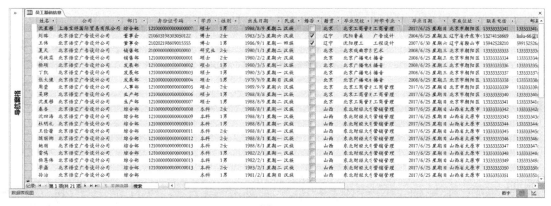

图 4-97

打开"人事合同"数据表，根据字段要求输入相关内容，如图 4-98 所示。

图 4-98

第 5 章
编辑各表之间的关系

在数据库中,数据表是用来存储信息的仓库,是整个数据库的基础。一个完整的数据库需要在各个数据表之间通过相同或相似的字段建立一种关系,即表的关系。这种关系使数据库里各张表中的每条数据记录都和数据库中唯一的主题相关联,使得对一个数据的操作成为对数据库的整体操作,正所谓"牵一发而动全身"。在本章中,将详细介绍创建表关系、创建索引、使用索引等编辑表关系的基础知识和操作技巧。

5.1 主键与索引

主键是表中的一个字段或字段集，可为每条记录提供一个唯一的标识符。在设计视图中，用户可以对主键进行添加、设置和删除等一系列操作。

而索引则是为了加快搜索表和排序表记录的操作速度。

5.1.1 主键概述

在操作主键之前，用户需要先了解一下主键的相关知识。

1. 了解主键

在数据库中，先将信息分成不同的基于主题的表。然后，使用表关系和主键来指示 Access 将信息再次组合起来。

Access 使用主键字段将多个表中的数据迅速关联起来，并以一种有意义的方式将这些数据组合在一起。

在某一个表中，可以包含其他表中的主键字段，以向回引用主键的源表，这些其他表中的字段就被称为外键。

例如，员工基础信息表中的"工号"字段也可能显示在考勤表中。在员工基础信息表中，"工号"是主键，而在考勤表中它则为外键。简而言之，外键就是另一个表的主键，如图 5-1 和图 5-2 所示。

图 5-1　　　　　　　　　　　　图 5-2

如果将现有数据移到数据库中，用户可能已经拥有了可用作主键的字段。

通常情况下，会使用唯一的标识号（如 ID 号、序列号、编码或代码）充当表中的主键。例如，在员工基础信息表中，由于每个员工都具有唯一的工号，因此可用"工号"字段作为主键。

2. 好主键的特征

一个好的主键应具有以下三个特征。

- 唯一标识每一行。
- 从不为空或为 Null，即它始终包含一个值。
- 所包含的值几乎不（理想情况下永不）改变。

而缺少一个或多个好的候选主键的特征的任何字段对于主键来讲都是一个坏主键，下面四个例子详细阐述了坏主键的形成原因。

- 个人姓名。因为该类型的字段不仅不是唯一的值，而且还会随时被更改，因此将该类型的字段作为主键，将是一个错误的选择。
- 电话号码。由于该类型的字段具有可变性，因此不适合作为主键。
- 电子邮箱地址。该类型的字段虽然没有重复性，但字段内容可能会被改变，因此也不适用于主键。
- 事实和数字的组合。这种组合难以保留，如果事实部分作为单独的字段进行重复，则可能导致混乱。例如，城市和地区号码：北京 010。

3. 需要主键的表

在 Access 中，应该始终为表指定一个主键。当然，Access 会自动为主键创建索引，这有助于加快查询和其他操作的速度。

Access 还确保每条记录的主键字段中都有一个值，并且该值始终是唯一的。

在数据表视图中创建新表时，Access 会自动创建主键，并且为它指定字段名"ID"和"自动编号"数据类型。默认情况下，该字段在数据表视图中为隐藏状态，但切换到设计视图中时，则会自动显示该字段。

> **提示**
> 如果一个表没有好的候选键，则可以考虑添加一个具有"自动编号"数据类型的字段，并将该字段作为主键。

在某些情况下，用户可能想使用两个或多个字段一起作为表的主键，而当一个主键被使用在多个列时，它又被称为复合键。

5.1.2 索引概述

使用索引可以帮助 Access 更快速地查找记录并对其进行排序。

1. 了解索引

索引根据自身包含的一个或多个字段来存储记录的位置，它自身比所描述的表小很多，以便于 Access 能够更有效地进行读取，其具体速度则取决于索引字段的唯一值的数据。

Access 中的索引的工作方式类似于书籍中的索引的工作方式，书籍中的索引是一个包含书中的词语的列表，该列表中的每个条目显示了包含特定词语页面的页码，以便用户根据特定词语查找到特定页码，这样就比翻书查找的速度快多了。

在 Access 中，索引类似于一个表中出现的字段值的列表，该列表中的每个条目还显示了包含字段值的记录的位置。若要查找某个特定的字段值，使用索引进行查找要比查询整个表格进行读取的速度快得多。

使用索引可以更快地查找出现次数较少的字段值，表中不同字段值的数量越多，其对提高索引和选择查询的性能的帮助就越大。

当 Access 通过索引获得记录的位置后，可直接移动到正确的位置来检索这些记录中的数据。这样一来，使用索引查找数据会比扫描表中的所有记录来查找数据快很多。

而在添加、删除或更新数据时，必须更新受影响表中的所有索引，以反映当前的数据变化，否则将影响索引性能。例如，如果用户进行数据更改，则必须同时更改索引，否则索引在查找时将不会显示正确结果，并且会浪费大量的索引时间。

2．可以创建索引的字段

在 Access 中，可以根据一个或多个字段来创建索引，索引应为经常使用的进行排序的字段，以及在查询中连接到其他表中的字段。

索引可以加快搜索和选择查询的速度，但当用户添加或更新数据时，则会降低索引的性能。如果在包含一个或多个索引字段的表中输入数据，则每次添加或更改记录时，Access 必须更新索引。

表中的数据是自动创建索引的。但是，系统无法为数据类型为"OLE 对象""附件"或"计算"的字段创建索引。如果其他字段满足以下条件，则可以考虑为其创建索引：

- 预期会搜索存储在字段中的值。
- 预期会对字段中的值进行排序。
- 预期会在字段中存储许多不同的值。如果字段中的许多值都是相同的，则索引可能无法明显地加快查询速度。

3．多字段索引

当用户经常同时依据两个或多个字段进行搜索或排序时，则可以为该字段组合创建索引。依据多字段索引对表进行排序时，Access 会先依据为索引定义的第一个字段进行排序。而创建多字段索引时，需要指定字段的先后顺序。

如果在第一个字段中记录具有重复值，则 Access 会依据为索引定义的第二个字段进行排序，以此类推。在一个多字段索引中，最多可以包含 10 个字段。

5.2 创建表之间的关系

在数据库中为每个主题创建表后，必须为 Access 提供在需要时将这些信息重新组合到一起的方法。具体方法是在相关的表中放置公共字段，并在表之间定义表关系。

5.2.1 表关系概述

在创建数据库（如窗体、查询和报表）对象之前需要创建表关系，这样做有以下几个原因。

1. 可为查询设计提供信息

要使用多个表中的记录，通常必须创建连接这些表的查询。查询的工作方式为将第一个表主键字段中的值与第二个表的外键字段进行匹配。

2. 可为窗体和报表设计提供信息

在设计窗体或报表时，会使用从已定义的表关系中收集的信息，并用适当的默认值预填充属性设置。

3. 防止出现孤立记录

表关系可以作为基础来实施参照完整性，这样有助于防止数据库中出现孤立记录。孤立记录指的是所参照的其他记录根本不存在。

在设计数据库时，先将信息拆分为表，每个表都有一个主键，然后向相关表中添加参照这些主键的外键，这样外键与主键之间构成表关系和多表查询的基础。

5.2.2 创建表关系

用户可以在"关系"窗口中创建表关系，也可以通过在字段列表窗格向数据表拖动字段来创建表关系。除此之外，用户还可以在创建关系表时设置关系表的参照完整性。

在本数据库中，各表之间的关系如下表所示。

表/查询	字 段	相关表/查询	字 段	关联方式
公司定义	企业名称	部门维护	所属公司	• 实施参照完整性 • 级联更新相关字段 • 级联删除相关记录
部门维护	部门名称	员工基础信息	部门	• 实施参照完整性 • 级联更新相关字段 • 级联删除相关记录

第 5 章 编辑各表之间的关系

续表

表/查询	字段	相关表/查询	字段	关联方式
员工基础信息	工号	培训人员明细	员工工号	• 包括"培训人员明细"中的所有记录和"员工基础信息"中连接字段相等的那些记录
		考勤表	员工工号	• 实施参照完整性 • 级联更新相关字段 • 级联删除相关记录
		人事合同	员工工号	• 实施参照完整性 • 级联更新相关字段 • 级联删除相关记录
		办公用品领用明细表	领用人	• 实施参照完整性 • 级联更新相关字段 • 级联删除相关记录
培训记录	培训记录编号	培训人员明细	培训记录编号	• 实施参照完整性 • 级联更新相关字段 • 级联删除相关记录
项目列表	项目名称	项目计划明细表	项目名称	• 实施参照完整性 • 级联更新相关字段 • 级联删除相关记录

使用参照完整性的目的是防止出现孤立记录并保持参照同步。

在"编辑关系"对话框中，用户可以通过启用"实施参照完整性"复选框，来显示两个表之间的关系类型，同时勾选"级联更新相关字段"和"级联删除相关记录"复选框，具体步骤如下。

执行"数据库工具"|"关系"|"关系"命令，如图 5-3 所示。

在弹出的"显示表"对话框中，选择列表中的"公司定义"表后，按"Ctrl"键的同时选择"部门维护"数据表，再单击"添加"按钮，如图 5-4 所示。

提示

如果不显示"显示表"对话框，则需要在弹出的"关系"窗口中执行"关系"|"显示表"命令；或者单击"关系"窗口的空白处，执行"显示表"命令。

此时，在"关系"窗口中将显示新添加的数据表，如图 5-5 所示。

拖动"部门维护"表中的"所属公司"字段至"公司定义"表中的"企业名称"字段，则在弹出的"编辑关系"对话框中将显示两个数据表连接的字段，依次勾选"实施参照完整性""级联更新相关字段""级联删除相关记录"复选框，如图 5-6 所示，再单击"创建"按钮。

图 5-3

图 5-4

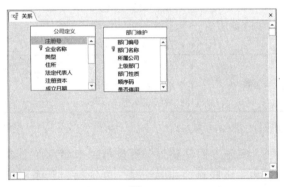

图 5-5

图 5-6

> **提示**
> 执行"关系工具"|"工具"|"编辑关系"命令,即可打开"编辑关系"对话框。

此时,在"关系"窗口中,将显示两个字段之间的关系线,表示建立了表关系,如图 5-7 所示。在数据表视图中打开"公司定义"表,则可以看到其产生了级联菜单"部门维护",如图 5-8 所示,表示北京悟空广告设计公司下设了董事会、开发部、人事部、销售部、采购部、生产部、工程部、综合部、产品部和发展部共 10 个部门。

此时,用户可以直接在此界面中向两个数据表中继续添加数据。而且,在此界面中添加部门信息,无须从"所属公司"下拉列表中选择公司名称。

第 5 章　编辑各表之间的关系

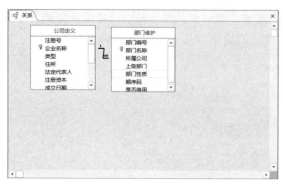

图 5-7

图 5-8

设置参照完整性时，Access 将拒绝违反表关系参照完整性的任何操作，如拒绝更改参照目标的更新，以及拒绝删除参照目标等。

另外，实施参照完整性后，应用适应以下原则：

- 如果某个值在主表的主键字段中不存在，则不能在相关表外键字段中输入该值，否则会创建孤立记录。
- 如果记录在相关表中有匹配记录，则不能从主表中删除。但通过勾选"级联删除相关记录"复选框，可以在操作中删除主记录及所有相关记录。
- 如果更改主表中的主键值会创建孤立记录，则不能执行此操作。但通过勾选"级联更新相关字段"复选框，可以在操作中更新主记录及所有相关记录。

另外，在"编辑关系"对话框中，单击"联接类型"按钮，可在弹出的"联接属性"对话框中编辑连接的属性内容，如图 5-9 所示。

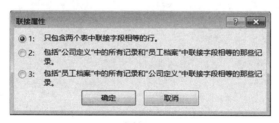

图 5-9

在"联接属性"对话框中有三种选择，下表显示了它们的连接类型，为每个表返回所有行还是匹配行。

选　　择	关系连接	左　表	右　表
只包含两个表中连接字段相等的行	内部连接	匹配行	匹配行
包括"公司定义"中的所有记录和"员工档案"中连接字段相等的那些记录	左外部连接	所有行	匹配行
包括"员工档案"中的所有记录和"公司定义"中连接字段相等的那些记录	右外部连接	匹配行	所有行

选择"设计"|"关系"|"显示表"命令，在弹出的"显示表"对话框中选择列表中的员工基础信息表，单击"添加"按钮，依照上述步骤创建部门维护与员工基础信息表之间的关系，如图 5-10 所示。

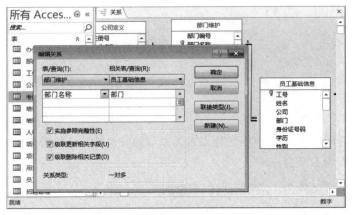

图 5-10

单击"设计"|"关系"|"显示表"命令，在弹出的"显示表"对话框中选择列表中的培训人员明细表，按下"Ctrl"键的同时选择人事合同表、考勤表和办公用品领用明细表，单击"添加"按钮，依照上述步骤创建如图 5-11 所示的表关系。

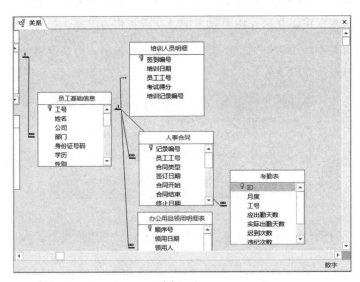

图 5-11

重复上述步骤，创建"培训人员明细"与"培训记录"两个表之间的关系，以及"项目列表"和"项目计划明细表"两个表之间的关系，如图 5-12 和图 5-13 所示。

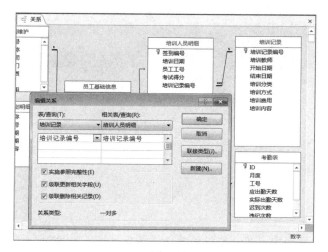

图 5-12

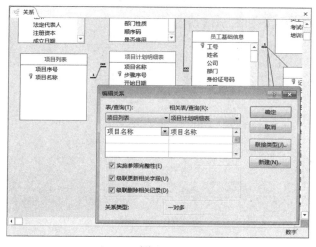

图 5-13

5.2.3 表关系验证

表关系创建完成后,需要依次检查创建的各表之间的关系是否正确,只有创建正确,才能制作后面的输入窗体,否则,在窗体中无法输入数据,并会提示出错。

(1) 公司定义表、部门维护表、员工基础信息表和考勤表四个表之间的关系。

在数据库左侧导航窗格中双击公司定义表,再单击某条记录前面的 按钮,若创建正确,会显示级联关系部门维护表,单击部门维护表某条记录前面的 按钮,应显示员工基础信息表中该部门的所有员工名单,再单击员工基础信息表中某条记录前面的 按钮,则会显示该员工的考勤记录,用户可以在此界面中输入考勤的相关信息,如图 5-14 所示。

111

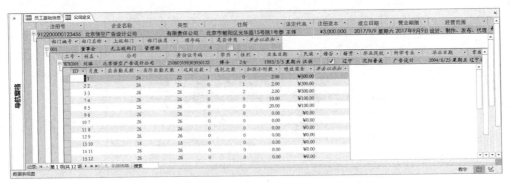

图 5-14

> **提示**
> 在图 5-14 所示的界面中,用户可以同时点开多条数据的 ⊞ 按钮。

如果用户认为在图 5-14 的界面中输入考勤不够方便,也可以双击打开员工基础信息表,在此也可以输入当月的考勤等情况,如图 5-15 所示。

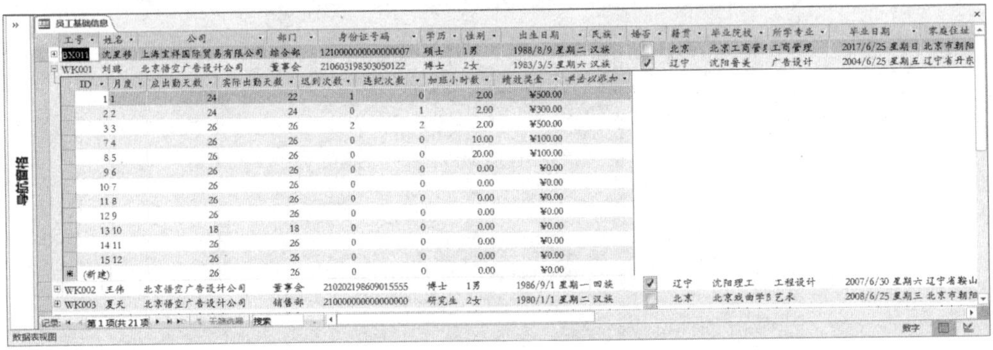

图 5-15

如果用户需要查询任何字段的任何内容,只需要在最下方的"记录"|"无筛选器"文本框中输入需要查找的内容,就会自动跳转到该条记录中,如图 5-16 所示。

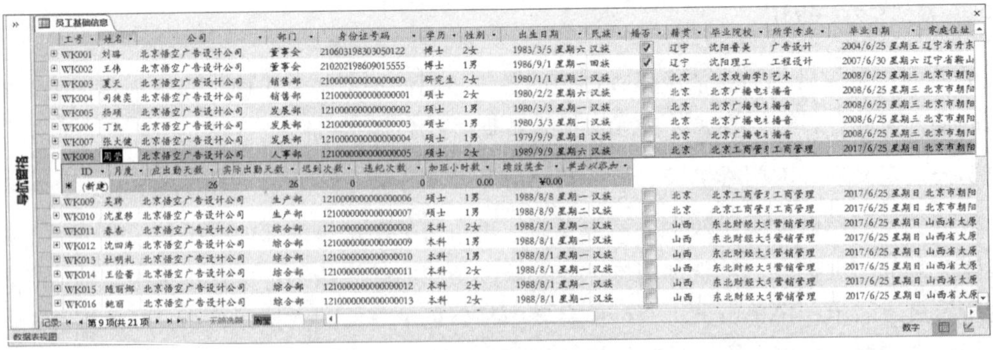

图 5-16

（2）培训记录表与培训人员明细表之间的关系如图 5-17 所示。

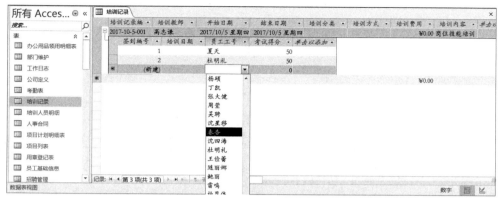

图 5-17

（3）项目列表与项目计划明细表之间的关系如图 5-18 所示。

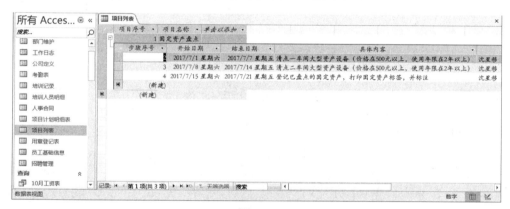

图 5-18

第 6 章
创建查询

建立数据库的目的是对数据进行存储及积累。当数据越来越庞大时，对数据进行查询或修改会变成非常烦琐的事情。此时，用户可以使用数据库查询功能查询相应的数据，而数据库查询功能是管理数据库系统必不可少的功能之一。它不仅能将多个表中的数据放在一起，以作为窗体、报表或数据访问页的数据源；还可以对数据进行更改、添加、删除等，甚至是创建表。在本章中，将详细介绍数据库基础查询的相关知识和实用操作技巧。

6.1　查询概述

查询是一种非常强大而灵活的定位特定记录的方式。通过查询，可以执行自定义搜索、应用自定义筛选器及对记录进行排序。

在设计良好的数据库中，要通过窗体或报表显示的数据通常位于多个表中。查询可以从不同表中提取信息并组合信息，以便显示在窗体或报表中。查询可以是向数据库提出的数据结果请求，也可以是数据操作请求，或者两者兼有。查询可以为用户提供简单问题的答案，执行计算，合并不同表的数据，添加、更改或删除数据库中的数据。由于查询如此通用，因此存在多种类型的查询，用户可以根据任务创建某种类型的查询。

6.1.1　查询的作用

查询是依据一定的查询条件，对数据库中的数据进行查找的一种方式，它与表都是数据库的对象。

查询也是数据库中一种强大的数据管理功能，可以按照用户制定的准则（条件）来查询数据。查询操作一般需要满足以下需求：

- 指定所要查询的表（一个或多个）及准则，来限制结果集中所显示的记录。
- 指定结果集中显示的字段及记录的排序方式。
- 对结果集中的记录进行计算，或者生成一个新表。
- 通过结果集建立窗体、报表及图表等。
- 对结果集进行查询，或者查找指定条件的记录。

通过上述描述的查询的作用，用户应该理解了查询的功能。查询与筛选非常相似，可是结果却有所不同。查询与筛选都是从一个表或另一个查询中检索出的记录的子集。但是查询不必打开表，就可以对数据进行检索操作，而筛选必须打开表才能检索表中的数据。查询与筛选功能的异同如下表所示。

功　　能	查　　询	筛　　选
窗体及报表	是	是
排序结果中的记录	是	是
编辑结果中的数据	是（根据查询类型）	是
向表中添加新记录	是	否
只选择显示特定的字段	是	否
可以作为对象进行存储	是	否
不必打开表就可以操作	是	否
在结果集中包含计算	是	否

6.1.2 查询的类型

任何数据库，不管是自动的还是人工的，其主要作用是在数据表中保存数据，并能够在需要的时候按照一定的条件将数据从数据表中提取出来。Access 为用户提供了选择查询、参数查询、操作查询、交叉表查询等查询方法，以供用户选择使用。

1. 选择查询

选择查询就是从一个或多个相互关联的表中将满足要求的数据提取出来，并把这些数据显示在新的查询数据表中。

选择查询具有以下特点：

- 从一个表或多个表中按照指定的准则（条件）进行查找，并显示其结果集。
- 选择查询对记录进行分组，并且对记录作总计、计数、平均及其他类型的计算。
- 重复项查询可以在数据库的表中查找具有相同字段信息的重复记录。
- 不匹配查询是在表中查找与指定的条件不相符的记录。

例如，如果数据库中某个表包含关于员工的许多信息，而用户要查看员工姓名及其联系电话的列表，可以执行以下操作创建选择查询，以便只返回员工姓名和相应的联系电话。

打开数据库，在"创建"选项卡上单击"查询设计"按钮，如图 6-1 所示。

在"显示表"对话框的"表"选项卡上，先单击"办公用品领用明细表"，再单击"添加"按钮，如图 6-2 所示。

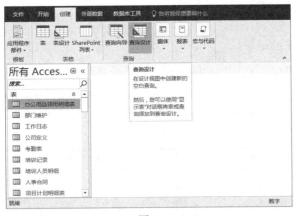

图 6-1

图 6-2

关闭对话框，先在"查询 1"中双击员工基础信息表中的"姓名"和"联系电话"字段，再单击"结果"选项卡中的"运行"按钮，如图 6-3 所示。

查询运行后，将显示姓名及联系电话，如图 6-4 所示。

第 6 章 创建查询

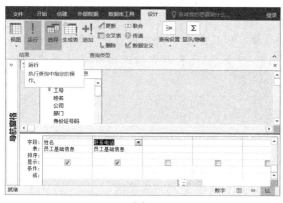

图 6-3

图 6-4

2. 参数查询

参数查询是一种特殊的查询，在执行时显示对话框提示用户输入信息，例如准则。

在这种查询中，用户以交互的方式指定一个或多个条件值。参数查询不是一个单独种类的查询，扩展了查询的灵活性。

用户可以通过创建窗体来收集参数值，使用窗体可以提供以下控件：

- 特定数据类型的控件。
- 组合框控件。
- 窗体中可用的其他控件。

例如，在查询中指定显示性别为"女"的数据。接上例，在"查询 1"中添加"性别"列，在条件输入框中输入"Like"*女""，如图 6-5 所示，单击"结果"选项卡中的"运行"按钮，"查询 1"中显示的结果如图 6-6 所示。

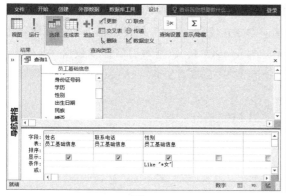

图 6-5

图 6-6

> **提示**
>
> 在此参数条件中,关键字"Like"、与符号"&"和星号"*",使用户可以键入字符组合(包括通配符),以返回各种结果,此例中"Like"*女""就表示查询返回所有包含"女"字的数据。

3. 交叉表查询

使用交叉表查询计算和重构数据,可以简化数据分析。交叉表查询是一种选择查询,其结果显示在一个数据表中,并且该数据表的结果还不同于其他类型的数据表。

交叉表查询主要用来计算数据的总和、平均值、计数或其他类型的总计值。

4. 操作查询

操作查询用于对表执行全局数据管理操作。用户可以通过操作查询完成某种动作。例如,更新或删除表中的记录。

虽然其他查询也可以进行某些动作的操作,但是每次只能修改一个记录,而操作查询能够通过单一的操作同时完成多个记录的修改。因此,操作查询包括以下类型:

- 更新查询。对一个或多个表中的一组记录进行全局更改。
- 追加查询。把一个或多个表中的一组记录添加到一个或多个表的末尾。
- 删除查询。从一个或多个表中删除特定的一组记录。
- 生成表查询。用一个或多个表中的数据创建一个新表。

5. SQL 查询

所有查询其实都有对应的 SQL 语句,但是 SQL 查询是由程序设计语言构造的,而不是像其他查询类型那样由设计网络构成。SQL 查询包括以下类型:

- 联合查询。该查询使用 UNION 运算符合并两个或更多的选择查询结果。
- 传递查询。SQL 的特定查询,可以用于直接向 ODBC 数据库服务器发送命令。通过使用传递查询,可以直接使用服务器上的表,而不让 Microsoft Jet 数据库引擎处理数据。
- 数据定义查询。包含数据定义语言(DDL)语句的 SQL 特有查询。这些语句可用来创建或更改数据库中的对象。
- 子查询。在另一个选择查询或操作查询内的 SELECT 语句。

6.2 查询条件

查询条件帮助定位 Access 数据库中的特定项。如果某项匹配输入的所有条件,它将出现在查询结果中。

查询条件是一个表达式，Access 用它与查询字段值相比较，以确定是否包括含有每个值的记录。例如，Access 在查询中可以将表达式="Chicago"与文本字段中的值进行比较。如果给定记录中该字段的值为"Chicago"，则 Access 将在查询结果中包括该记录。

6.2.1 查询条件简介

查询条件类似于公式，是一个可以由字段引用、运算符和常量组成的字符串。查询条件在 Access 中也称为表达式。

下表显示了一些示例条件并阐述了其工作原理。

条 件	说 明
>25 and <50	此条件适用于数字字段，如 Price 或 UnitsInStock。它仅包含 Price 或 UnitsInStock 字段内有大于 25 且小于 50 的值的记录
DateDiff ("yyyy", [BirthDate], Date()) > 30	此条件适用于日期/时间字段，如 BirthDate。查询结果中只包含某个人的出生日期与当前日期之间的年份差距大于 30 的记录
Is Null	此条件可以应用于所有类型的字段，以显示字段值为 Null 的记录

可以看到，根据要应用条件的字段的数据类型及用户的特定要求，这些条件可能看上去彼此有很大的不同。但某些条件很简单，且使用的是基本运算符和常量。而有一些条件则很复杂，且使用的是函数及特殊运算符，并包含字段引用。

本主题按数据类型列举了一些常用的条件。如果本主题中提供的示例不能满足用户的特定需求，则用户可能需要编写自己的条件。因此，必须先熟悉函数、运算符、特殊字符的完整列表，以及引用字段和文本的表达式语法。

此处将介绍添加条件的位置和方式。若要向查询添加条件，必须先在设计视图中打开查询，然后，确定要为其指定条件的字段。如果该字段不在设计网格中，可将该字段从查询设计窗口拖到字段网格中或双击该字段进行添加（双击字段会自动将其添加到字段网格中的下一个空列）。最后，在"条件"行中键入条件，使用 AND 运算符将"条件"行中为不同字段指定的条件结合起来。

例如，在查询中显示学历为"硕士"且年龄大于 20 岁的人员名单，则需要分别在"学历"和"出生日期"字段的"条件"行中输入如图 6-7 所示的条件，单击"运行"按钮，查询显示内容如图 6-8 所示。

换言之，"学历"和"出生日期"字段中指定的条件会被解释为：学历 = "硕士" AND 出生日期 < DateAdd("yyyy", -20, Date())

- "学历"和"出生日期"字段包含条件。
- 只有"学历"字段的值为"硕士"的记录满足此条件。

- 只有"至少20岁者"的记录满足此条件。
- 结果仅包含同时满足这两个条件的记录。

图 6-7

图 6-8

如果只想满足两个条件中的一个条件,即有备选条件(满足两组独立条件中的一组即可),可以同时使用"设计"网格中的"条件"和"或"行,如图6-9所示,返回结果如图6-10所示。

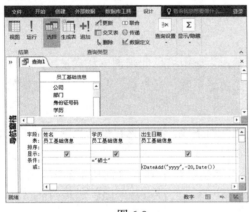

图 6-9

图 6-10

- 在"条件"行中指定"学历"条件。
- 在"或"行中指定"出生日期"条件。
- 使用OR运算符组合在"条件"和"或"行中指定的条件,即学历 ="硕士" OR 出生日期 < DateAdd("yyyy", -20, Date())

如果用户需要指定更多的备选方法,可以使用"或"行下方的行。

注意事项:

- 如果条件为临时条件或经常变化,则可以筛选查询结果,而无须频繁修改查询条件。筛选器是一种临时条件,它会更改查询结果而不改变查询设计。

- 如果条件字段不变,但用户感兴趣的值经常变化,则可以创建参数查询。参数查询将提示用户输入字段值,并使用这些值创建查询条件。

6.2.2 文本、备忘录和超链接字段的条件

在查询过程中,一般用户可以对不同类型的数据查询不同的结果集。从下表可以了解所列举出的文本查询使用条件的方法。

满足下列条件	使用此条件	查询结果
完全匹配一个值,如"China"	"China"	返回 CountryRegion 字段设置为 China 的记录
不匹配某个值,如"Mexico"	Not "Mexico"	返回 CountryRegion 字段设置为 Mexico 以外的某个国家/地区的记录
以指定的字符串开头,如"U"	Like U*	返回名称以"U"字符开头的所有国家/地区(如 UK、USA 等)的记录。 注意:在表达式中,星号(*)代表任意字符串,也称为通配符
不以指定字符串开头,如"U"	Not Like U*	返回名称不以"U"字符开头的所有国家/地区的记录
包含指定字符串,如"Korea"	Like "*Korea*"	返回包含字符串"Korea"的所有国家/地区的记录
不包含指定字符串,如"Korea"	Not Like "*Korea*"	返回不包含字符串"Korea"的所有国家/地区的记录
以指定字符串结尾,如"ina"	Like "*ina"	返回名称以"ina"字符串结尾的所有国家/地区(如 China 和 Argentina)的记录
不以指定字符串结尾,如"ina"	Not Like "*ina"	返回名称不以"ina"字符串结尾的所有国家/地区(如 China 和 Argentina)的记录
包含 Null 值,即缺少值	Is Null	返回在字段中没有值的记录
不包含 Null 值	Is Not Null	返回在字段中不缺少值的记录
包含零长度字符串	""(一对引号)	返回字段设置为空白(但不为 Null)值的记录。例如,另一部门销售记录的 CountryRegion 字段中可能包含空白值
不包含零长度字符串	Not ""	返回字段中具有非空白值的记录
包含 Null 值或零长度字符串	"" Or Is Null	返回字段中没有任何值或字段设置为空白值的记录
不为空	Is Not Null And Not ""	返回字段中具有非空白非 Null 值的记录
按字母顺序排在某个值(如 Mexico)后面	>= "Mexico"	返回从 Mexico 开始到字母表末尾的所有国家/地区的记录
在指定范围内,如 A 到 D	Like "[A-D]*"	返回名称以"A"开始、以"D"结束的所有国家/地区的记录
匹配两个值中的任一值,如 USA 或 UK	"USA" Or "UK"	返回 USA 和 UK 记录
包含值列表中的任一值	In("France", "China", "Germany", "Japan")	返回列表中指定的所有国家/地区的记录

续表

满足下列条件	使用此条件	查询结果
在字段值的特定位置包含某些字符	Right([CountryRegion], 1) = "y"	返回最后一个字母为"y"的国家/地区的记录
满足长度要求	Len([CountryRegion]) > 10	返回名称长度超过10个字符的国家/地区的记录
匹配特定模式	Like "Chi??"	返回名称长度为5个字符且开头3个字符为"Chi"的国家/地区（如China或Chile）的记录。注意：在表达式中，"?"和"_"字符表示单个字符，也叫作通配符。"_"字符不能与"?"字符同时用于同一个表达式中，也不能与"*"通配符同时用于同一个表达式中。可以在同一个表达式中同时使用"_"通配符和"%"通配符

> **提示**
> 从Access 2013开始，文本字段已改名为"短文本"，备忘录字段已改名为"长文本"。

6.2.3 数字、货币和自动编号字段的条件

除了对文本、备份等类型的字段进行查询外，一般较常用的是对数字、货币等数据的查询，其表达式的应用如下表所示。

满足下列条件	使用此条件	查询结果
完全匹配一个值，如"100"	"100"	返回值为100的记录
不匹配某个值，如"1000"	Not"1000"	返回值不为1000的记录
包含小于某个值（如"100"）的值	<100 <=100	返回值小于100的记录。第二个表达式返回值小于或等于100的记录
包含大于某个值（如"99.99"）的值	>99.99 >=99.99	第一个表达式返回值大于99.99的记录。第二个表达式返回值大于或等于99.99的记录
包含两个值（如"20"或"25"）中的任一值	"20" or "25"	返回值为20或25的记录
包含某个范围之内的值	>49.99 and <99.99 或 Between 50 and100	返回值介于（但不包含）49.99到99.99之间的记录
包含某个范围之外的值	<50 or >100	返回值介于50到100之间的记录
包含多个特定值之一	In(20, 25, 30)	返回值为20、25或30的记录
包含以指定数字结尾的值	Like "*4.99"	返回值以"4.99"结尾（如4.99、14.99、24.99等）的记录。注意："*"和"%"字符在表达式中表示任意多个字符，也叫作通配符。"%"字符不能与"*"字符同时用于同一

续表

满足下列条件	使用此条件	查询结果
包含以指定数字结尾的值	Like "*4.99"	个表达式中，也不能与"?"通配符同时用于同一个表达式中。可以在同一个表达式中同时使用"%"通配符和"_"通配符
包含 Null 值，即缺少值	Is Null	返回在 UnitPrice 字段中未输入任何值的记录
包含非 Null 值	Is Not Null	返回在 UnitPrice 字段中未缺少任何值的记录

6.2.4 日期/时间字段的条件

用户可以通过查询来查找指定出生日期的员工情况等，也可以查看某些员工的入职时间。通过下表可以了解日期/时间字段查询的条件。

满足下列条件	使用此条件	查询结果
完全匹配一个值，如 2/2/2006	#2/2/2006#	返回发生在 2006 年 2 月 2 日的交易记录。应使用 "#" 字符括起日期值，以便 Access 可以区分日期值和文本字符串
不匹配某个值，如 2/2/2006	Not #2/2/2006#	返回不是发生在 2006 年 2 月 2 日的交易记录
包含某个特定日期（如 2/2/2006）之前的值	< #2/2/2006#	返回发生在 2006 年 2 月 2 日之前的交易记录。若要查看此日期当日或之前的交易，应使用 "<=" 运算符而不是 "<" 运算符
包含某个特定日期（如 2/2/2006）之后的值	> #2/2/2006#	返回发生在 2006 年 2 月 2 日之后的交易记录。若要查看此日期当日或之后的交易，应使用 ">=" 运算符而不是 ">" 运算符
包含日期范围内的值	>#2/2/2006# and <#2/4/2006#	返回发生在 2006 年 2 月 2 日和 2006 年 2 月 4 日之间的交易记录。也可以使用 "Between" 运算符来筛选一系列值，包括终结点。例如，Between #2/2/2006# and #2/4/2006# 等同于>=#2/2/2006# and <=#2/4/2006#
包含日期范围外的值	<#2/2/2006# or >#2/4/2006#	返回发生在 2006 年 2 月 2 日之前或 2006 年 2 月 4 日之后的交易记录
包含两个值（如 2/2/2006 或 2/3/2006）中的任一值	#2/2/2006# or #2/3/2006#	返回发生在 2006 年 2 月 2 日或 2006 年 2 月 3 日的交易记录
包含多个值之一	In (#2/1/2006#, #3/1/2006#, #4/1/2006#)	返回发生在 2006 年 2 月 1 日、2006 年 3 月 1 日或 2006 年 4 月 1 日的交易记录
包含特定月份（与年份无关）的值，如 12 月	DatePart("m", [销售日期]) =12	返回发生在任意年份的 12 月的交易记录

续表

满足下列条件	使用此条件	查询结果
包含特定季度（与年份无关）的值，如第一季度	DatePart("q", [销售日期]) =1	返回发生在任意年份的第一季度的交易记录
包含今天的日期	Date()	返回发生在当前日期的交易记录。如果当前日期为2006年2月2日，将看到OrderDate字段设置为2006年2月2日的记录
包含昨天的日期	Date()-1	返回发生在当前日期前一天的交易记录。如果当前日期为2006年2月2日，则将看到2006年2月1日的记录
包含明天的日期	Date() +1	返回发生在当前日期后一天的交易记录。如果当前日期为2006年2月2日，则将看到2006年2月3日的记录
包含当前星期内的日期	DatePart("ww", [销售日期]) = DatePart("ww", Date()) and Year([销售日期]) = Year(Date())	返回发生在当前星期内的交易记录。每个星期从星期日开始，到星期六结束
包含前一个星期内的日期	Year([销售日期])* 53 + DatePart("ww", [销售日期]) = Year(Date())* 53 + DatePart("ww", Date()) -1	返回发生在上一个星期之内的交易记录。每个星期从星期日开始，到星期六结束
包含下一个星期内的日期	Year([销售日期])* 53+DatePart("ww", [销售日期]) = Year(Date())* 53+DatePart("ww", Date()) +1	返回发生在下一个星期之内的交易记录。每个星期从星期日开始，到星期六结束
包含过去7天内的日期	Between Date() and Date()-6	返回发生在过去7天之内的交易记录。如果当前日期为2006年2月2日，则将看到2006年1月24到2006年2月2日的记录
包含当前月份的日期	Year([销售日期]) = Year(Now()) And Month([销售日期]) = Month(Now())	返回当前月份记录。如果当前日期为2006年2月2日，则将看到2006年2月的记录
包含上个月的日期	Year([销售日期])*12 + DatePart("m", [销售日期]) = Year(Date())*12 + DatePart("m", Date()) -1	返回上个月的记录。如果当前日期为2006年2月2日，则将看到2006年1月的记录
包含下个月的日期	Year([销售日期])*12 + DatePart("m", [销售日期]) = Year(Date())*12 + DatePart("m", Date()) +1	返回下个月的记录。如果当前日期为2006年2月2日，则将看到2006年3月的记录
包含过去30或31天内的日期	Between Date() And DateAdd("M", -1, Date())	相当于返回一个月的销售记录。如果当前日期为2006年2月2日，则将看到2006年1月2日到2006年2月2日期间的记录

续表

满足下列条件	使用此条件	查询结果
包含属于当前季度的日期	Year([销售日期]) = Year(Now()) And DatePart("q", Date()) = DatePart("q", Now())	返回当前季度的记录。如果当前日期为2006年2月2日,则将看到2006年第一季度的记录
包含属于上一个季度的日期	Year([销售日期])*4+DatePart("q",[销售日期]) = Year(Date())*4+DatePart("q",Date())-1	返回上一季度的记录。如果当前日期为2006年2月2日,则将看到2005年最后一季度的记录
包含属于下一个季度的日期	Year([销售日期])*4+DatePart("q",[销售日期]) = Year(Date())*4+DatePart("q",Date())+1	返回下一季度的记录。如果当前日期为2006年2月2日,则将看到2006年第二季度的记录
包含属于当前年份的日期	Year([销售日期]) = Year(Date())	返回当前年份的记录。如果当前日期为2006年2月2日,则将看到2006年的记录
包含属于上一年的日期	Year([销售日期]) = Year(Date()) -1	返回发生在上一年的交易记录。如果当前日期为2006年2月2日,则将看到2005年的记录
包含属于下一年的日期	Year([销售日期]) = Year(Date()) +1	返回发生在下一年的交易记录。如果当前日期为2006年2月2日,则将看到2007年的记录
包含1月1日到当天前(年份到日期记录)的日期	Year([销售日期]) = Year(Date()) and Month([销售日期]) <= Month(Date()) and Day([销售日期]) <= Day (Date())	返回交易日期介于当年1月1日和当天的交易记录。如果当前日期为2006年2月2日,则将看到2006年1月1日到2006年2月2日期间的记录
包含发生在过去的日期	< Date()	返回发生在当天之前的交易记录
包含未来的日期	> Date()	返回发生在当天之后的交易记录
筛选 Null 值,即缺少值	Is Null	返回交易日期缺失的记录
筛选非 Null 值	Is Not Null	返回交易日期已知的记录

6.2.5 是/否字段的条件

例如,用户的"客户"表中有一个"是/否"字段,其名称为"活动",用于指示当前客户的账户是否处于活动状态。下表显示了如何计算"是/否"字段的"条件"行中输入的值。

字 段 值	结 果
Yes、True、1 或-1	针对 Yes 值进行过测试。输入值 1 或-1 之后,在"条件"行中转换为 True
No、False 或 0	针对 No 值进行过测试。输入值 0 之后,在"条件"行中转换为 False
无值(空)	未经过测试

续表

字 段 值	结　　果
除 1、-1 或 0 之外的任何数字	如果它是字段中的唯一条件值，则无结果
除 Yes、No、True 或 False 之外的任何字符串	数字类型不匹配，导致查询无法进行

6.3　表达式

使用 Microsoft Access 时，可能会遇到需要处理的值未直接包含在数据中的情况。例如，可能需要计算订单的销售税或订单的总计值，可以使用表达式来计算。

6.3.1　表达式概述

Access 中的表达式相当于 Excel 中的公式。一个表达式可以单独使用或组合使用多个公式，以生成某个结果的可能元素组成。

在 Access 中，当需要执行下列任一操作时都将使用表达式。

- 计算未直接存储在数据中的值。例如，计算表字段、查询及窗体和报表上的控件的值。
- 设置表字段的默认值或窗体、报表上的控件的默认值。
- 创建有效性规则。有效性规则控制用户可以输入到和不能输入到字段或控件中的值。
- 设置查询的条件。

例如，下面的表达式包含全部四种元素。

```
=Sum([Purchase Price])*0.08
```

在此示例中，Sum()是内置函数，[Purchase Price]是标识符，*是数学运算符，0.08 是常量。此表达式可在窗体页脚或报表页脚中的文本框中用于计算一组项目的营业税。

很多表达式可能会比此示例复杂得多或简单得多。例如，下面的布尔表达式（计算结果为 True 或 False 的表达式）只包括运算符和常量：

```
>0
```

此表达式在与大于 0 的数字进行比较时返回 True，在与小于或等于 0 的数字进行比较时返回 False。用户可以在控件或表字段的"验证规则"属性中使用此表达式，以确保只输入大于 0 的值。

在 Access 中，表达式在很多地方都用于执行计算、操作字符或测试数据。表、查询、窗体、报表和宏都具有接受表达式的属性。例如，可以在控件的"控件来源"和"默认值"属性中使用表达式。此外，在为事件过程或模块编写 Microsoft Visual Basic for Applications（VBA）代码时，使用的表达式通常与在 Access 对象（如表或查询）中使用的表达式类似。

6.3.2 表达式语法

要使用表达式，必须使用正确的语法进行编写。语法是一组规则，表达式中的字词和符号依据这些规则正确地组合在一起。

例如，要从 Access 中查看员工表中的"出生日期"字段，显示员工的出生年份，可编写表达式：

```
DatePart("yyyy",[员工基础信息]![出生日期])
```

返回结果如图 6-11 所示。在该表达式中：

- DatePart()是一个函数，用于检查日期并返回特定部分。
- 区间参数告知 Access 返回日期的哪一部分，在此例中，"yyyy"告知 Access 只需返回日期的年份部分。
- 日期参数告知 Access 在何处查找日期值，在此例中，[员工基础信息]![出生日期]告知 Access 在员工基础信息表的"出生日期"字段中查找日期。

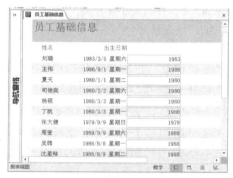

图 6-11

1. 简介

要生成表达式，应使用函数、运算符和常量组合标识符。任何有效的表达式都必须包含至少一个函数或至少一个标识符，也可以包含常量或运算符；还可以将一个表达式用作另一个表达式的一部分（通常用作函数的参数）。

- 表达式中的标识符。标识符在表达式中的一般形式为[集合名称]![对象名称].[属性名称]。

> **提示**
> 只需为标识符指定足够的组成部分，就可使其在表达式的上下文中具有唯一性。标识符还经常使用[对象名称]的形式。

- 表达式中的函数。对于使用函数的表达式，其一般形式为函数(参数,参数)，其中一个参数通常是标识符或表达式。

> **提示**
> 某些函数不需要参数。

- 表达式中的运算符。对于使用运算符的表达式，其一般形式为标识符、运算符。
- 表达式中的常量。对于使用常量的表达式，其一般形式为标识符 comparison_operator 常量。

2. 对象、集合和属性

Access 数据库中的所有表格、查询、窗体、报表和字段都可称为对象。每个对象都有一个名称。某些对象已命名，例如从 Microsoft Office Access 联系人模板创建的数据库中的联系人列表。创建新对象时，需要为其命名。

由特定类型对象的所有成员组成的集称为集合。例如，由数据库中所有表格组成的集是一个集合。作为数据库中某个集合的成员的某些对象也可能是包含其他对象的集合。例如，表对象是包含字段对象的集合。

对象具有属性，用于描述对象的特征，并提供更改这些特征的方法。例如，查询对象具有"默认视图"属性，该属性描述了查询在运行时的显示方式，同时可供用户指定所需显示方式。

3. 标识符

在表达式中使用对象、集合或属性时，可通过使用标识符引用该元素。标识符包括所标识元素的名称及其所属元素的名称。例如，一个字段的标识符包括该字段的名称及该字段所属表格的名称。前面的表达式实例中提供了这种标识符的示例：[员工基础信息]![出生日期]。

在某些情况下，元素名称本身可用作标识符，如元素在所创建表达式的上下文中具有唯一性时，上下文暗含标识符的其余部分。例如，如果设计的查询只使用一个表，字段名称可单独用作标识符，因为表中的字段名称在该表中必须是唯一的。由于只使用了一个表，在查询中用于引用字段的任何标识符中都暗含了表名。

在其他情况下，必须明确标识符的各个部分，以便引用正常运行，如当标识符在表达式的上下文中并非唯一时。具有多义性时，必须显式指示足够的标识符组成部分，使其在上下文中具有唯一性。例如，假设要设计的查询使用了名为"产品"的表和名为"订单"的表，而且两个表都有名为"产品 ID"的字段。在这种情况下，在查询中用于引用任一"产品 ID"字段的标识符除了包含字段名称，还必须包含表格名称，如[产品]![产品 ID]。

可在标识符中使用下面三种运算符。

- 感叹号运算符（!）。
- 点运算符（.）。
- 方括号运算符（[]）。

这些运算符的使用方法是：在标识符的每个部分的前后加上方括号，然后使用感叹号或点运算符将这些部分连接在一起。例如，对于名为"员工"的表中的"姓"字段，其标识符可表示为[员工]![姓]。感叹号运算符告知 Access，其后面部分表示的对象属于其前面部分表示的集合。在此例中，[姓]属于[员工]集合的字段对象，而后者是表对象。

> **提 示**
>
> 严格地说，不必始终在标识符或部分标识符前后键入方括号。如果标识符中没有空格或其他特殊字符，Access 在读取表达式时自动添加括号。但是，最好自己键入括号，这有助于避免错误，并可作为视觉线索，提示表达式的特定部分是标识符。

6.4 常用函数

数据库中包含多种类型的内置函数，可将其用于执行计算、处理文本和日期、汇总数据及执行多种操作。

6.4.1 Abs()函数

返回参数的绝对值，其类型和参数相同。

1．语法

```
Abs(number)
```

2．解释

必要的 number 参数是任何有效的数值表达式，如果 number 包含 Null，则返回 Null；如果 number 是未初始化的变量，则返回 0。

3．说明

一个数的绝对值是将正负号去掉以后的值。例如，Abs(-1)和 Abs(1)都返回 1。

6.4.2 Asc()函数

返回一个 Integer，代表字符串中首字母的字符代码。

1．语法

```
Asc(string)
```

2．解释

必要的 string 参数可以是任何有效的字符串表达式。如果 string 中没有包含任何字符，则会产生运行时错误。

3．说明

在非 DBCS 系统下，返回值范围为 0—255。在 DBCS 系统下，返回值则为-32768—32767。

4．注意

AscB()函数作用于包含在字符串中的字节数据，返回第一个字节的字符代码。AscW()函数返回 Unicode 字符代码，若平台不支持 Unicode，则与 Asc()函数功能相同。

6.4.3　Avg()函数

计算在查询的指定字段中所包含的一组值的算术平均值。

1．语法

```
Avg(expr)
```

2．解释

expr 占位符代表一个字符串表达式，它标识的字段包含被计算平均值的数据，或者代表使用该字段的数据执行计算的表达式。expr 占位符中的操作数可包括表字段名、常量名或函数名（可以是固有的或用户自定义的函数，但不能是其他 SQL 聚合函数）。

3．说明

使用 Avg()函数计算的平均值是算术平均值（值的总和除以值的数目）。例如，可以使用 Avg()函数计算运费的平均值。

在计算中，Avg()函数不能包含任何 Null 字段。

用户可以将 Avg()函数用于查询表达式中和 QueryDef 对象的 SQL 属性中，或者在基于 SQL 查询创建 Recordset 对象时使用。

6.4.4　CallByName()函数

执行一个对象的方法，或者设置或返回一个对象的属性。

1．语法

```
CallByName(object, procname, calltype,[args()])
```

2．解释

object：必需的，变体型（对象）。函数将要执行的对象的名称。

procname：必需的，变体型（字符串）。一个包含该对象的属性名称或方法名称的字符串表达式。

calltype：必需的，常数。一个 vbCallType 类型的常数，代表正在被调用的过程的类型。

args()：可选的，变体型（数组）。

3．说明

CallByName()函数用于获取或设置一个属性,或者在运行时使用一个字符串名称来调用一个方法。

在下面的例子中，第一行使用 CallByName 来设置一个文本框的 MousePointer 属性，第二行得到 MousePointer 属性的值，第三行调用 Move 方法来移动文本框。

```
CallByName Text1, "MousePointer", vbLet, vbCrosshair
Result = CallByName (Text1, "MousePointer", vbGet)
CallByName Text1, "Move", vbMethod, 100, 100。
```

6.4.5 类型转换函数

每个函数都可以强制将一个表达式转换成某种特定数据类型。

1．语法

```
CBool(expression)
CByte(expression)
CCur(expression)
CDate(expression)
CDbl(expression)
CDec(expression)
CInt(expression)
CLng(expression)
CSng(expression)
CStr(expression)
CVar(expression)
```

2．解释

必要的 expression 参数可以是任何字符串表达式或数值表达式。

3．函数名称决定返回类型，如下表所示

函　　数	返回类型	expression 参数范围
CBool()	Boolean	任何有效的字符串或数值表达式
CByte()	Byte	0—255
CCur()	Currency	-922,337,203,685,477.5808—922,337,203,685,477.5807
CDate()	Date	任何有效的日期表达式
CDbl()	Double	负数从-1.79769313486231E308—-4.94065645841247E-324； 正数从 1.79769313486232E308—4.94065645841247E-324
CDec()	Decimal	零变比数值，即无小数位数值，为±79,228,162,514,264,337,593,543,950,335。对于 28 位小数的数值，范围则为±7.9228162514264337593543950335；最小的可能非零值是 0.0000000000000000000000000001

续表

函　数	返回类型	expression 参数范围
CInt()	Integer	-32,768—32,767，小数部分四舍五入
CLng()	Long	-2,147,483,648—2,147,483,647，小数部分四舍五入
CSng()	Single	负数为-3.402823E38——1.401298E-45；正数为 1.401298E-45—3.402823E38
CStr()	String	依据 expression 参数返回 CStr
CVar()	Variant	若为数值，则范围与 Double 相同；若不为数值，则范围与 String 相同

4．说明

如果传递给函数的 expression 超过转换目标数据类型的范围，将发生错误。

通常，在编码时可以使用数据类型转换函数，来体现某些操作的结果应该表示为特定的数据类型，而不是默认的数据类型。例如，当单精度、双精度或整数运算发生的情况下，使用 CCur() 函数来强制执行货币运算。

应该使用数据类型转换函数来代替 Val，以使国际版的数据转换可以从一种数据类型转换为另一种数据类型。例如，当使用 CCur 函数时，不同的小数点分隔符、千分位分隔符和各种货币选项，依据系统的区域设置都会被妥善识别。

当小数部分恰好为 0.5 时，CInt() 和 CLng() 函数会将它转换为最接近的偶数值。例如，0.5 转换为 0、1.5 转换为 2。CInt() 和 CLng() 函数不同于 Fix() 和 Int() 函数，Fix() 和 Int() 函数会将小数部分截断，而不是四舍五入。并且 Fix() 和 Int() 函数总是返回与传入的数据类型相同的值。

使用 IsDate() 函数，可判断 Date 是否可以被转换为日期或时间。CDate() 函数可用来识别日期文字和时间文字，以及落入可接受的日期范围内的数值。当将一个数字转换为日期时，是将整数部分转换为日期，小数部分转换为从午夜起算的时间。

CDate() 函数依据系统上的区域设置决定日期的格式。如果提供的格式为不可识别的日期设置，则不能正确判断年、月、日的顺序。另外，若长日期格式包含有星期的字符串，也不能被识别。

CVDate() 函数也提供对早期 Visual Basic 版本的兼容性。CVDate() 函数的语法与 CDate() 函数是完全相同的。不过，CVDate() 函数是返回一个 Variant，它的子类型是 Date，而不是实际的 Date 类型。因为现在已有真正的 Date 类型，所以 CVDate() 函数也不再需要了。转换一个表达式为 Date，再赋值给一个 Variant，可以达到同样的效果；也可以使用这种技巧将其他真正的数据类型转换为对等的 Variant 子类型。

5．注意

CDec() 函数不能返回独立的数据类型，总是返回一个 Variant 类型，它的值已经被转换为 Decimal 子类型。

6.4.6 Choose()函数

从参数列表中选择并返回一个值。

1．语法

```
Choose(index, choice-1[, choice-2, ... [, choice-n]])
```

2．解释

index：必要参数，数值表达式或字段，它的运算结果是一个数值，且界于 1 和可选择的项目数之间。

choice：必要参数，Variant 表达式，包含可选择项目的其中之一。

3．说明

Choose()函数会根据 index 的值返回选择项列表中的某个值。如果 index 是 1，则 Choose()函数会返回列表中的第一个选择项。如果 index 是 2，则会返回列表中的第二个选择项，以此类推。

可以使用 Choose()函数来查阅一个列表中的项目。例如，如果 index 所指定的值为 3，而 choice-1 = "one"、choice-2 = "two"、且 choice-3 = "three"，那么 Choose()函数将返回"three"。当 index 代表一个选项组中的值时，这项功能将特别有用。

即使它只返回一个选项值，Choose()函数仍然会计算列表中的每个选择项。所以应该注意到这项副作用。例如，当在每个选择项表达式中使用了 MsgBox()函数作为其中的一部分时，每计算一个选择项就会显示一次消息框。

当 index 小于 1 或大于列出的选择项数目时，Choose()函数返回 Null。

如果 index 不是整数，则会先四舍五入为与其最接近的整数。

6.4.7 Count()函数

计算查询所返回的记录数。

1．语法

```
Count(expr)
```

2．解释

expr 占位符代表字符串表达式，它标识的字段包含了要统计的数据，或者是使用该字段的数据执行计算的表达式。expr 中的操作数可包括表字段名或函数名（可以是固有的或用户自定义的函数，但不能是其他 SQL 聚合函数），可以统计包括文本在内的任何类型的数据。

3．说明

可以使用 Count() 函数来统计基本查询的记录数。例如，可以通过 Count() 函数来统计已发往特定城市的订单数目。

尽管 expr 能够对字段执行计算，但是 Count() 函数仅计算出记录的数目。记录中所存储的数值类型与计算无关。

Count() 函数不统计包含 Null 字段的记录，除非 expr 是星号（*）通配符。如果使用了星号通配符，Count() 函数会计算出包含 Null 字段在内的所有记录的数目。使用 Count(*) 方式比使用 Count([Column Name]) 方式快很多。注意：不要用单引号（"）将星号括起来。

6.4.8 CreateObject() 函数

创建并返回一个对 ActiveX 对象的引用。

1．语法

```
CreateObject(class,[servername])
```

2．解释

class：必要参数，Variant(String)。要创建的应用程序名称和类。

servername：可选参数，Variant (String)。要在其上创建对象的网络服务器名称。如果 servername 是一个空字符串("")，即使用本地机器。

class 参数使用 appname.bjecttype 这种语法，包括以下部分。

appname：必要参数，Variant（字符串）。提供该对象的应用程序名。

objecttype：必要参数，Variant（字符串）。待创建对象的类型或类。

3．说明

每个支持自动化的应用程序都至少提供一种对象类型。例如，一个自处理应用程序可能会提供 Application 对象、Document 对象及 Toolbar 对象。

4．注意

当该对象当前没有实例时，应使用 CreateObject() 函数。如果该对象已有实例在运行，就会启动一个新的实例，并创建一个指定类型的对象。要使用当前实例，或者要启动该应用程序并加载一个文件，可以使用 GetObject() 函数。

如果对象已登记为单个实例对象，则不管执行多少次 CreateObject() 函数，都只能创建该对象的一个实例。

6.4.9 CurDir()函数

返回一个 Variant (String),代表当前的路径。

1. 语法

```
CurDir[(drive)]
```

2. 解释

可选的 drive 参数是一个字符串表达式,指定一个存在的驱动器。如果没有指定驱动器,或者 drive 是零长度字符串(""),则 CurDir()函数会返回当前驱动器的路径。在 Macintosh 上,CurDir() 函数忽略任何指定的 drive,并且只简单地返回当前驱动器的路径。

6.4.10 Date 函数

返回包含系统日期的 Variant (Date)。

1. 语法

```
Date
```

2. 说明

为了设置系统日期,应使用 Date 语句。

6.4.11 DateAdd()函数

返回包含一个日期的 Variant (Date),这一日期还加上了一段时间间隔。

1. 语法

```
DateAdd(interval, number, date)
```

2. 解释

interval:必要参数。字符串表达式,是要加上的时间间隔。

number:必要参数。数值表达式,是要加上的时间间隔的数目。其数值可以为正数(得到未来的日期),也可以为负数(得到过去的日期)。

date:必要参数。Variant (Date)或表示日期的文字,这一日期还加上了时间间隔。

设置 interval 参数具有以下设定值。

设 置	描 述
yyyy	年
q	季

续表

设　置	描　述
m	月
y	一年的日数
d	日
w	一周的日数
ww	周
h	时
n	分钟
s	秒

3．说明

可以使用 DateAdd() 函数给日期加上或减去指定的时间间隔。例如，可以用 DateAdd() 函数来计算距今 30 天的日期，或者计算距现在 45 分钟的时间。

为了给 date 加上"日"，可以使用"一年的日数("y")""日("d")"或"一周的日数("w")"。

DateAdd() 函数将不返回有效日期。在下面的实例中将 1 月 31 日加上一个月：

DateAdd(m, 1, 31-Jan-95)

在上例中，DateAdd() 函数返回 1995 年 2 月 28 日，而不是 1995 年 2 月 31 日。如果 date 是 1996 年 1 月 31 日，则由于 1996 年是闰年，返回值是 1996 年 2 月 29 日。

如果计算的日期超前 100 年（减去的年度超过 date 中的年份），就会导致错误。

如果 number 不是一个 Long 值，则在计算时取最接近的整数值来计算。

4．注意

DateAdd() 函数返回值的格式由 Control Panel 设置决定，而不是由传递到 date 参数的格式决定。

6.4.12　DateDiff() 函数

返回 Variant (Long) 的值，表示两个指定日期间的时间间隔。

1．语法

```
DateDiff(interval, date1, date2[, firstdayofweek[, firstweekofyear]])
```

2．解释

interval：必要参数。字符串表达式，用来计算 date1 和 date2 的时间差。

date1,date2：必要参数。Variant (Date)。计算中要用到的两个日期。

firstdayofweek：可选参数。指定一个星期的第一天的常数。如果未指定，则以星期日为第一天。

firstweekofyear：可选参数。指定一年的第一周的常数。如果未指定，则以包含 1 月 1 日的星期为第一周。

设置 firstdayofweek 参数具有以下设定值。

常　　数	值	描　　述
vbUseSystem	0	使用 NLS API 设置
vbSunday	1	星期日（默认值））
vbMonday	2	星期一
vbTuesday	3	星期二
vbWednesday	4	星期三
vbThursday	5	星期四
vbFriday	6	星期五
vbSaturday	7	星期六
vbUseSystem	0	用 NLS API 设置
vbFirstJan1	1	从包含 1 月 1 日的星期开始（默认值）
vbFirstFourDays	2	从第一个其大半个星期在新的一年的一周开始
vbFirstFullWeek	3	从第一个无跨年度的星期开始

3．说明

DateDiff()函数可用来决定两个日期之间所指定的时间间隔数目。例如，可以使用 DateDiff()函数来计算两个日期之间相隔几日，或者计算从当天起到年底还有多少个星期。

为了计算 date1 与 date2 相差的天数，可以使用"一年的日数"或"日"。当 interval 是"一周的日数"时，DateDiff()函数返回两日期间的周数。如果 date1 是星期一，DateDiff()函数计算到 date2 为止的星期一的个数。这个数包含 date2 但不包含 date1。不过，如果 interval 是"周（ww）"，则 DateDiff()函数返回两日期间的日历周数，由计算 date1 与 date2 之间的星期日的个数而得。如果 date2 刚好是星期日，则 date2 也会被加进 DateDiff()函数的计数结果中。但不论 date1 是否为星期日，都不将它算进去。

如果 date1 比 date2 晚，则 DateDiff()函数的返回值为负数。

firstdayofweek 参数会影响使用时间间隔符号"W"或"WW"计算的结果。

如果 date1 或 date2 是日期文字，则指定的年份成为该日期的固定部分。但是，如果 date1 或 date2 用双引号（" "）括起来，且年份略而不提，则在每次计算表达式 date1 或 date2 时，当前年份都会插入代码之中。这样就可以书写适用于不同年份的程序代码。

在计算 12 月 31 日和第二年的 1 月 1 日的年份差时，DateDiff()函数返回 1 表示相差一个年份，虽然实际上只相差一天而已。

6.4.13 DatePart()函数

返回一个包含已知日期的指定时间部分的 Variant (Integer)。

1. 语法

```
DatePart(interval, date[,firstdayofweek[, firstweekofyear]])
```

2. 解释

interval：必要参数。字符串表达式，要返回的时间间隔。

date：必要参数。要计算的 Variant (Date)值。

firstdayofweek：可选参数。指定一个星期的第一天的常数。如果未指定，则以星期日为第一天。

firstweekofyear：可选参数。指定一年的第一周的常数。如果未指定，则以包含 1 月 1 日的星期为第一周。

3. 说明

DatePart()函数可以用来计算日期并返回指定的时间间隔。例如，可以使用 DatePart()函数计算某个日期是星期几或目前为几点。

firstdayofweek 参数会影响使用时间间隔符号"W"或"WW"计算的结果。

如果 date 是日期文字，则指定的年份成为该日期的固定部分。但是，如果 date 用双引号（""）括起来，且年份略而不提，则在每次计算 date 表达式时，当前年份都会插入到代码之中。这样就可以书写适用于不同年份的程序代码。

6.4.14 DateSerial()函数

返回包含指定年、月、日的 Variant (Date)。

1. 语法

```
DateSerial(year, month, day)
```

2. 解释

year：必要参数，Integer。从 100 到 9999 间的整数或一个数值表达式。

month：必要参数，Integer。任何数值表达式。

day：必要参数，Integer。任何数值表达式。

3. 说明

为了指定某个日期，如 1991 年 12 月 31 日，DateSerial()函数中的每个参数的取值范围应该是可接受的，即日的取值范围应在 1 到 31 之间，而月的取值范围应在 1 到 12 之间。但是，当一个数值表达式表示某日之前或其后的年、月、日数时，也可以为每个使用这个数值表达式的参数指定相对日期。

下面的示例使用数值表达式代替了绝对日期。这里，DateSerial()函数返回 1990 年 8 月 1 日的十年（1990－10）零两个月（8－2）又一天（1－1）之前的日期，也就是 1980 年 5 月 31 日。

DateSerial(1990 -10, 8 - 2, 1 - 1)

year 参数的数值若介于 0 到 29 之间，则将其解释为 2000—2029 年；若介于 30 到 99 之间，则解释为 1930－1999 年。而对所有其他 year 参数，则用四位数值表示（如 1800）。

当任何一个参数的取值超出可接受的范围时，它会适时进位到下一个较大的时间单位。例如，如果指定了 35 天，则这个天数被解释成一个月加上多出来的天数，多出来的天数将由其年份与月份决定。如果一个参数值超出-32 768 到 32 767 的范围，就会导致错误。

6.4.15　Day()函数

返回一个 Variant (Integer)，其值为 1 到 31 之间的整数，表示一个月中的某一日。

1．语法

```
Day(date)
```

2．解释

date：必要参数，可以是任何能够表示日期的 Variant、数值表达式、字符串表达式或它们的组合。如果 date 包含 Null，则返回 Null。

6.4.16　DDB()函数

返回一个 Double，指定一笔资产在一特定期间内的折旧。可使用双下落收复平衡方法或其他指定的方法进行计算。

1．语法

```
DDB(cost, salvage, life, period[, factor])
```

2．解释

cost：必要参数。Double 指定资产的初始成本。

salvage：必要参数。Double 指定使用年限结束时的资产价值。

life：必要参数。Double 指定资产的可用年限。

period：必要参数。Double 指定计算资产折旧所用的那一期间。

factor：可选参数。Variant 指定收复平衡下落时的速度。如果省略该值，2（双下落方法）为默认值。

3．说明

双下落收复平衡方法用于加速利率法计算折旧。在第一段时期，折旧为最高，而在接下来的期间内降低。

life 和 period 参数必须用相同的单位表示。例如，如果 life 参数用月份表示，则 period 参数也必须用月份表示。所有参数都必须是正值。

DDB()函数使用下列公式计算在一定时期后的折旧：

折旧/ period = ((cost－alvage) * factor) / life

6.4.17　EOF()函数

返回一个 Integer，包含 Boolean 值 True，表明已经到达为 Random 或顺序 Input 打开的文件的结尾。

1．语法

```
EOF(filenumber)
```

2．解释

filenumber：必要参数。参数是一个 Integer，包含任何有效的文件号。

3．说明

使用 EOF()函数是为了避免试图在文件结尾处进行输入而产生的错误。

直到到达文件的结尾，EOF()函数都返回 False。对于访问 Random 或 Binary 而打开的文件，直到最后一次执行的 Get 语句无法读出完整的记录时，EOF()函数都返回 False。

对于访问 Binary 而打开的文件，在 EOF()函数返回 True 之前，试图使用 Input()函数读出整个文件的任何尝试都会导致错误发生。在用 Input()函数读出二进制文件时，要用 LOF()函数和 Loc()函数来替换 EOF()函数，或者将 Get()函数与 EOF()函数配合使用。对于为 Output 打开的文件，EOF()总是返回 True。

6.4.18　Error()函数

返回对应于已知错误号的错误信息。

1．语法

```
Error[(errornumber)]
```

2．解释

errornumber：可选参数。参数可以为任何有效的错误号。如果 errornumber 是有效的错误号，但尚未被定义，则 Error() 函数将返回字符串"应用程序定义的错误或对象定义的错误"。如果 errornumber 不是有效的错误号，则会导致错误发生。如果省略 errornumber，就会返回与最近一次运行时错误对应的消息。如果没有发生运行时错误，或者 errornumber 是 0，则 Error() 函数返回一个长度为零的字符串（""）。

3．说明

检查 Err 对象的属性设置，以便认定最近一次运行时错误。Error 函数的返回值对应于 Err 对象的 Description 属性。

6.4.19　Exp() 函数

返回 Double，指定 e（自然对数）的某次方。

1．语法

```
Exp(number)
```

2．解释

number：必要参数。参数 number 是 Double 或任何有效的数值表达式。

3．说明

如果 number 的值超过 709.782712893，则会导致错误发生。常数 e 的值大约是 2.718282。注意：Exp() 函数的作用和 Log 的作用互补，所以有时也称作反对数。

6.4.20　FileDateTime() 函数

返回一个 Variant (Date)，此为一个文件被创建或最后修改后的日期和时间。

1．语法

```
FileDateTime(pathname)
```

2．解释

pathname：必要参数。参数用来指定一个文件名的字符串表达式。pathname 可以包含目录、文件夹及驱动器。

6.4.21　First()、Last() 函数

返回查询所返回的结果集中的第一个或最后一个记录的字段值。

1. 语法

```
First(expr)
Last(expr)
```

2. 解释

expr 占位符代表一个字符串表达式,它标识了包含要使用的数据的字段,或者使用该字段中的数据执行计算的表达式。expr 中的操作数可以包括表字段、常量或函数(可以是固有的或用户自定义的函数,但不能是其他 SQL 聚合函数)的名称。

3. 说明

First()和 Last()函数与 DAO Recordset 对象的 MoveFirst 和 MoveLast 方法相似。只是它们分别返回查询所返回的结果集中第一个或最后一个记录中指定的字段值。因为记录通常以非特定顺序返回(除非查询中包含了 ORDER BY 子句),所以这些函数返回的记录是任意的。

6.4.22 Int()、Fix()函数

返回参数的整数部分。

1. 语法

```
Int(number)
Fix(number)
```

2. 解释

number:必要参数。参数是 Double 或任何有效的数值表达式。如果 number 包含 Null,则返回 Null。

3. 说明

Int()和 Fix()函数都会删除 number 的小数部分而返回剩下的整数。

Int()和 Fix()函数的不同之处在于,如果 number 为负数,则 Int()函数返回小于或等于 number 的第一个负整数,而 Fix()函数则会返回大于或等于 number 的第一个负整数。例如,Int()函数将-8.4 转换为-9,而 Fix()函数将-8.4 转换成-8。

Fix(number)等于:

```
Sgn(number) * Int(Abs(number))
```

6.4.23 IIf()函数

根据表达式的值返回两部分中的一部分。

1．语法

```
IIf(expr, truepart, falsepart)
```

2．解释

expr：必要参数。用来判断真伪的表达式。

truepart：必要参数。如果 expr 为 True，则返回这部分的值或表达式。

falsepart：必要参数。如果 expr 为 False，则返回这部分的值或表达式。

3．说明

IIf()函数会计算 truepart 和 falsepart，虽然它只返回其中的一个。因此要注意到这个副作用。例如，如果 falsepart 产生一个被零除错误，那么程序就会发生错误，即使 expr 为 True。

6.4.24 Input()函数

返回 String，包含以 Input 或 Binary 方式打开的文件中的字符。

1．语法

```
Input(number, [#]filenumber)
```

2．解释

number：必要参数。任何有效的数值表达式，指定要返回的字符个数。

filenumber：必要参数。任何有效的文件号。

3．说明

通常用 Print #或 Put 将 Input()函数读出的数据写入文件。Input()函数只用于以 Input 或 Binary 方式打开的文件。

与 Input #语句不同，Input()函数返回它所读出的所有字符，包括逗号、回车符、空白列、换行符、引号和前导空格等。

对于 Binary 访问类型打开的文件，如果试图用 Input()函数读出整个文件，则会在 EOF()函数返回 True 时产生错误。在用 Input 读出二进制文件时，要用 LOF()和 Loc()函数代替 EOF()函数，而在使用 EOF()函数时要配合以 Get()函数。

> **注意**
> 对于文本文件中包含的字节数据要使用 InputB()函数。对于 InputB()来说，number 指定的是要返回的字节个数，而不是要返回的字符个数。

6.4.25 InputBox()函数

在一个对话框中显示提示，等待用户输入正文或按下按钮，并返回包含文本框内容的 String。

1. 语法

```
InputBox(prompt[, title] [, default] [, xpos] [, ypos] [, helpfile, context])
```

2. 解释

prompt：必要参数。作为对话框消息出现的字符串表达式。prompt 的最大长度大约是 1024 个字符，由所用字符的宽度决定。如果 prompt 包含多个行，则可在各行之间用回车符（Chr(13)）、换行符（Chr(10)）或回车符和换行符的组合（Chr(13) & Chr(10)）来分隔。

title：可选参数。显示对话框标题栏中的字符串表达式。如果省略 title，则把应用程序名放入标题栏中。

default：可选参数。显示文本框中的字符串表达式，在没有其他输入时作为默认值。如果省略 default，则文本框为空。

xpos：可选参数。数值表达式，成对出现，指定对话框的左边与屏幕左边的水平距离。如果省略 xpos，则对话框会在水平方向居中。

ypos：可选参数。数值表达式，成对出现，指定对话框的上边与屏幕上边的距离。如果省略 ypos，则对话框被放置在屏幕垂直方向距下边大约三分之一的位置。

helpfile：可选参数。字符串表达式，识别帮助文件，用该文件为对话框提供与上下文相关的帮助。如果已提供 helpfile，则必须提供 context。

context：可选参数。数值表达式，由帮助文件的作者指定给某个帮助主题的帮助上下文编号。如果已提供 context，则必须提供 helpfile。

3. 说明

如果同时提供了 helpfile 与 context，用户可以按 F1（Windows）或者 HELP（Macintosh）来查看与 context 相应的帮助主题。某些主应用程序，如 Microsoft Excel 会在对话框中自动添加一个"Help"按钮。如果用户单击"OK"按钮或按"Enter"键，则 InputBox()函数返回文本框中的内容。如果用户单击"Cancel"按钮，则此函数返回一个长度为零的字符串（""）。

4. 注意

如果还要指定第一个命名参数以外的参数，则必须在表达式中使用 InputBox()函数。如果要省略某些位置参数，则必须加入相应的逗号分隔符。

6.4.26　InStr()函数

返回 Variant (Long)，指定一个字符串在另一个字符串中最先出现的位置。

1．语法

```
InStr([start, ]string1, string2[, compare])
```

2．解释

start：可选参数。为数值表达式，设置每次搜索的起点。如果省略，将从第一个字符的位置开始。如果 start 包含 Null，将发生错误。如果指定了 compare 参数，则一定要有 start 参数。

string1：必要参数。接受搜索的字符串表达式。

string2：必要参数。被搜索的字符串表达式。

compare：可选参数。指定字符串比较。如果 compare 是 Null，将发生错误。如果省略 compare，Option Compare 的设置将决定比较的类型。指定一个有效的 LCID (LocaleID)以在比较中使用与区域有关的规则。

设置 compare 参数具有以下设定值。

常　数	值	描　述
vbUseCompareOption	-1	使用 Option Compare 语句设置执行一个比较
vbBinaryCompare	0	执行一个二进制比较
vbTextCompare	1	执行一个基于原文的比较
vbDatabaseCompare	2	仅适用于 Microsoft Access，执行一个基于数据库中信息的比较

3．说明

InStrB()函数作用于包含在字符串中的字节数据。所以 InStrB()函数返回的是字节位置，而不是字符位置。

6.4.27　InStrRev()函数

返回一个字符串在另一个字符串中出现的位置，从字符串的末尾算起。

1．语法

```
InStrRev(stringcheck, stringmatch[, start[, compare]])
```

2．解释

stringcheck：必需参数。要执行搜索的字符串表达式。

stringmatch：必需参数。要搜索的字符串表达式。

start：可选参数。数值表达式，设置每次搜索的开始位置。如果忽略，则使用-1，表示从上一个字符位置开始搜索。如果 start 包含 Null，则产生一个错误。

compare：可选参数。数字值，指出在判断子字符串时所使用的比较方法。如果忽略，则执行二进制比较。关于其值，请参阅"设置值"部分。

3．说明

请注意，InStrRev()函数的语法和 InStr()函数的语法不相同。

6.4.28 IsEmpty()函数

返回 Boolean 值，该值指示变量是否已初始化。

1．语法

```
IsEmpty(expression)
```

2．解释

expression：必需参数。包含数值或字符串表达式的变量。但是，因为 IsEmpty()函数用于确定单个变量是否已初始化，所以 expression 参数在大多数情况下是单个变量名。

3．说明

如果变量未初始化或被显式设为 Empty，则 IsEmpty()函数返回 True。否则，返回 False。如果 expression 包含多个变量，则始终返回 False。IsEmpty()函数只返回对变体型值有意义的信息。

6.4.29 IsError()函数

返回 Boolean 值，指出表达式是否为一个错误值。

1．语法

```
IsError(expression)
```

2．解释

expression：必需参数。可以是任何有效表达式。

3．说明

利用 CVErr()函数将实数转换成错误值就会建立错误值。IsError()函数被用来确定一个数值表达式是否表示一个错误。如果 expression 参数表示一个错误，则 IsError()函数返回 True，否则返回 False。

6.4.30 IsNull()函数

返回 Boolean 值,指出表达式是否不包含任何有效数据(Null)。

1. 语法

```
IsNull(expression)
```

2. 解释

expression:必需参数。参数是一个 Variant,其包含数值表达式或字符串表达式。

3. 说明

如果 expression 为 Null,则 IsNull()函数返回 True,否则 IsNull()函数返回 False。如果 expression 由多个变量组成,则表达式任何作为变量组成成分的 Null 都会使整个表达式返回 True。

Null 值指出 Variant 不包含有效数据。Null 与 Empty 不同,后者指出变量尚未初始化。Null 值与长度为零的字符串("")也不同,长度为零的字符串指的是空串。

使用 IsNull()函数是为了确定表达式是否包含 Null 值。在某些情况下,希望表达式取值为 True,比如希望 If Var = Null 和 If Var <> Null 取值为 True,而它们总取值为 False。这是因为任何包含 Null 的表达式本身就是 Null,所以为 False。

6.4.31 Min()、Max()函数

返回包含在查询的指定字段内的一组值中的最小值或最大值。

1. 语法

```
Min(expr)
Max(expr)
```

2. 解释

expr 占位符代表一个字符串表达式,标识了要计算的数据的字段,或者使用该字段中的数据执行计算的表达式。expr 中的操作数可包括表字段、常量或函数(可以是固有的或用户自定义的函数,但不能是其他 SQL 聚合函数)的名称。

3. 说明

通过 Min()和 Max()函数,可以基于指定的聚合(或分组)来确定字段中的最小值或最大值。例如,可以通过这些函数返回最低和最高的运费。如果没有指定聚合函数,将使用整个表。

6.4.32 Month()函数

返回一个 Variant (Integer),其值为 1 到 12 之间的整数,表示一年中的某个月。

1．语法

```
Month(date)
```

2．解释

date：必需参数。可以是任何能够表示日期的 Variant、数值表达式、字符串表达式或它们的组合。如果 date 包含 Null，则返回 Null。

6.4.33 MsgBox()函数

在对话框中显示消息，等待用户单击按钮，并返回一个 Integer 告诉用户单击哪一个按钮。

1．语法

```
MsgBox(prompt[, buttons] [, title] [, helpfile, context])
```

2．解释

prompt：必需参数。字符串表达式，作为显示在对话框中的消息。prompt 的最大长度约为 1024 个字符，由所用字符的宽度决定。如果 prompt 的内容超过一行，则可以在每一行之间用回车符（Chr(13)）、换行符（Chr(10)）或回车符与换行符的组合（Chr(13) & Chr(10)）将各行分隔开。

buttons：可选参数。数值表达式是值的总和，指定显示按钮的数目及形式、使用的图标样式、默认按钮及消息框的强制回应等。如果省略该参数，则 buttons 的默认值为 0。

title：可选参数。在对话框标题栏中显示的字符串表达式。如果省略该参数，则将应用程序名放在标题栏中。

helpfile：可选参数。字符串表达式，识别用来向对话框提供上下文相关帮助的帮助文件。如果提供了 helpfile 参数，则必须提供 context。

context：可选参数。数值表达式，由帮助文件的作者指定给适当的帮助主题的帮助上下文编号。如果提供了 context 参数，则必须提供 helpfile。

设置 buttons 参数具有以下设定值。

常　　数	值	描　　述
vbOKOnly	0	只显示"OK"按钮
vbOKCancel	1	显示"OK"及"Cancel"按钮
vbAbortRetryIgnore	2	显示"Abort"、"Retry"及"Ignore"按钮
vbYesNoCancel	3	显示"Yes"、"No"及"Cancel"按钮
vbYesNo	4	显示"Yes"及"No"按钮
vbRetryCancel	5	显示"Retry"及"Cancel"按钮
vbCritical	16	显示"Critical Message"图标
vbQuestion	32	显示"Warning Query"图标

续表

常　　数	值	描　　述
vbExclamation	48	显示"Warning Message"图标
vbInformation	64	显示"Information Message"图标
vbDefaultButton1	0	第一个按钮是默认值
vbDefaultButton2	256	第二个按钮是默认值
vbDefaultButton3	512	第三个按钮是默认值
vbDefaultButton4	768	第四个按钮是默认值
vbApplicationModal	0	应用程序强制返回；应用程序一直被挂起，直到用户对消息框作出响应才继续工作
vbSystemModal	4096	系统强制返回；全部应用程序都被挂起，直到用户对消息框作出响应才继续工作
vbMsgBoxHelpButton	16384	将"Help"按钮添加到消息框
vbMsgBoxSetForeground	65536	指定消息框窗口作为前景窗口
vbMsgBoxRight	524288	文本右对齐
vbMsgBoxRtlReading	1048576	指定文本应为在希伯来和阿拉伯语系统中的从右到左显示

第一组值（0-5）描述了对话框中显示的按钮的类型与数目；第二组值（16, 32, 48, 64）描述了图标的样式；第三组值（0, 256, 512, 768）说明哪一个按钮是默认值；第四组值（0, 4096）决定消息框的强制返回性。将这些数字相加生成 buttons 参数值的时候，只能由每组值取用一个数字。

3．说明

在提供了 helpfile 与 context 的时候，用户可以按 F1（Windows）或者 HELP（Macintosh）来查看与 context 相应的帮助主题。Microsoft Excel 等主应用程序也会在对话框中自动添加一个"Help"按钮。

如果对话框显示"Cancel"按钮，则按"Esc"键与单击"Cancel"按钮的效果相同。如果对话框中有"Help"按钮，则对话框中提供与上下文相关的帮助。但是，直到其他按钮中的一个被单击之前，都不会返回任何值。

4．注意

如果还要指定第一个命名参数以外的参数，则必须在表达式中使用 MsgBox()函数。为了省略某些位置参数，必须加入相应的逗号分隔符。

6.4.34　QBColor()函数

返回一个 Long，用来表示对应颜色值的 RGB 颜色码。

1. 语法

```
QBColor(color)
```

2. 解释

color：必需参数。参数是一个界于 0 到 15 的整型数。

设置 color 参数具有以下设定值。

值	颜　　色	值	颜　　色
0	黑色	8	灰色
1	蓝色	9	亮蓝色
2	绿色	10	亮绿色
3	青色	11	亮青色
4	红色	12	亮红色
5	洋红色	13	亮洋红色
6	黄色	14	亮黄色
7	白色	15	亮白色

3. 说明

color 参数代表使用在早期版本的 Basic（如 Microsoft Visual Basic for MS-DOS 及 Basic Compiler）的颜色值。始于最低有效字节，返回值指定了红、绿、蓝三原色的值，用于设置 VBA 中 RGB 系统的对应颜色。

6.4.35　Right() 函数

返回 Variant (String)，其中包含从字符串右边取出的指定数量的字符。

1. 语法

```
Right(string, length)
```

2. 解释

string：必需参数。字符串表达式，最右边的字符将被返回。如果 string 包含 Null，将返回 Null。

length：必需参数。为 Variant(Long)，为数值表达式，指出想返回多少个字符。如果为 0，返回零长度字符串（""）。如果大于或等于 string 的字符数，则返回整个字符串。

3. 说明

欲知 string 的字符数，用 Len() 函数。

4．注意

RightB()函数作用于包含在字符串中的字节数据。所以 length 指定的是字节数，而不是返回的字符数。

6.4.36 Round()函数

返回一个数值，该数值是按照指定的小数位数进行四舍五入运算的结果。

1．语法

```
Round(expression [,numdecimalplaces])
```

2．解释

expression：必需参数。要进行四舍五入运算的数值表达式。

numdecimalplaces：可选参数。数字值，表示进行四舍五入运算时，小数点右边应保留的位数。如果忽略，则 Round()函数返回整数。

6.4.37 Second()函数

返回一个 Variant (Integer)，其值为 0 到 59 之间的整数，表示时间中的"秒"。

1．语法

```
Second(time)
```

2．解释

time：必需参数。可以是任何能够表示时刻的 Variant、数值表达式、字符串表达式或它们的组合。如果 time 包含 Null，则返回 Null。

6.4.38 Spc()函数

与 Print #语句或 Print 方法一起使用，对输出进行定位。

1．语法

```
Spc(n)
```

2．解释

n：必需参数。参数是在显示或打印列表中的下一个表达式之前插入的空白数。

3．说明

如果 n 小于输出行的宽度，则下一个打印位置将紧接在数个已打印的空白之后。如果 n 大于输出行的宽度，则 Spc()函数利用下列公式计算下一个打印位置：

currentprintposition + (n Mod width)

例如，如果当前输出位置为 24，输出行的宽度为 80，并指定了 Spc(90)，则下一个打印将从位置 34 开始（当前打印位置+90/80 的余数）。如果当前打印位置和输出行宽度之间的差小于 n（或 n Mod width），则 Spc()函数会跳到下一行的开头，并产生数量为 n-(width-currentprintposition) 的空白。

4．注意

要确保表格栏宽度足以容纳较宽的字符串。

当 Print 方法与间距字体一起使用时，使用 Spc()函数打印的空格字符的宽度总是等于选用字体内以磅数为单位的所有字符的平均宽度。但是，在已打印字符的个数与那些字符所占据的定宽列的数目之间不存在任何关系。例如，大写英文字母 W 占据超过一个定宽的列，而小写字母 i 占据少于一个定宽的列。

6.4.39 Sum()函数

返回在查询的指定字段中所包含的一组值的总和。

1．语法

```
Sum(expr)
```

2．解释

expr 占位符代表字符串表达式，标识了包含要添加的数字数据的字段，或者使用该字段中的数据执行计算的表达式。expr 中的操作数可包括表字段、常量或函数（可以是固有的或用户自定义的函数，但不能是其他 SQL 聚合函数）的名称。

3．说明

Sum()函数计算字段值的总和。例如，可以使用 Sum()函数确定运货的总费用。

Sum()函数将忽略包含 Null 字段的记录。下面的示例展示了如何计算 UnitPrice 和 Quantity 字段的产品总和。

```
SELECT
Sum(UnitPrice * Quantity)
AS [Total Revenue] FROM [Order Details];
```

可以在查询表达式中使用 Sum()函数，也可以将该表达式用于 QueryDef 对象的 SQL 属性中，或者在基于 SQL 查询来创建 Recordset 对象时使用该表达式。

6.4.40 StrReverse()函数

返回一个字符串,其中一个指定子字符串的字符顺序是反向的。

1. 语法

```
StrReverse(expression)
```

2. 解释

expression:必需参数。是一个字符串,它的字符顺序要被反向。如果 expression 是一个长度为零的字符串(""),则返回一个长度为零的字符串。如果 expression 为 Null,则产生一个错误。

6.4.41 Tab()函数

与 Print #语句或 Print 方法一起使用,对输出进行定位。

1. 语法

```
Tab[(n)]
```

2. 解释

n:可选参数。参数是在显示或打印列表中的下一个表达式之前移动的列数。若省略此参数,则 Tab()函数将插入点移动到下一个打印区的起点。这就使 Tab()函数可用来替换区域中的逗号,此处的逗号是作为十进制分隔符使用的。

3. 说明

如果当前行上的打印位置大于 n,则 Tab()函数将打印位置移动到下一个输出行的第 n 列上。如果 n 小于 1,则 Tab()函数将打印位置移动到列1。如果 n 大于输出行的宽度,则 Tab()函数使用以下公式计算下一个打印位置:

n Mod width

例如,如果 width 是 80,并指定 Tab(90),则下一个打印将从列 10 开始(90/80 的余数)。如果 n 小于当前打印位置,则从下一行中计算出来的打印位置开始打印。如果计算后的打印位置大于当前打印位置,则从同一行中计算出来的打印位置开始打印。

输出行最左端的打印位置总是 1。在使用 Print #语句将数据写入文件时,最右端的打印位置是输出文件的当前宽度,这一宽度可用 Width #语句设置。

4. 注意

(1)要确保表格列的宽度足以容纳较宽的字符串。

(2)在基于 SQL 查询来创建 Recordset 对象时使用该表达式。

6.4.42 Time 函数

返回一个指明当前系统时间的 Variant (Date)。

1. 语法

Time

2. 说明

设置系统时间时应使用 Time 语句。

6.4.43 TimeSerial() 函数

返回一个 Variant (Date)，包含具有时、分、秒的时间。

1. 语法

TimeSerial(hour, minute, second)

2. 解释

hour：必需参数。Variant (Integer)。其值从 0 (12:00 A.M.)到 23 (11:00 P.M.)，或是一个数值表达式。

minute：必需参数。Variant (Integer)。任何数值表达式。

second：必需参数。Variant (Integer)。任何数值表达式。

3. 说明

为了指定一个时刻，如 11:59:59，TimeSerial()函数的参数取值应在正常范围内，也就是说，时应介于 0～23 之间，而分与秒应介于 0～59 之间。但是，当一个数值表达式表示某时刻之前或之后的时、分或秒时，也可以为每个使用这个数值表达式的参数指定相对时间。以下示例使用表达式代替了绝对时间数。TimeSerial()函数返回中午之前 6 个小时（12-6）又 15 分钟（-15）的时间，即 5:45:00 A.M.

```
TimeSerial(12 - 6, -15, 0)
```

当任何一个参数的取值超出正常范围时，它会适时进位到下一个较大的时间单位。例如，如果指定了 75(75 分钟)，则这个时间被解释成 1 小时又 15 分。如果一个参数值超出-32768 到 32767 的范围，就会导致错误发生。如果三个参数指定的时间会使日期超出可接受的日期范围，则也会导致错误发生。

6.5 运算符和常量

要创建表达式,不仅需要标识符,还需要执行某种操作。在表达式中使用函数、运算符和常量执行各种操作。

6.5.1 运算符

运算符是一个字词或符号,表示表达式其他元素之间的特定算术或逻辑关系。运算符可以是:

- 算术运算符,如加号(+)。
- 比较运算符,如等号(=)。
- 逻辑运算符,如 Not。

运算符通常用来表示两个标识符之间的关系。下面介绍了可在 Access 表达式中使用的运算符。

1. 算术运算符

可使用算术运算符计算两个或更多数字的值,或将数字的符号由"+"更改为"–"。

运算符	用 途	示 例
+	对两个数字求和	[小计]+[销售税]
–	得出两个数字之间的差值或表示数字的负值	[价格]-[折扣]
*	将两个数字相乘	[数量]*[价格]
/	用第一个数字除以第二个数字	[总数]/[项目计数]
\	将两个数字舍入为整数,用第一个数字除以第二个数字,并把结果取整	[已登记数]\[房间数]
Mod	用第一个数字除以第二个数字,并仅返回余数	[已登记数] Mod [房间数]
^	数字的指数次幂	数字 ^ 指数

2. 比较运算符

使用比较运算符比较值,并返回结果 True、False 或 Null(未知值)。

运算符	用 途
<	确定第一个值是否小于第二个值
<=	确定第一个值是否小于或等于第二个值
>	确定第一个值是否大于第二个值
>=	确定第一个值是否大于或等于第二个值
=	确定第一个值是否等于第二个值
<>	确定第一个值是否不等于第二个值

在所有情况下,如果第一个值或第二个值为 Null,则结果也为 Null。由于 Null 代表未知的值,因此任何与 Null 进行比较的结果也是未知的。

3. 逻辑运算符

可以使用逻辑运算符合并两个值,并返回结果 True、False 或 Null。逻辑运算符也称为布尔运算符。

运算符	用法	说明
And	Expr1 And Expr2	Expr1 和 Expr2 为 True 时,则为 True
Or	Expr1 Or Expr2	Expr1 或 Expr2 为 True 时,则为 True
Eqv	Expr1 Eqv Expr2	Expr1 和 Expr2 均为 True 或均为 False 时,则为 True
Not	Not Expr	Expr 不为 True 时,则为 True
Xor	Expr1 Xor Expr2	Expr1 为 True 或 Expr2 为 True,但不同时为 True 时,则为 True

4. 连接运算符

使用连接运算符将两个文本值合并到一个字符串。

运算符	用法	说明
&	string1 & string2	将两个字符串组成一个字符串
+	string1 + string2	将两个字符串组成一个字符串,并传播 Null 值

5. 特殊运算符

运算符	说明
Is Null 或 Is Not Null	确定一个值为 Null 还是 Not Null
Like "模式"	使用通配符运算符"?"和"*"匹配字符串值
Between val1 And val2	确定数字或日期值是否在某个范围内
In(string1,string2...)	确定一个字符串值是否包含在一组字符串值内

6.5.2 常量

常量是一个不会更改的已知值,可以在表达式中使用。Access 中有以下四个常用常量。

- True:指示逻辑上为 True 的内容。
- False:指示逻辑上为 False 的内容。
- Null:指示缺少已知值。
- ""(空字符串):指示已知为空的值。

常量可用作函数的参数,并可在表达式中用作条件的一部分。例如,通过输入<>"",可以使用空字符串常量("")作为查询中列条件的一部分,以计算该列的字段值。在此示例中,<>是运算符,""是常量。它们一起使用时,表示应该将应用它们的标识符与空字符串进行比较。当标识符的值为空字符串之外的任何内容时,该表达式结果为 True。

> **提示**
>
> 应谨慎使用 Null 常量。在大多数情况下,Null 与比较运算符一起使用会导致错误。如果希望在表达式中将某个值与 Null 进行比较,需使用 Is Null 或 Is Not Null 运算符。

6.6 基础查询

使用查询可以更轻松地在 Access 数据库中查看、添加、删除或更改数据。当用户需要根据特定条件快速筛选、查找数据、计算或汇总数据,以及自动处理数据管理任务时,可以通过创建查询来进行操作。

6.6.1 查询帮助查找和处理数据

在设计良好的数据库中,要通过窗体或报表显示的数据通常位于多个表中。查询可以从不同表中提取信息并组合信息,以便显示在窗体或报表中。查询可以是向数据库提出的数据结果请求,也可以是数据操作请求,或两者兼有。查询可以为用户提供简单问题的答案,执行计算,合并不同表的数据,添加、更改或删除数据库中的数据。由于查询如此通用,因此存在多种类型的查询,用户可以根据任务创建某种类型的查询。

主要查询类型	用途
选择	从表中检索数据或进行计算
动作	添加、更改或删除数据。每个人物都具有特定类型的操作查询。操作查询在 Access 应用程序中不可用

6.6.2 选择查询

当用户需要查看表中特定字段中的数据,同时查看多个表中的数据或只想看到满足特定条件的数据时,可以创建选择查询。

1. 使用"查询向导"功能创建选择查询

在 Access 中,用户可以通过"查询向导"功能实现选择查询。

执行"创建"|"查询"|"查询向导"命令,如图 6-12 所示,在弹出的"新建查询"对话框中选择"简单查询向导"选项,并单击"确定"按钮,如图 6-13 所示。

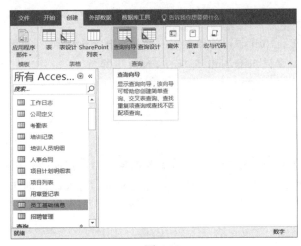

图 6-12　　　　　　　　　　　　　　　图 6-13

在弹出的"简单查询向导"对话框中,设置"表/查询"选项,同时在其下方将"可用字段"列表框中的字段添加到"选定字段"列表框中,并单击"下一步"按钮,如图 6-14 所示。

> **提 示**
>
> 用户可单击"全部右移"按钮,将"可用字段"列表中的字段全部添加到"选定字段"列表中。

选择"明细(显示每个记录的每个字段)"选项,并单击"下一步"按钮,如图 6-15 所示。

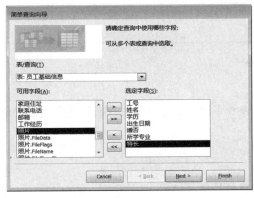
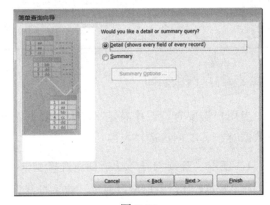

图 6-14　　　　　　　　　　　　　　　图 6-15

在"请为查询指定标题"文本框中输入标题,同时选中"打开查询查看信息"选项,并单击"完成"按钮,如图 6-16 所示。生成表的样式如图 6-17 所示。

第 6 章 创建查询

> **提 示**
> 当用户选中"修改查询设计"选项,并单击"完成"按钮之后,系统会将生成的查询表以"查询设计"视图的方式打开。

图 6-16　　　　　　　　　　　　　　　　图 6-17

2. 使用查询设计

执行"创建"|"查询"|"查询设计"命令,如图 6-18 所示。

在弹出的"显示表"对话框中,选择需要添加查询的表,单击"添加"按钮,如图 6-19 所示。

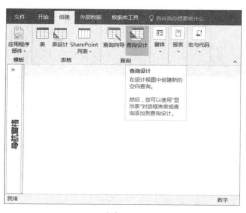

图 6-18　　　　　　　　　　　　　　　　图 6-19

添加数据表后,在"查询 1"窗口的上半部分将显示添加的数据表,在下半部分则可以添加要查询的字段内容。在"字段"行的第一个单元格中,单击其下拉按钮,在其下拉列表中选择"工号"选项,此时系统将自动在"表"行的第一个单元格中显示表名称,如图 6-20 所示。

以此类推,为其他单元格添加相应的字段信息,如图 6-21 所示。

执行"查询工具"|"结果"|"运行"命令,即可显示查询结果。

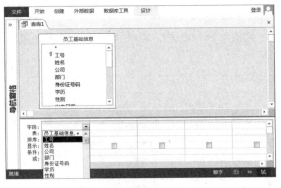
图 6-20

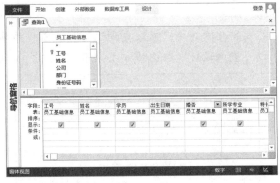
图 6-21

6.6.3 交叉表查询

交叉表查询是一种特殊类型的查询,将结果显示在类似于 Excel 工作表的网格中。交叉表查询先对值进行汇总,然后按两组依据对它们分组,一组位于侧面(行标题),另一组位于顶端(列标题)。

1. 使用查询向导

执行"创建"|"查询"|"查询向导"命令,在弹出的"新建查询"对话框中选中"交叉表查询向导"选项,并单击"确定"按钮,如图 6-22 所示。

在弹出的"交叉表查询向导"对话框中,选择需要查询的表,并单击"下一步"按钮,如图 6-23 所示。

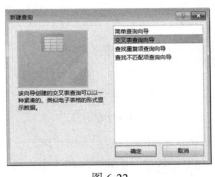
图 6-22

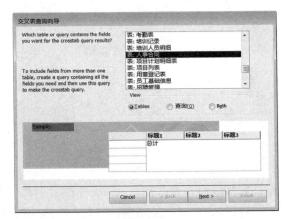
图 6-23

在"交叉表查询向导"对话框中的"视图"选项组中,主要包括下列三种选项。

- 表:在列表中显示该数据库中所有的数据表。

- 查询：在列表中显示该数据库中所有的查询对象（结果集）。
- 两者：显示表及查询对象。

将"可用字段"列表框中的字段添加到"选定字段"列表框中，并单击"下一步"按钮，如图 6-24 所示。

在"请确定用哪个字段的值作为列标题"列表框中，选择用作列标题的字段名称，并单击"下一步"按钮，如图 6-25 所示。

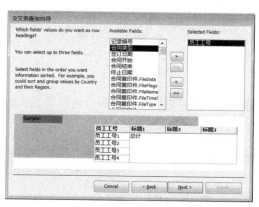

图 6-24

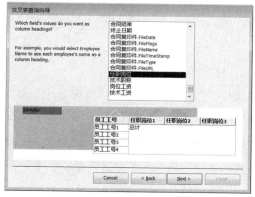

图 6-25

选择行与列交叉点计算的字段值。例如，在"字段"列表框中选择"岗位工资"选项，在"函数"列表框中选择"平均"选项，并单击"下一步"按钮，如图 6-26 所示。

在"请指定查询的名称"文本框中输入查询名称，选中"查看查询"选项，并单击"完成"按钮，如图 6-27 所示。

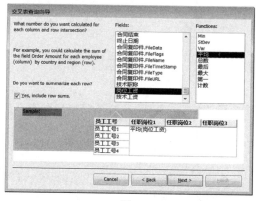

图 6-26

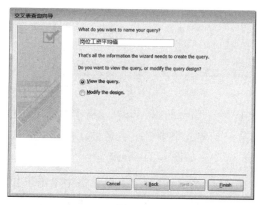

图 6-27

此时，系统将自动生成"岗位工资平均值"窗口，并在窗口中显示查询结果，如图 6-28 所示。

图 6-28

2．使用查询设计

执行"创建"|"查询"|"查询设计"命令，在弹出的"显示表"对话框中，选择需要添加查询的表，单击"添加"按钮，并关闭该对话框，如图 6-29 所示。

执行"设计"|"查询类型"|"交叉表"命令。此时，用户会发现查询窗口的下半部分将从普通的查询状态切换到交叉查询状态，如图 6-30 所示。

图 6-29

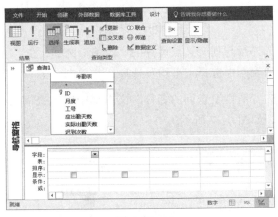

图 6-30

在"字段"行的第一个单元格中单击下拉按钮，并选择"工号"选项，此时系统将自动在"表"行的第一个单元格中显示表名称。在"交叉表"行的第一个单元格中单击下拉按钮，并选择"行标题"选项，如图 6-31 所示。

在"字段"行的第二个单元格中单击下拉按钮，并选择"月度"选项。在"交叉表"行的第二个单元格中单击下拉按钮，并选择"列标题"选项，如图 6-32 所示。

第 6 章 创建查询

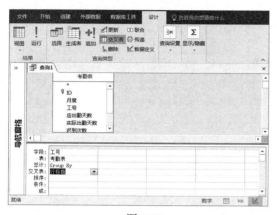

图 6-31

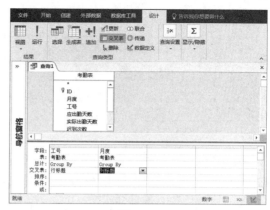

图 6-32

在"字段"行的第三个单元格中单击下拉按钮,并选择"迟到次数"选项。在"交叉表"行的第三个单元格中单击下拉按钮,并选择"值"选项。同时,将"总计"行的第三个单元格的选项修改为"合计"选项,如图 6-33 所示。

执行"结果"|"运行"命令,即可显示员工每个月的迟到次数合计,如图 6-34 所示。

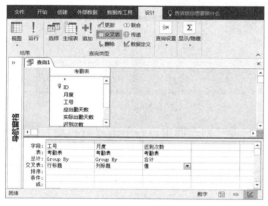

图 6-33

图 6-34

6.6.4 查找重复项

用户还可以对表中的某个字段或多个字段进行重复项查询。

例如在如图 6-35 所示的表中查找姓名重复的数据,则可执行下列操作。

图 6-35

执行"创建"|"查询"|"查询向导"命令，在弹出的"新建查询"对话框中，选中"查找重复项查询向导"选项，并单击"确定"按钮，如图 6-36 所示。

在弹出的"查找重复项查询向导"对话框中，从列表框中选择数据表，并单击"下一步"按钮，如图 6-37 所示。

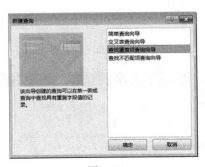

图 6-36

图 6-37

将"可用字段"列表框中的字段添加到"重复值字段"列表框中，并单击"下一步"按钮，如图 6-38 所示。

将"可用字段"列表框中的字段添加到"另外的查询字段"列表框中，并单击"下一步"按钮，如图 6-39 所示。

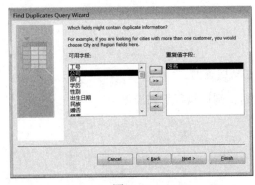

图 6-38

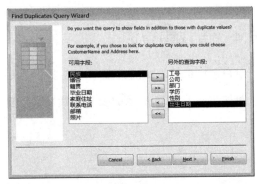

图 6-39

在"请制定查询的名称"文本框中输入查询名称,选中"查看结果"选项,并单击"完成"按钮,如图 6-40 所示。

此时,系统将自动生成"查找员工基础信息的重复项"窗口,并在窗口中显示查询结果,如图 6-41 所示。

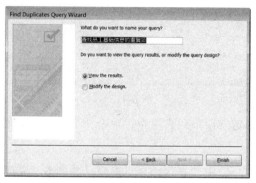

图 6-40

图 6-41

6.6.5 查找不匹配项

在 Access 中,用户可以使用"查找不匹配项"查询功能,来对比两个表中某个字段的数据。

执行"创建"|"查询"|"查询向导"命令,在弹出的"新建查询"对话框中,选中"查找不匹配项查询向导"选项,并单击"确定"按钮,如图 6-42 所示。

在弹出的"查找不匹配项查询向导"对话框中,选择需要显示出包含内容的表,并单击"下一步"按钮,如图 6-43 所示。

图 6-42

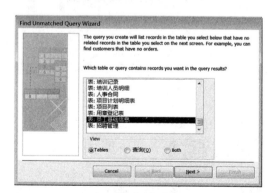

图 6-43

选择查询不包含相关记录的表,单击"下一步"按钮,如图 6-44 所示。

单击"匹配"按钮,匹配两个表中相关联的字段。在"匹配字段"选项中查看匹配情况,并单击"下一步"按钮,如图 6-45 所示。

高效办公：玩转 Access 数据库

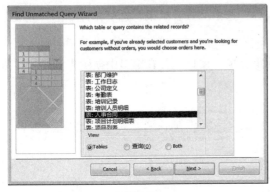

图 6-44

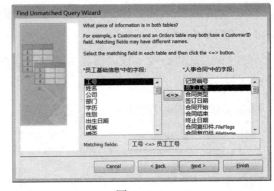

图 6-45

将"可用字段"列表框中的字段依次添加到"选定字段"列表框中，单击"下一步"按钮，如图 6-46 所示。

在"请指定查询的名称"文本框中输入查询名称，选中"查看结果"选项，并单击"完成"按钮。

此时，系统将自动生成"员工基础信息与员工档案不匹配"窗口，并在窗口中显示查询结果，如图 6-47 所示。

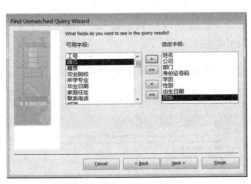

图 6-46

图 6-47

6.7 创建查询

查询是一种非常强大且灵活的定位特定记录的方式，可以执行自定义搜索、应用自定义筛选器，以及对记录进行排序。

6.7.1 办公用品领用明细表查询

在第 4 章中创建了办公用品领用明细表，如图 6-48 所示，在该数据表中有"领用人"字段，但是没有"部门"字段。但是在实际应用中，"部门"的领用情况又是十分重要的，同样在第 4 章中也创建了"员工基础信息"与"办公用品领用明细表"的关系，如图 6-49 所示。

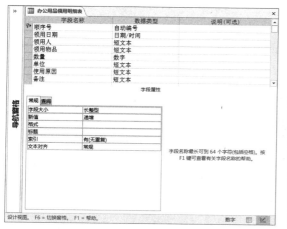
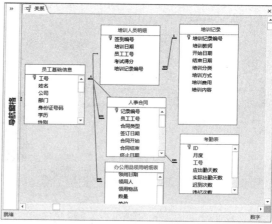

图 6-48　　　　　　　　　　　　　　　　图 6-49

下面就开始介绍如何创建输入员工工号后自动显示员工姓名和所属部门的查询表，具体的创建步骤如下。

执行"创建"|"查询"|"查询设计"命令，在弹出的"显示表"对话框中选中"办公用品领用明细表"和"员工基础信息"选项。

依次双击"办公用品领用明细表"列表框中的各字段，添加到查询当中，如图 6-50 所示。

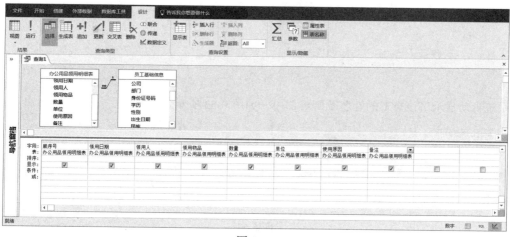

图 6-50

双击"员工基础信息"列表框中的"姓名"字段和"部门"字段,添加到查询中,并将它们拖动到合适的位置,如图 6-51 所示。

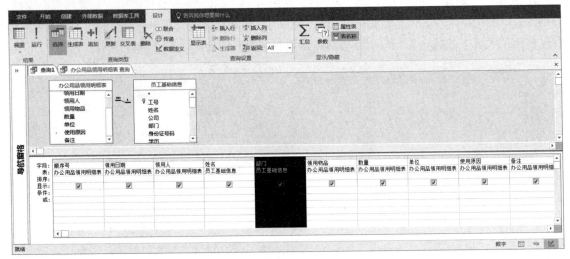

图 6-51

保存并在数据表视图中运行,在"领用人"下拉列表中选择一个选项,如图 6-52 所示。

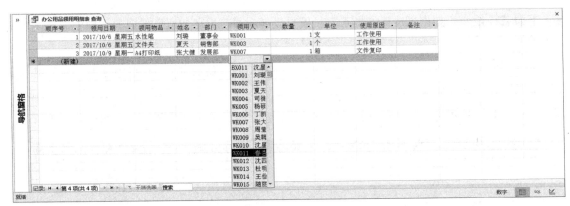

图 6-52

系统自动显示出该员工的姓名及所属部门,如图 6-53 所示。

图 6-53

6.7.2 工资表查询

工资表中包括的主要字段及来源如下表所示。

序 号	字 段	来 源
1	月度	考勤表
2	工号	考勤表
3	应出勤天数	考勤表
4	实际出勤天数	考勤表
5	姓名	员工基础信息
6	部门	员工基础信息
7	任职岗位	人事合同
8	岗位工资	人事合同
9	加班费	人事合同
10	社保缴费基数	人事合同
11	医保缴费基数	人事合同
12	迟到次数	考勤表
13	违纪次数	考勤表
14	加班小时数	考勤表
15	岗位实领	[岗位工资]/[应出勤天数]*[实际出勤天数]
16	技术工资	人事合同
17	绩效奖金	考勤表
18	加班奖金	[加班费]*[加班小时数]
19	迟到罚款	[迟到次数]*50
20	违纪罚款	[违纪次数]*100
21	社保个人	[社保缴费基数]*.08
22	医保个人	[医保缴费基数]*.02
23	公积金个人	[岗位工资]*.1
24	社保单位	[社保缴费基数]*.2
25	失业单位	[社保缴费基数]*.02
26	医保单位	[医保缴费基数]*.06
27	生育单位	[医保缴费基数]*.008
28	工伤单位	[社保缴费基数]*.01
29	公积金单位	[岗位工资]*.1
30	应领工资	[岗位实领]+[技术工资]+[绩效奖金]+[加班奖金]-[迟到罚款]-[违纪罚款]
31	实领工资	[应领工资]-[社保个人]-[医保个人]-[公积金个人]

来源于表中的值重复上述操作即可，下面举例说明来源于表达式的字段，例如："实领工资"字段的创建步骤如下：

在查询设计器的空白字段处单击鼠标右键,在弹出的级联菜单中选择"生成器"按钮,如图 6-54 所示。

在弹出的"表达式生成器"对话框中的"输入一个表达式以定义计算查询字段"文本框中输入公式,单击"确定"按钮,如图 6-55 所示。

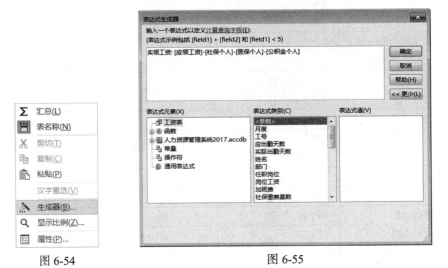

图 6-54　　　　　　　　　　　图 6-55

完成所有设置后,查询设计器的显示如图 6-56 所示。

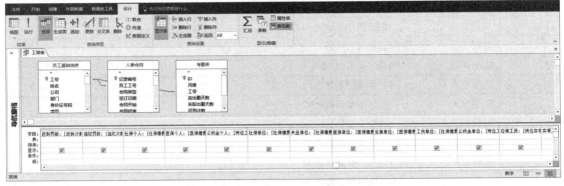

图 6-56

在数据视图中打开该查询,则计算各个字段得出的值,如图 6-57 所示。

提示 1:工资表的生成,主要取决于是否在考勤表中录入该员工每月具体的考勤情况,以及在人事合同中对岗位工资、技术工资、加班费等金额的录入,如果某项有疏漏,则工资表计算出的数值就不准确。

提示 2:关于输入考勤表的具体内容,在第 4 章中有介绍,请用户作为参考。

第 6 章 创建查询

提示 3：关于人事合同中的各部分薪资标准，后续内容再做介绍。

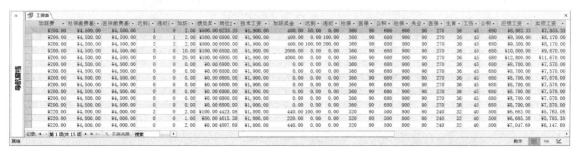

图 6-57

6.7.3 月度工资表查询

打开"工资表"，单击"月度"字段的级联菜单，可以看到该字段包括了每个月全部的工资情况，如图 6-58 所示。

图 6-58

为了查看方便及满足财务需求，需要将每个月的工资表单独划分出来，这样就需要创建每个月度的工作表，也就是每个月都有一个工资表查询，具体操作步骤如下。

在 Access 数据库左侧导航条中选中"工资表"查询，按"Ctrl+C"组合键复制该查询后，按"Ctrl+V"组合键粘贴该查询，弹出"粘贴为"对话框，在"查询名称"文本框中输入新查询的名称为"1 月工资表"，如图 6-59 所示。

在"1 月工资表"查询上单击鼠标右键，在弹出的级联菜单中选择"设计视图"选项，如图 6-60 所示。

171

图 6-59　　　　　　　　　　　　　　图 6-60

在查询设计器窗体的"月度"字段的"条件"行中输入"1",表示只显示"月度"字段中值等于"1"的所有数据,如图 6-61 所示。

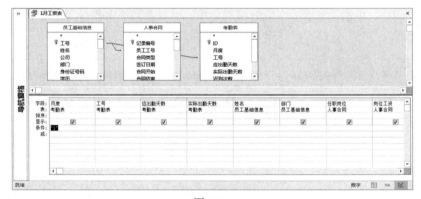

图 6-61

保存并返回数据表视图中进行检查,如图 6-62 所示。

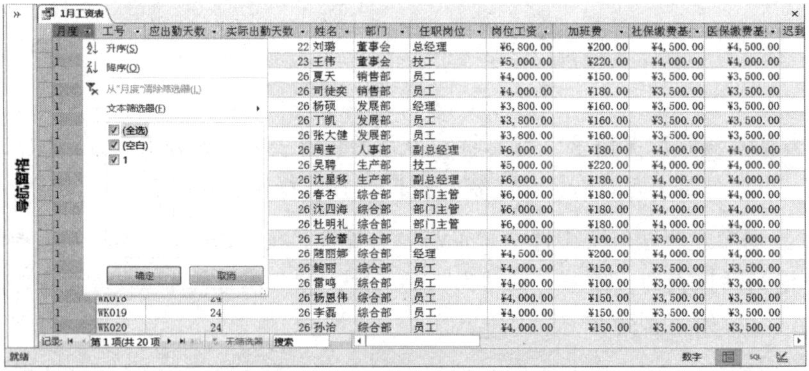

图 6-62

重复上述步骤,依次创建 1~12 月的工资表,为后期的报表制作做好准备。

第 7 章
高级查询

在 Access 数据库中,还支持使用 SQL(Structured Query Language,结构化查询语言)进行查询,从而使查询更方便、快捷。对于用户来讲,SQL 语句不仅可以更改数据表结构,而且可以对数据表内容进行操作,使其符合用户要求。当然,通过 SQL 语言还可以执行查询向导或设计视图难以完成的查询,如聚合查询、交叉查询、联合查询或传递查询等。本章就将详细介绍 SQL 基础,以及在 SQL 视图中对数据表和数据执行各类查询的操作方法。

7.1 SQL 概述

SQL 是数据库系统的通用语言，只利用几个简单的关键字（如 Select、Update、Delete 等）来完成对数据表结构的定义，或者操作数据表内容。它可以用几乎同样的语句在不同的数据库系统上操作和执行，在数据库系统的开发中有着非常重要和广泛的应用。

7.1.1 概述

SQL 是一种用于处理多组事实和事实之间关系的计算机语言，Access 的关系数据库程序使用 SQL 来处理数据。

SQL 和许多计算机语言不同的是，即使初学者也不难阅读和理解。SQL 和许多计算机语言相同的是，它作为一种国际标准得到标准化机构的认可（如 ISO 和 ANSI）。

使用 SQL 时，必须正确使用语法。语法是一组规则，按这组规则将语言元素正确地组合起来。SQL 语法以英语语法为基础，使用的许多元素与 Visual Basic for Applications（VBA）语法相同。

例如，可以用一个简单的 SQL 语句检索姓氏列表中名字是"Mary"的联系人：

```
SELECT Last_Name
FROM Contacts
WHERE First_Name='Mary'
```

SQL 不仅用于操作数据，而且用于创建和更改数据库对象（如表）的设计。用于创建和更改数据库对象的 SQL 叫作数据定义语言（DDL）。

1. SELECT 语句

要使用 SQL 描述一组数据，用户可以编写 SELECT 语句。

一个 SELECT 语句包含要从数据库中获得的一组数据的完整描述，内容如下：

- 哪些表包含数据。
- 不同数据源中的数据怎样关联。
- 哪些字段或计算将产生数据。
- 数据必须符合哪些条件才能被选中。
- 是否及怎样对结果进行排序。

2. SQL 子句

SQL 语句和句子也有子句，每个子句执行一个 SQL 语句的功能。

某些子句在 SELECT 语句中是必需的。下表列出了最常见的 SQL 子句。

SQL 子句	执行的操作	是否必需
SELECT	列出含有关注的数据的字段	是
FROM	列出的表中含有 SELECT 子句中列出的字段	是
WHERE	指定要包括在结果内的每条记录必须符合的字段条件	否
ORDER BY	指定怎样对结果进行排序	否
GROUP BY	在包含聚合函数的 SQL 语句中,列出未在 SELECT 子句中汇总的字段	仅在存在这类字段时才是必需的
HAVING	在包含聚合函数的 SQL 语句中,指定应用在 SELECT 语句中汇总的字段的条件	否

3．SQL 子句组成方式

每个 SQL 子句都由相当于词类的词条组成,下表列出了 SQL 词条类型。

词条	词类	定义	示例
标识符	名词	用来标识数据库对象的名称,如字段名称	客户[电话号码]
运算符	动词或副词	表示操作或修改操作的关键字	AS
常量	名词	不发生更改的值,如数字或 Null	42
表达式	形容词	标识符、运算符、常量和函数的组合,可计算单个值	>=产品*[单价]

7.1.2 SQL 的特点与数据类型

SQL 最早是 IBM 的圣约瑟研究实验室为其关系数据库关系系统 System R 开发的一种查询语言,它的前身是 Square 语言。SQL 语言结构简洁、功能强大、简单易学,所以自从 IBM 公司 1981 年推出 SQL 语言以来,它便得到了广泛应用。除了 Access 数据库,Oracle、Sybase、Informix、SQL Server 这些大型的数据库管理系统都支持 SQL 作为查询语言。

1．SQL 的特点

SQL 之所以得到广泛应用,与其特点是密不可分的。其特点主要包括以下几点：

- 一体化。它包括了数据定义(如 CREATE、DROP、ALTER 等语句),数据操纵(如 INSERT、UPDATE、DELETE 语句),数据查询(如 SELECT 语句),数据控制(如 GRANT、REVOKE 等语句)。通过它们来完成数据库中的全部工作。
- 高度非过程化。它不必告诉计算机"如何"去做,只需要描述清楚用户想要"做什么",就可以将要求交给系统自动完成工作。
- 可以直接以命令方式交互使用,即用户可以在数据库管理系统中输入 SQL 命令,以操作数据库,也可以嵌入程序设计语言中使用。此外,尽管 SQL 的使用方式不同,但 SQL 的语法基本是一致的,为用户提供了极大的灵活性与方便性。
- 非常简洁。虽然 SQL 功能很强,但它只有为数不多的几条指令。另外,SQL 也非常简单,容易学习、掌握。

2. SQL 的数据类型

Access 数据库中的 SQL 数据类型主要有 13 种，它们是由数据库引擎及这些数据类型对应的若干有效同义词定义的。SQL 的一些主要数据类型如下表所示。

数据类型	存储大小	说明
BINARY（二进制）	每个字符 1 字节	任何类型的数据都可以存储在此类型的字段中，不会进行任何数据转换（如转换到文本）
BIT（位型）	1 字节	"是"和"否"值，以及只包含其中一个值的字段
MONEY（货币型）	8 字节	介于-922337203685477.5808 和 922337203685477.5807 之间的小数
DATETIME（日期时间型）	8 字节	年份 100 和 9999 之间的日期或时间值
UNIQUEIDENTIFIER（其他）	128 位	与远程过程调用一起使用的唯一标识号
REAL（浮点型）	4 字节	单精度浮点值，其范围为-3.402823E38 到-1.401298E-45（负值）、1.401298E-45 到 3.402 823E38（正值）和 0
FLOAT（浮点型）	8 字节	双精度浮点值，其范围为-1.79769313486232E308 到-4.94065645841247E-324（负值）、4.94065645841247E-324 到 1.79769313486232E308（正值）和 0
SMALLINT（整数型）	2 字节	-32768 和 32768 之间的整数
INTEGER（整数型）	4 字节	-2147483648 和 2147483647 之间的长整数
NUMERIC（精确数值型）	17 字节	定义精度（1~28）和小数位数（0~指定精度）。默认精度和小数位数分别是 18 和 0
TEXT（文本型）	每个字符 2 字节	最大为 2.14GB
IMAGE（图像型）	根据需要	最大为 2.14GB。用于 OLE 对象
CHAR（字符型）	每个字符 2 字节	0~255 个字符

7.1.3　了解 SQL 子句

在使用 SQL 语句查询数据库中的数据时，实际上是向数据库发送 SQL 指令并返回相应的结果。其中较常用的 SQL 子句有 SELECT、FROM、WHERE 等。

1. SELECT 子句

SELECT 子句始终出现在 FROM 子句的前面，列出了包含要使用的数据的字段。

1）使用方括号将标识号括起来

在 SELECT 子句中，可以使用方括号将字段名称括起来，如下：

```
SELECT [电子邮件地址],公司
```

如果名称中没有包含任何空格或特殊符号（如标点符号），则方括号是可选的。如果名称中包含空格或特殊符号，则必须使用方括号。

> **提 示**
>
> 包含空格的名称既具有更好的可读性，又节省了工作时间，但会增加 SQL 语句输入的工作量。

如果 SQL 语句中有两个或更多个同名字段，则必须将每个字段的数据源名称添加到 SELECT 子句内的字段名称中。用于数据源的名称与在 FROM 子句中使用的名称相同。

2）选择所有字段

当用户想要包括数据源中的所有字段时，可以在 SELECT 子句中逐一列出所有字段，也可以使用星号通配符（*）。使用星号通配符时，Access 会在查询运行时确定数据源中包含哪些字段，并在查询中包括所有这些字段。这有助于确保在向数据源添加新字段时查询始终都是最新的。

```
SELECT *
FROM table
WHERE criterion;
```

在 SQL 语句中将星号用于一个或多个数据源，如果使用星号且有多个数据源，则必须同时包括数据源名称与星号，以便 Access 确定要包含哪个数据源中的所有字段。

例如，要在 Orders 表中选择所有字段但在联系人表中仅选择电子邮件地址，则 SELECT 子句类似于以下形式：

```
SELECT Orders.*, 联系人.[电子邮件地址]
```

3）选择不同的值

如果知道语句命令会选择重复的数据，而且只想看到不同的值，则可以让 SELECT 子句使用 DISTINCT 关键字。

例如，假定每位客户都代表一些不同的利益集团，其中一些使用相同的电话号码。如果想确保每个电话号码只显示一次，则 SELECT 子句如下：

```
SELECT DISTINCT [txtCustomer Phone]
```

4）AS 关键字

在 SELECT 子句中，使用 AS 关键字和字段别名来更改为数据表视图中的任何字段显示的标签。字段别名是用户为了使结果的可读性更强而分配给查询中的字段的名称。

例如，如果要从名为 txtCustPhone 的字段中选择数据，并且该字段包含客户电话号码，则可以通过在 SELECT 子句中使用字段别名来提高结果的可读性，具体代码如下：

```
SELECT [txtCustPhone] AS [客户电话号码]
```

5）使用表达式进行选择

有时候想查看给予数据的计算结果，或者仅检索字段的一部分数据。例如，假定要给予数据库中出生日期字段中的数据返回客户的出生年份,则需要使用 SELECT 子句进行选择。

```
SELECT DatePart ("yyyy",[出生日期]) AS [出生年份]
```

此表达式包含一个 DatePart 函数和两个参数,如"yyyy"(一个常量)和"出生日期"(一个标识符)。

可以使用任何一个有效表达式作为字段,条件是在给定单个输入值时该表达式输入单个值。

2. FROM 子句

FROM 子句指定包含 SELECT 子句将要使用的数据的表或查询。

假定想要知道某个特定客户的电话号码,此时假设包含存储此数据的字段的表名为 tbCustomer,FROM 子句将类似于以下内容:

```
FROM tbCustomer
```

1)使用方括号将标识号括起来

如果名称中不包含任何空格和特殊字符(如标点符号),则方括号是可选的。如果名称中确实包含空格和特殊字符,则必须使用方括号。

2)使用数据源的替换名称

通过在 FROM 子句中使用表别名,可以在 SELECT 子句中用不同的名称来引用数据源。表别名是一个名称,当用户将表达式作为数据源或要使 SQL 语句更容易输入和阅读时,可以在查询中将该名称分配给数据源。

如果数据源名称过长或难以输入,尤其是多个字段在不同的表中具有相同名称时,表别名特别有用。

例如,如果想从两个名称均为 ID 的字段中选择数据,并且其中一个字段在表 tb1Customer 中,另一个在表 tb1Order 中,则 SELECT 子句类似于以下形式:

```
SELECT [tb1Customer].[ID],[tb1Order].[ID]
```

通过在 FROM 子句中使用表别名,可以使查询更容易输入。包含表别名的 FROM 子句可能类似于以下形式:

```
FROM [tb1Customer] AS [C], [tb1Order] AS [O]
```

用户可以在 SELECT 子句中使用这些表别名,形式如下:

```
SELECT [C].[ID],[O].[ID]
```

> **提示**
>
> 使用表别名时,可以通过使用数据源的别名或完整名称在 SQL 语句中引用数据源。

3. WHERE 子句

当用户想使用数据来限制查询中返回的记录数时,可以使用 SELECT 语句中的 WHERE 子句的查询条件。

查询条件类似于公式,它是一个可能由字段引用、运算符及常量组成的字符串。查询条件属于表达式类型。

WHERE 子句的基本语法如下:

```
WHERE field = criterion
```

例如,假定需要某个客户的电话号码,但只知道该客户的姓氏是"黎"。此时,可以使用 WHERE 子句限制结果,使查找所需要的电话号码更容易,而不是查看数据中的所有电话号码。

假定姓氏存储在名为 LastName 的字段中,则 WHERE 子句如下:

```
WHERE [LastName]='黎'
```

> **提示**
> 无须将 WHERE 子句中的条件基于值的等值,可以使用其他比较运算符,如大于(>)或小于(<)。

有时,用户无法在具有不同数据类型的字段之间创建连接。要基于具有不同数据类型的字段中的值合并两个数据源中的数据,可以通过使用 LIKE 关键字创建将一个字段用作另一个字段的条件的 WHERE 子句。

例如,假定用户要使用 table 1 和 table 2 中的数据,但是仅当 field1(table1 中的一个文本字段)中的数据与 field 2(table 2 中的一个文本字段)中的数据匹配时才这样做。

则在 WHERE 子句中,用户可以通过 LIKE 关键字进行连接,其语句类似于以下形式:

```
WHERE field1 LIKE field2
```

7.2 SQL 数据定义语句

数据定义语句主要用于创建或更改数据库对象,如 Access 的数据表。除此之外,使用 SQL 数据定义语句还可以创建、修改或删除数据表,并且可以创建或删除索引。

7.2.1 创建和修改数据表

通过 SQL 语句,我们可以更方便、快捷地操作数据表,从而完善数据库功能。

高效办公：玩转 Access 数据库

1. 创建数据表

CREATE TABLE 语句用于创建一个数据表，其基本语法是：

```
CREATE [TEMPORARY] TABLE [IF NOT EXISTS] tbl_name [(create_definition,...)]
[table_options] [select_statement]
```

语句部分参数含义如下。

- TEMPORARY：该关键字表示用 CREATE TABLE 新建的表为临时表，此表在当前会话结束后将自动消失。临时表主要被应用于存储过程中，对于目前尚不支持存储过程的 MySQL，该关键字一般不用。
- IF NOT EXISTS：实际上是在建表前加上一个判断，只有该表目前尚不存在时才执行 CREATE TABLE 操作。用此选项可以避免出现表已经存在无法再新建的错误。
- tbl_name：你所要创建的表的表名。该表名必须符合标识符规则。通常的做法是在表名中仅使用字母、数字及下画线。例如 titles、our_sales、my_user1 等都应该算是比较规范的表名。
- create_definition：这是 CREATE TABLE 语句的关键部分所在。该部分具体定义了表中各列的属性。

包含的基本语句如下：

```
col_name type [NOT NULL | NULL] [DEFAULT default_value] [AUTO_INCREMENT]
[PRIMARY KEY] [reference_definition]
or PRIMARY KEY (index_col_name,...)
or KEY [index_name] (index_col_name,...)
or INDEX [index_name] (index_col_name,...)
or UNIQUE [INDEX] [index_name] (index_col_name,...)
or [CONSTRAINT symbol] FOREIGN KEY index_name (index_col_name,...)
[reference_definition]
or CHECK (expr)
```

其中，

col_name：表中列的名字。必须符合标识符规则，而且在表中要唯一。

type：列的数据类型。有的数据类型需要指明长度 n，并用括号括起来。

NOT NULL | NULL：指定该列是否允许为空。如果既不指定 NULL 也不指定 NOT NULL，列被认为指定了 NULL。

DEFAULT default_value：为列指定默认值。如果没有为列指定默认值，MySQL 自动分配一个。如果列可以取 NULL 作为值，默认值是 NULL。如果列被声明为 NOT NULL，默认值取决于列类型：① 对于没有声明 AUTO_INCREMENT 属性的数字类型，默认值是 0。对于一个 AUTO_INCREMENT 列，默认值是在顺序中的下一个值。② 对于除了 TIMESTAMP 的日期和时间类型，默认值是该类型适当的 0 值。对于表中第一个 TIMESTAMP 列，默认值是当前的日期和时间。③ 对于除了 ENUM 的字符串类型，默认值是空字符串。对于 ENUM 的字符串类型，默认值是第一个枚举值。

AUTO_INCREMENT：设置该列有自增属性，只有整型列才能设置此属性。当你插入 NULL 值或 0 到一个 AUTO_INCREMENT 列时，列被设置为 value+1，在这里 value 是此前表中该列的最大值。AUTO_INCREMENT 顺序从 1 开始。每个表只能有一个 AUTO_INCREMENT 列，并且它必须被索引。

例如，创建一个"学徒信息"表，其设置如下。

字段名称	数据类型	是否是主键
编号	自动编号	是
工号	文本	是
姓名	文本（字段大小 10）	
出生日期	日期/时间	
是否党员	是/否	
家庭住址	备注	
联系电话	整型	

在输入 SQL 语句时，需要先打开 SQL 视图。执行"创建"|"查询"|"查询设计"命令，如图 7-1 所示。关闭打开的"显示表"对话框，进入"查询 1"窗口中。用鼠标右键单击窗口上半部分，执行"SQL 视图"命令，如图 7-2 所示，切换到 SQL 视图模式中。

图 7-1　　　　　　　　　　　　　　　　图 7-2

输入以下创建数据表的命令：

```
CREATE TABLE 学徒信息(
编号 AUTOINCREMENT,
工号 TEXT,
```

```
姓名 CHAR(10),
出生日期 DATETIME,
是否党员 YESNO,
家庭住址 MEMO,
联系电话 INT
)
```

执行"设计"|"结果"|"运行"命令,运行 SQL 语句即可,如图 7-3 所示。

执行"运行"命令后,在数据库左侧导航条中便创建了"学徒信息"数据表。打开该数据表,可以看到根据语句执行的命令所编写的字段及其属性,如图 7-4 所示。

图 7-3　　　　　　　　　　　　　图 7-4

2. 修改数据表

如果创建的数据表存在不合理的地方,也可以通过 SQL 语句对其进行修改,即利用 ALTER TABLE 语句对数据表进行设计。

如需在表中添加列应使用下列语法:

```
ALTER TABLE table_name
ADD column_name datatype
```

要删除表中的列应使用下列语法:

```
ALTER TABLE table_name
DROP COLUMN column_name
```

要改变表中列的数据类型应使用下列语法:

```
ALTER TABLE table_name
ALTER COLUMN column_name datatype
```

例如,在"学徒信息"表中增加"民族"字段,其类型为"文本",长度为"20",则用户可在 SQL 视图中输入以下代码:

```
ALTER TABLE 学徒信息
ADD 民族 TEXT(20)
```

如图 7-5 所示，执行"设计"|"结果"|"运行"命令，运行 SQL 语句后，在"学徒信息"表中增加了该字段，如图 7-6 所示。

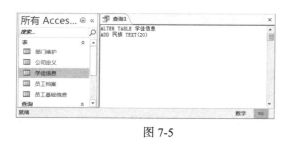

图 7-5

图 7-6

若要在"学徒信息"表中删除"民族"字段，则用户可在 SQL 视图中输入以下代码：

```
ALTER TABLE 学徒信息
DROP 民族
```

3．删除数据表

除了创建、修改数据表可以用 SQL 语句外，删除数据表也可以用 SQL 语句，即用 DROP TABLE 语句实现删除数据表，其语法是：

```
DROP TABLE 表名称
```

> **提示**
> 通过 SQL 语句删除数据表和直接按"DEL"键（或执行"编辑"|"删除"命令）删除数据表有些不同。利用 SQL 语句删除数据表时运行即删除数据表，不再提示用户。

7.2.2 索引、限制和关系

数据定义查询非常方便，只需要运行几次查询即可定期删除和重新创建部分数据库架构。如果熟悉 SQL 语句并计划删除和重新创建特殊的表、限制、索引和关系，可以考虑使用数据定义查询。

1．创建索引

在 Access 中，用户可以使用 CREATE INDEX 命令为现有的表创建索引。

CREATE INDEX 命令的语法如下：

```
CREATE [UNIQUE] INDEX index_name
ON table (field1 [DESC] [, field2 [DESC], …])
[WITH {PRIMARY | DASALLOW NULL | IGNORE NULL}]
```

必需的元素只有 CREATE INDEX 命令、索引的名称、ON 参数、包含要输入索引的字段的表名称，以及要包含在索引中的字段列表。各参数的含义如下：

- UNIQUE。定义了创建的索引是否为唯一的索引。
- ASC/DESC。定义了索引的排序次序是升序还是降序,在默认情况下按升序排序。
- WITH PRIMARY。将索引的字段作为表的主键。
- WITH DISALLOW NULL。使索引要求对索引的字段输入值,即不允许为空值。

2. 创建限制

限制建立了当插入值时字段或字段组合必须满足的逻辑条件。

关系是一种限制,它引用了另一个表中的字段或字段组合的值,以确定某个值是否可以插入受限制的字段或字段组合中。用户不需要使用特殊的关键字来表明限制是一种关系。

如若创建限制,则需要在 CREATE TABLE 或 ALTER TABLE 命令中使用 CONSTRAINT 子句。

有两种 CONSTRAINT 子句,一种用于对单个字段创建限制,另一种用于对多个字段创建限制。

单个字段 CONSTRAINT 子句紧跟在它所限制的字段定义之前,其语法如下:

```
CONSTRAINT constraint_name
{ PRIMARY KEY | UNIQUE | NOT NULL | REFERENCES foreign_table [(foreign_field)] [ON UPDATE
{CASCADE | SET NULL}] [ON DELETE {CASCADE | SET NULL}]}
```

多字段 CONSTRAINT 子句只能在字段定义子句之外使用,其语法如下:

```
CONSTRAINT constraint_name
{PRIMARY KEY (pk_field1 [,pk_fields [,…]]) |
UNIQUE (unique1 [,unique2[,…]]) | NOT NULL (notnull1 [,notnull2 [,…]]) |
FOREIGN KEY [NO INDEX] (ref_field1[,ref_foeld2 [,…]])
REFERENCES foreign_table
[(fk_field1 [,fk_field2 [,…]])] |
[ON UPDATE {CASCADE | SET NULL}]
[ON DELETE {CASCADE | SET NULL}]
```

7.3 SQL 基础查询

在使用 SQL 语句查询数据库中的数据时,实际上是向数据库发送 SQL 指令并返回相应的结果。其中,SQL 基础查询包括 SQL 基本查询、追加查询、更改与删除查询,以及交叉与生成表查询等查询方法。

7.3.1 SQL 基本查询

SQL 基本查询主要是运用 SELECT 语句对其进行查询。而 SELECT 语句允许用户从单个表或多个表中选取数据,也可以指定数据选取的条件,对找到的数据排序或汇总。

1. 基本查询

基本查询是使用 SQL 语句对数据表中的某一个字段或全部字段进行查询。例如，查询"员工基础信息"表中的"工号""姓名""学历""出生日期""婚否""所学专业""特长"字段，则在 SQL 视图中输入以下语句：

```
SELECT 员工基础信息.工号,员工基础信息.姓名,员工基础信息.学历,员工基础信息.出生日期,员工基础信息.婚否,员工基础信息.所学专业,员工基础信息.特长
FROM 员工基础信息;
```

或者，查询全部字段：

```
SELECT *
FROM 员工基础信息
```

上面的 SELECT 语句中的"*"代表一个表中的所有字段名，如果一个数据表中的字段较多时，使用"*"可以很方便地查看数据表中的所有数据。

由此可以看出，在一个查询的结果中，字段名的排列顺序与 SELECT 语句中的排列顺序是一致的。即在不指定字段名的情况下，默认显示的字段名顺序和定义表的字段名顺序是一致的。

另外，根据实际需要，在查询过程中只显示数据表中排列在前面的若干记录，就要用到 TOP 关键字，其语法为：

```
TOP n [PERCENT]
```

其中，n 为指定的数据行数；[PERCENT]存在时，即为 TOP n PERCENT 时，n 表示百分数，指定返回的行数占总行数的百分之几。

2. 条件查询

在实际情况中，往往需要从数据表中挑选出满足某种条件的数据。这就用到了条件查询，即带有 WHERE 语句的查询。

例如，在"员工基础信息"表中查找出所有男员工的信息，在 SQL 视图中输入以下语句：

```
SELECT 员工基础信息.[工号],员工基础信息.[姓名],员工基础信息.[公司],员工基础信息.[部门],员工基础信息.[身份证号码],员工基础信息.[学历],员工基础信息.[性别],员工基础信息.[出生日期],员工基础信息.[民族],员工基础信息.[婚否],员工基础信息.[籍贯],员工基础信息.[毕业院校],员工基础信息.[所学专业],员工基础信息.[毕业日期],员工基础信息.[家庭住址],员工基础信息.[联系电话],员工基础信息.[邮箱],员工基础信息.[工作经历],员工基础信息.[特长],员工基础信息.[照片]
FROM 员工基础信息
WHERE ((( 员工基础信息.[性别])="1 男"));
```

通过上面的例子可以看出，在 WHERE 子语句中使用了关系运算符来筛选数据，使之满足条件后显示出查询的结果。

在查询数据表的时候，往往会遇到数据中有 NULL 值的情况，这时就不能用关系运算符作为条件。因为 NULL 值表示不存在或不确定，所以要用到 IS 或 IS NOT 来筛选数据中是否有 NULL 值。

例如,在"员工基础信息"表中查询部门为空的记录。在 SQL 视图中输入以下语句:

```
SELECT 员工基础信息.[工号], 员工基础信息.[姓名], 员工基础信息.[公司], 员工基础信息.[部门], 员
工基础信息.[身份证号码], 员工基础信息.[学历], 员工基础信息.[性别], 员工基础信息.[出生日期], 员工
基础信息.[民族], 员工基础信息.[婚否], 员工基础信息.[籍贯], 员工基础信息.[毕业院校], 员工基础信息.[所
学专业], 员工基础信息.[毕业日期], 员工基础信息.[家庭住址], 员工基础信息.[联系电话], 员工基础信
息.[邮箱], 员工基础信息.[工作经历], 员工基础信息.[特长], 员工基础信息.[照片]
FROM 员工基础信息
WHERE (((员工基础信息.[部门]) Is Null));
```

执行"运行"命令,即可显示查询结果,如果需要查询在条件范围内的数据,可以利用保留字 BETWEEN AND 来实现。

如果知道的条件不完全,则可以使用模糊查询,也就是利用通配符"*""?""!"等来实现查询功能。通配符的符号、作用与示例如下表所示。

字 符	作 用	示 例	不 匹 配
*	匹配任何数量的字符	a*a、*ab*、ab*	Abc、aZb、bac、cab、aab
?	匹配单个字符或汉字	a?a	ABBBa
[]	匹配[]之内的任何字符	a[*]a	aaa
-	指定一个范围的字符	[a-z]	2、&
!	被排除的字符	[!a-z]、[!0-9]	b、a、0、1、9
#	匹配任何单个数字	a#a	aaa、a10a

从上面的语句可以看出,使用通配符时不能用关系运算符作为条件,而是用 LIKE 保留字。

当同一查询语句中出现多个逻辑运算时,三种逻辑运算按照 NOT、AND、OR 的顺序进行运算,所以在查询时可以加上括号来明确表示出顺序。

7.3.2 SQL 追加查询

追加语句即 INSERT INTO 语句,它可以将一个或多个记录添加到表中。

INSERT INTO 语句包含多个记录追加和单个记录追加两种方法。其中,单个记录追加查询的语法如下:

```
INSERT INTO target [(fidld2 [, field2 [, …]])]
VALUES (value1 [, value2 [, …]])
```

多个记录追加查询的语法如下:

```
INSERT INTO target [(fidld2 [, field2 [, …]])] [IN external datebase]
SELECT [source.] field1 [, field2 [, …]]
FROM tableexpression
```

在 INSERT INTO 语句中,各参数的含义如下:

- **target**。要将记录追加到其中的表或查询的名称。

- field1、field2。要将数据追加到其中的字段的名称（如果在 target 参数之后），或者是要从中获取数据的字段的名称。
- external、database。外部数据库（要链接或导入到当前数据库的表的源，或者要导出的表的目的地）的路径。
- source。从中复制记录的表或查询的名称。
- tableexpression。从中插入记录的表的名称。可以是单个表名称，也可以是 INNER JOIN、lEFT JOIN 或 RIGHT JOIN 操作所产生的符合结果或保存的查询。
- value1、value2。要插入新记录内特定字段的值。每个值都插入与该表位置相对应的字段中。

在输入的 SQL 语句中，需要指定记录的每个字段的名称和值，并且必须指定记录中要赋值的每个字段及该字段的值。

如果不指定字段，则为缺少的列插入默认值或 Null，并且记录将添加到表的末尾。如果目标表包含主键，则需要确保将唯一的非 Null 值追加到主键字段，否则 Access 数据库引擎将不追加记录。

如果将记录追加到包含"自动编号"字段的表中，并且希望对追加的记录重新编号，则不要在查询中包括"自动编号"字段。如果希望保留该字段中的原始值，则一定要在查询中包括"自动编号"字段。

与追加单条记录不同的是，追加多条记录语句是把查询语句和更新语句结合在一起使用，方便用户修改记录。

7.3.3 SQL 更新与删除查询

在 Access 中，用户可以使用 UPDATE 语句进行更新查询，使用 DELETE 语句进行删除查询。

1．SQL 更新查询

当用户需要更改许多记录，或者要更改的记录在多个表中时，使用更新语句，即 UPDATE 语句将非常实用。

它可以根据指定的条件（查找条件）更改记录集。此查询基于指定的条件更改指定表中的字段的值。语法如下：

```
UPDATE table
SET newvalue
WHERE criteria;
```

各部分的具体含义如下：

- table。包含要修改数据的表名称。
- newvalue。输入的表达式，确定需要已更新的记录中的特定字段的值。

- criteria。确定更新记录的表达式。只更新满足表达式条件的记录。

UPDATE 语句不会生成结果集。另外，使用更新语句更新记录后，无法撤销该操作。如果需要了解更新的记录，可以先使用相同条件的选择查询，然后运行该更新语句。

2．SQL 删除查询

删除语句即 DELETE 语句，可以从一个或多个表中删除符合指定条件的记录。通俗来讲，该语句从满足 WHERE 子句的 FROM 子句中列出一个或多个表中的删除记录。

语法：

```
DELETE [ table . *]
FROM table
WHERE criteria
```

各部分的具体含义如下：

- table。从中删除记录的表的名称。
- criteria。输入的表达式。用于确定要删除记录的条件。

若要从数据库中删除整个表，可以使用带有 DROP 语句（用于从数据库中删除现有表、过程或视图，或者从表中删除现有索引）的 Execute 方法，只是这样做表的结构会丢失。若使用 DELETE 语句，只会删除数据，表结构和表的所有属性（如字段的属性和索引）都会保持不变。

7.3.4 SQL 交叉与生成表查询

在 Access 中，用户可以使用 TRANSFORM 语句进行交叉查询，使用 SELECT…INTO 语句进行生成表查询。

1．SQL 交叉查询

TRANSFORM 语句用于创建交叉表查询，它可以对记录计算总计、平均值、基数或其他类型总计，并按照两类语言对结果进行分组。语法如下：

```
TRANSFORM aggfunction
Selectstatement
FROM table
PRVOT privotfield [ IN (value1 [ ` value2 [, …]])]
```

各部分的具体含义如下：

- aggfunction。对所选数据进行操作的 SQL 聚合函数。
- Selectstatement。SELECT 语句。
- privotfield。要用来在查询的结果集中创建列标题的字段或表达式。
- value1、value2。用于创建列标题的固定值。

使用交叉列表查找汇总数据时，从指定的字段或表达式中选择值作为列标题，以便可以用更紧凑的格式查看数据（而不是使用选择查询）。

2．SQL 生成表查询

SELECT…INTO 语句用来创建生成表查询，它在一个现有表中复制指定字段内容的记录到创建的新表中。语法如下：

```
SELECT field1 [, field2 [, …]]
INTO newtable [IN externaldatabase]
FROM source
```

各部分的具体含义如下：

- field1,field2。要复制到新表中的字段名称。
- newtable。要创建的新表名称，如果 newtable 与现有表同名，则发生可捕获错误。
- externaldatabase。外部数据库（要链接或导入当前数据库的表的源，或要导出的表的目的地）的路径。
- source。现有表的名称，可以是单个或多个表或查询表。

可以使用生成表查询来存档记录、生成表的备份副本，或者将副本导出到其他数据库，或者作为某个特定时间段的数据的报表。

第 8 章
创建窗体与美化窗体

在数据库对象中,窗体可以实现直观且便捷地对数据库中的数据进行操作,以及控制用户进行操作的权限,因此通过窗体不仅可以输入、编辑或显示表或查询中的数据,而且还可以控制对数据的访问,或者指定数据显示的范围。由于可以将窗体视为窗口,因此在创建窗体之前,还需要分析窗体的合理化设计。

8.1 窗体概述

Access 中的窗体是一种数据库对象，可用于创建数据库应用程序的用户界面。绑定窗体直接连接到表或查询之类的数据源，可用于输入、编辑或显示来自该数据源的数据。也可以创建未绑定窗体，该窗体不会直接链接到数据源，但仍然包含运行应用程序所需的命令按钮、标签或其他控件。

8.1.1 窗体设计要素

窗体是用户与数据库之间的桥梁，是面向用户操作的，实质上也是该数据库操作的界面。所以该界面应该体现出它的美观、直接、操作简单和方便等优点。

1. 窗体内容要求

一般设计窗体界面，需要体现出"为用户设计"的思想。所以在窗体外观上，要求美观、易懂、操作方便、工作高效等；在设计上，要求具有层次化和需求化的标准。例如，针对不同用户操作设计不同的层次，针对不同用户要求设计不同的需求。

另外，在设计过程中，尽量避免嵌套的窗体，并且窗体与代码要具有制约性。

总之，窗体设计需要向人性化方面发展，要有引导用户操作的功能，通过提示、帮助等内容，协助用户执行每步操作。

2. 设计简要原则

在窗体中，无论使用控件，还是插入标签等内容，都需要具备颜色、窗口布局风格统一的标准。

窗体中使用的语句，需要易于理解，而不需要费神去思考。这样用户操作的时候界面具有统一感，不觉得混乱，心情也较为愉快。并且在一个界面操作熟练后，切换到其他窗体能够轻松地推测出各种功能。

另外，颜色使用应恰当，具有统一色调，如使用"绿色"可以体现出自然；使用"蓝色"可以体现出商务等。对于色盲、色弱等用户，可以使用特殊指示符，例如使用"！"表示警告，使用"？"表示提示等图标。

而在设计文字或窗体颜色时，若在浅色背景上可使用深色文字；在深色背景上可使用浅色文字，如"蓝色"文字以"白色"作为背景就比较容易识别。除非特殊场合，一般不使用对比强烈的颜色。

一个多姿多彩的交互界面，少不了精美的图标、图片等。而且，图标或图片应清晰地表达出意义，或者让人容易联想到物件。

使用统一字体，字体标准的选择依据数据库内容而定。一般中文采用"宋体"，英文通常选择"Microsoft Sans Serif"，多数情况下不考虑特殊字体（隶书、草书等），特殊情况下可以使用图片代替文字内容。

3．文本信息要求

在窗体中进行操作时，一般对于错误操作会给出提示。当然，较大的数据库及操作窗体内容，可能需要添加帮助信息。因此，提示信息、帮助文档文字表达需要遵循以下准则。

- 近似于口语化，并使用礼貌用语（如您、请、对不起等），不用或少用专业术语，杜绝使用错别字。
- 正确使用标点符号，如逗号、句号、顿号等。提示内容较多时应分段描述。
- 对警告、提示、错误等信息，使用对应的表示方法，并用统一的语言描述（如退出、返回等）。
- 根据用户群的不同，还可以采用不同的语气语调，尽量亲切和蔼。

4．窗体实现的功能

根据应用的目的不同，可以设计具有不同风格的窗体。在多数情况下，用户通过窗体实现对数据库的操作及维护。虽然其主要功能是操纵数据库，但并不局限于此，还具有下列功能。

- 显示数据。通过窗体显示数据表、查询表中的数据信息及程序信息。
- 显示信息。对于数据库较陌生的用户，可以通过窗体中的帮助或提示信息，方便、快捷地操作数据。例如，显示错误、警告等信息。
- 接收数据。通过窗体可以修改、添加和删除数据库中的数据。例如，添加产品信息、删除员工信息及修改查询结果等。
- 控制程序。利用窗体所结合的 VBA 语言，可以轻松管理数据库，并通过执行相应的操作，达到控制数据库程序的目的。

8.1.2　窗体的组成

在设计视图中，主要包括窗体、页眉/页脚及主体三部分，如图 8-1 所示。

第 8 章 创建窗体与美化窗体

图 8-1

1．窗体页眉

窗体页眉显示窗体内所展示数据内容的主题信息，即窗体的标题。一般窗体页眉位于窗体视图的顶部及打印时首页的顶部。

2．页面页眉

页面页眉可以显示在每个打印页的顶部，主要列出数据的标题信息或列标题信息。页面页眉只显示在窗体的打印页内。

3．主体

主体显示指定表中的数据记录。通过设置，可以显示一条记录，也可以显示多条记录。

4．控件

控件是窗体中包含的对象，如用于显示文本的标签、输入数据的文本框、参数设置使用的复选框等。

5．页面页脚和窗体页脚

页面页脚在每个打印页的底部显示日期或页码等信息。

窗体页脚与页眉一样，只显示对每条记录相同的信息，如按钮或有关使用窗体的帮助内容。

8.1.3 窗体视图

窗体中包含布局、设计和窗体三种视图，不同的视图完成的功能也不相同。一般，用户只需要通过其中两种视图即可完成窗体的创建和浏览。

1．布局视图

该视图是修改窗体最直观的视图方式，可对窗体进行几乎所有更改，如图 8-2 所示。

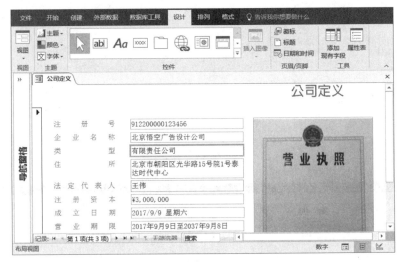

图 8-2

在布局视图中，窗体实际正在运行，所以用户看到的数据与最终的浏览效果的外观非常相似，并且还可以对窗体进行更改。

由于在该视图中修改窗体时可以看到数据内容，所以可以非常方便地设置控件大小或执行其他影响窗体外观的操作。这体现出该视图的实用性。

2．设计视图

该视图提供了关于窗体结构更详细的内容，可以看到窗体页眉、主体和页脚部分，如图 8-3 所示。

窗体在设计视图中显示时并没有运行，所以在设计过程中无法看到数据内容。然而，有些任务在设计视图中执行要比在布局视图中执行容易。例如，向窗体添加不同类型的控件（如标签、图像和线条等），以及调整窗体（如窗体页眉或主体）之间的大小。

第 8 章　创建窗体与美化窗体

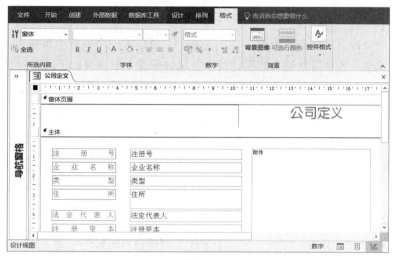

图 8-3

3．窗体视图

该视图实际上是窗体运行时显示的效果，利用它可以浏览窗体所捆绑的数据内容，如图 8-4 所示。

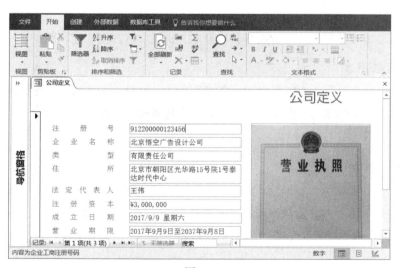

图 8-4

8.1.4　窗体类型

在 Access 中，窗体类型决定了窗体中数据显示的方式。窗体的类型分为纵栏式窗体、表格式窗体、数据表窗体、主/子窗体、图表窗体和数据透视表窗体六种类型。

1．纵栏式窗体

在窗体界面中每次只显示表或查询中的一条记录，可以占一个或多个屏幕页，记录中各字段纵向排列。纵栏式窗体通常用于输入数据，每个字段的标签一般都放在字段左边。

2．表格式窗体

在窗体的一个画面中显示表或查询中的全部记录。记录中的字段横向排列，记录纵向记录。每个字段的标签都放在窗体顶部，做窗体页眉。可通过滚动条来查看和维护其他记录。

3．数据表窗体

从外观上看，其与数据表和查询显示数据界面相同，主要作用是作为一个窗体的子窗体。

4．主/子窗体

窗体中的窗体称为子窗体，而整个包含子窗体的窗体称为主窗体。通常用于显示多个表或查询的数据，这些表或查询中的数据具有一对多的关系。主窗体只能显示为纵栏式窗体，子窗体可以显示为数据表窗体，也可以显示为表格式窗体。在子窗体中可以创建二级子窗体。

5．图表窗体

图表窗体的数据源可以是数据表和查询，可以单独使用图表窗体，也可以将它嵌入其他窗体中作为子窗体。

Access 提供了多种图表，包括折线图、柱形图、饼图、圆环图、面积图、三维条形图等。

6．数据透视表窗体

一种交互式表，可动态改变版面布置，按照不同方式计算、分析数据。它所进行的计算与数据在数据透视表中的排列有关。例如，可以水平或垂直地显示字段值，并计算每行或每列的值。

8.2 创建窗体

Access 中提供了多种创建窗体的方法，根据操作方式来分有两种创建方式：一是采用手动方式创建窗体；二是利用系统提供的各种向导创建窗体。

8.2.1 创建普通窗体

视图创建是在设计视图中创建窗体，包括直接创建窗体、创建空白窗体、创建设计窗体等内容。

1．直接创建窗体

在导航窗格中选择数据表，执行"创建"|"窗体"|"窗体"命令，如图 8-5 所示，Access 即

可基于所选表创建窗体，并以布局视图显示该窗体，如图 8-6 所示。

图 8-5　　　　　　　　　　　　　　　　图 8-6

在布局视图中，可以在窗体显示数据的同时对窗体进行设计方面的更改。例如，可以根据需要调整文本框的大小。

2．创建设计窗体

在导航窗格中选择数据表，执行"创建"|"窗体"|"窗体设计"命令，如图 8-7 所示，即可打开窗体设计视图。此时用户通过向设计网格中添加新的控件和字段，以及通过属性表的这些属性对窗体进行自定义，如图 8-8 所示。

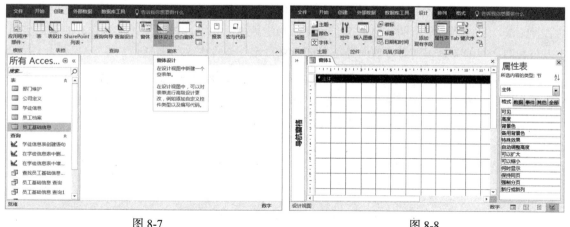

图 8-7　　　　　　　　　　　　　　　　图 8-8

3．创建空白窗体

空白窗体是一种非常快捷的窗体构建方式，适用于字段比较少的窗体。

执行"创建"|"窗体"|"空白窗体"命令，如图 8-9 所示，即可创建一个空白窗体，并显示"字段列表"窗格。在"字段列表"窗格中，可以单击表名称前面的"展开"按钮，展开数据表字

段内容。双击需要添加的字段名称或拖动该字段至窗体中,即可将该字段添加到窗体中,如图 8-10 所示。

图 8-9　　　　　　　　　　　　　　　图 8-10

> **提示**
> 用户可以在按"Ctrl"键的同时选择多个字段,并将其拖动到窗体中,即可同时为窗体添加多个字段。

8.2.2　利用向导创建窗体

窗体向导可以帮助入门级的用户,更方便地创建需要的窗体,窗体向导替代了上述创建窗体的各种工具,可以指定显示的字段内容,也可以指定数据的组合和排序方式。并且,如果已经指定表与查询之间的关系,则通过该向导可以创建来自多个表或查询的字段。

执行"创建"|"窗体"|"窗体向导"命令,在弹出的"窗体向导"对话框中选择表或查询表,将"可用字段"列表框中的字段添加到"选定字段"列表框中,并单击"下一步"按钮,如图 8-11 所示。选择布局类型,并单击"下一步"按钮,如图 8-12 所示。

 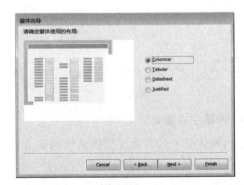

图 8-11　　　　　　　　　　　　　　　图 8-12

在"请为窗体指定标题"文本框中输入窗体标题。同时,选中"打开窗体查看或输入信息"选项,并单击"完成"按钮,如图 8-13 所示。

此时,将弹出"部门维护"窗体,并显示该表中的字段内容,如图 8-14 所示。

图 8-13

图 8-14

提示 1:在"表/查询"的下拉列表中,可以选择数据表或查询表,以作为数据源。

提示 2:选中"打开窗体查看或输入信息"选项,可以直接浏览窗体内容和效果;如果选中"修改窗体设计"选项,则以设计视图的方式显示窗体。

另外,用户还可以用鼠标右键单击该窗体,执行"设计视图"命令,如图 8-15 所示,切换到设计视图中。在"设计"选项卡中,可以通过"控件"选项组来设计窗体,如图 8-16 所示。

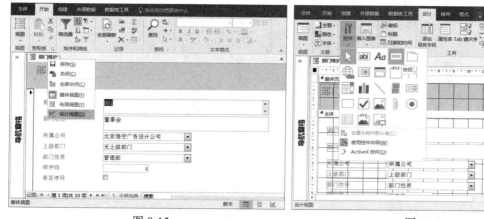

图 8-15　　　　　　　　　　　　　　图 8-16

8.2.3　创建其他窗体

在 Access 中,还包括很多创建其他窗体的方法,例如:创建导航窗体、多个项目窗体、数据表窗体等。

1. 创建数据表窗体

用户可以在窗体中添加数据表内容，执行"创建"|"窗体"|"其他窗体"|"数据表"命令，如图 8-17 所示，即可创建数据表窗体。在所创建的数据表窗体中，将会显示所选数据表的内容，如图 8-18 所示。

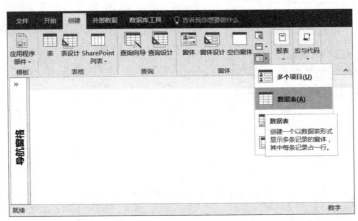

图 8-17

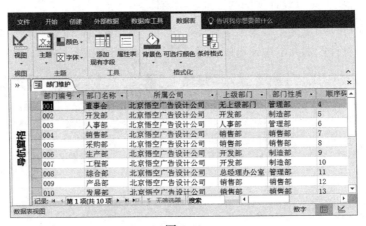

图 8-18

2. 创建导航窗体

在 Web 浏览器中，页面内容包含许多导航内容，帮助用户快速查询或浏览内容。而在窗体中，也包含一种导航窗体，可以在窗体中添加一些类似网页结构内容的导航信息。

执行"创建"|"窗体"|"导航"|"水平标签"命令，如图 8-19 所示，即可创建导航窗体。此时，在内容区上面将显示一个"新增"标签，如图 8-20 所示。

第 8 章　创建窗体与美化窗体

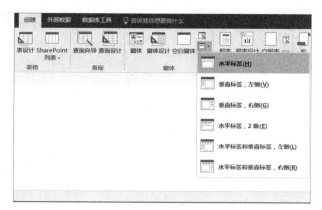

图 8-19

图 8-20

除此之外，还可以创建"垂直标签，左侧""垂直标签，右侧""水平标签，2级""水平标签和垂直标签，左侧"和"水平标签和垂直标签，右侧"等类型。

3．创建多个项目窗体

该创建使用数据源的对象，创建一次显示多条记录的窗体。多个项目窗体类似于数据表，数据排列成行和列的形式，一次可以查看多个记录。但是，多个项目窗体提供了比数据表更多的自定义选项，如添加图形元素、按钮和其他控件等功能。

执行"创建"|"窗体"|"其他窗体"|"多个项目"命令，如图 8-21 所示，即可创建多个项目窗体，如图 8-22 所示。

4．创建分割窗体

分割创建是 Access 中的功能，可以同时提供数据的"窗体"和"数据表"两种视图方式，并且这两种视图方式连接到同一个数据源，而且还总能保持相互同步。

执行"创建"|"窗体"|"其他窗体"|"分割窗体"命令，如图 8-23 所示，即可创建一个分割窗体，如图 8-24 所示。

201

图 8-21

图 8-22

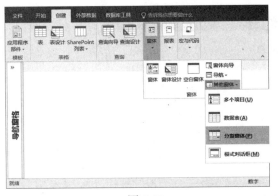

图 8-23

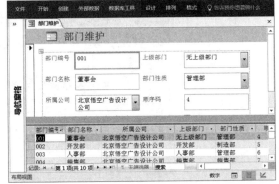

图 8-24

8.3 子窗体

在一般情况下，用户创建的窗体为单一窗体，并且窗体内通过控件显示表中的记录内容。而通过嵌套子窗体，不仅可以显示一个表或多个表中的内容，而且可以在窗体中插入另外一个窗体及其内容。

子窗体指插入其他窗体中的窗体。被插入窗体的窗体称为主窗体，而插入到别的窗体中的窗体称为子窗体。窗体/子窗体的组合有时被称为分层窗体、大纲/细节窗体或父/子窗体。

当显示具有一对多关系的表或查询中的数据时，子窗体特别有效。例如，主窗体显示来自关系的一端的数据，子窗体显示来自关系的多端的数据。

窗体的主窗体和子窗体链接在一起的类型，子窗体只会显示与主窗体中当前记录有关的记录，如图 8-25 所示。

图 8-25

如果该窗体与子窗体未链接在一起,则子窗体将显示表中所有的记录。下表定义了与子窗体关联的部分术语。如果按照提及的过程操作,则大部分细节问题将由 Access 处理。但是,如果需要以后进行修改,则了解 Access 内部的操作将非常有用。

术　　语	定　　义
子窗体控件	将一个窗体嵌入到另一个窗体的控件。即一般可以将子窗体控件看作另一个对象在数据库中的"视图"。不管这个对象是表、查询,还是窗体,都可以通过子窗体控件提供的属性,将控件中显示的数据链接到主窗体上的数据
"记录源"属性	确定在控件中显示对象的子窗体控件的属性
数据表	当子窗体控件的记录源为表或查询,或者当其记录源是"默认视图"属性设置为"数据表"的窗体时,该控件将显示数据表。在这些情况下,子窗体有时称为数据表,而不称为子窗体
"链接子字段"属性	子窗体控件属性指定子窗体与主窗体链接的字段
"链接主字段"属性	子窗体控件属性指定主窗体与子窗体链接的字段

为实现主窗体与子窗体之间的链接,应当先建立所有关系。当子窗体控件将某个窗体作为其记录源时,子窗体将包含置于该窗体上的字段,并且可以被看作单个窗体、连续窗体或数据表。

8.4 设置窗体格式

在 Access 中，格式不仅包含文本或打印数据的外观，而且可以使用它来控制用户输入数据的显示方式，还可以向窗体和报表上的控件应用格式。

8.4.1 设置字体格式

字体格式主要包括文本的字体样式、字号、字体效果及对齐方式等。例如，可以用红色字样来显示负值，或者在控件中包含不希望用户更改的值时禁用这些控件。

下表列出了"字体"选项组中的格式命令及其用法。

格式命令	名 称	用 法
宋体 (主体)	字体	设置字体样式，默认情况下，字体样式为 Calibri
11	字号	选择字号的大小
	左对齐	将数据与控件的左侧对齐，当设置标签的格式时，则文本与文本区域的左侧对齐
	居中	使数据在控件内居中，即文本在文本区域内居中
	右对齐	将数据与控件的右侧对齐，当设置标签的格式时，则文本与文本区域的右侧对齐
	背景色	向控件的背景，以及与控件关联的标签的文本区域应用颜色
B	加粗	将控件和标签中的文本加粗
I	倾斜	使控件和标签中的文本倾斜
U	下画线	在控件和标签中的文本下面加下画线
A	字体颜色	更改字体的颜色
	格式刷	将格式从一个控件复制到另一个控件

在窗体的布局视图中单击表格标签，选择该表格中的标签及文本框。执行"格式"|"字体"|"字体"|"华文楷体"命令，设置字体格式，如图 8-26 所示。

选择某个控件，执行"格式"|"字体"|"居中"命令，设置居中格式。同时，单击"背景色"下拉按钮，选择"主题颜色"栏中的任意一种色块，如图 8-27 所示。

第 8 章 创建窗体与美化窗体

图 8-26

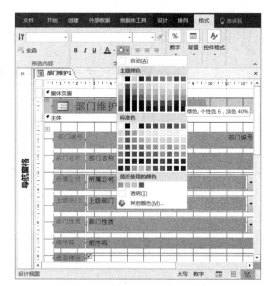

图 8-27

除此之外，还可以分别设置窗体主题、窗体页眉、窗体页脚、页面页眉和页面页脚的颜色。例如，在设计视图中用鼠标右键单击主体，执行"填充/背景色"命令，在弹出的快捷菜单中选择一种色块即可，如图 8-28 所示。

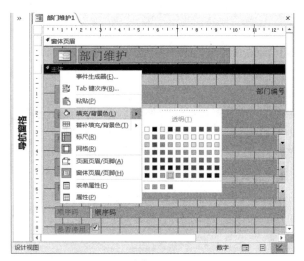

图 8-28

8.4.2 设置数字格式

Access 为用户提供了设置数字格式的功能，适用于属性为"数字"类型的字段，以方便用户更改字段的数字属性。

在窗体中选择包含数字的字段控件，执行"格式"|"数字"命令，在其级联菜单中选择一种数字格式即可，如图 8-29 所示。

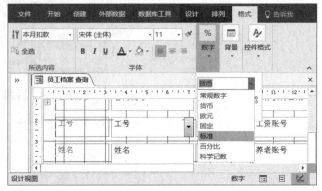

图 8-29

在"格式"级联菜单中，包括常规数字、货币、欧元、固定、标准、百分比和科学记数七种数字格式。除此之外，用户还可以通过执行"数字"选项组中的下列命令，快速设置数据的其他格式。

- 应用货币格式。执行该命令，可以为数据快速应用货币格式。
- 应用百分比格式。执行该命令，可以为数据快速应用百分比数据格式。
- 增加小数位数。执行该命令，可以增加数据的小数位数。
- 减少小数位数。执行该命令，可以减少数据的小数位数。

8.4.3　设置主题样式

Access 与 Office 中的其他组件一样，也内置了 Office 主题样式，以方便用户一次性地设置窗体的整体样式。执行"设计"|"主题"命令，在其级联菜单中选择一种主题样式即可，如图 8-30 所示。

除了主题样式之外，Access 还内置了颜色和字体颜色。执行"设计"|"颜色"命令，在其级联菜单中选择一种颜色即可，如图 8-31 所示。

> **提 示**
> 执行"主题"|"颜色"|"自定义颜色"命令，可在弹出的"新建主题颜色"对话框中自定义主题颜色。

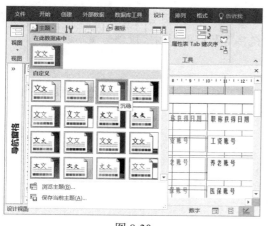
图 8-30

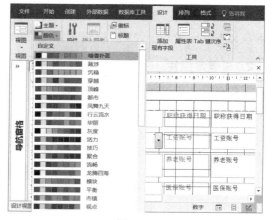
图 8-31

8.5 控件概述

在 Access 组件中，窗体是一个重要的对象，所以控件也具有相当重要的地位，用户可以通过添加控件并绑定字段显示及接收数据的方法，来创建不规则或自定义内容的窗体和报表。在图形用户接口中，用户可以通过执行窗体上的控件，自由操纵一个动作的图形对象，以查看和处理能改善用户界面的信息。

8.5.1 控件基础

在实际应用中，最常用的控件是文本框，其他控件还包括标签、复选框和子窗体控件/子报表控件。控件可以是绑定控件、未绑定控件和计算控件三种状态。

1. 绑定控件

绑定控件是数据源为表或查询中的字段的控件。使用绑定控件可以显示数据库中的字段的值。例如，在窗体中以文本框显示"员工档案"查询中的"合同编号"字段的内容，如图 8-32 所示。

图 8-32

快速创建绑定文本框的方法是将字段从"字段列表"窗格拖动到窗体或报表上。Access 会自动为短文本、长文本、数字、日期/时间、货币、超链接等数据类型的字段创建文本框。

2．未绑定控件

无数据源（如字段或表达式）的控件，使用未绑定控件可以显示信息、线条、矩形和图片，如图 8-33 所示。

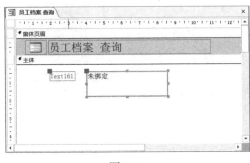

图 8-33

3．计算控件

数据源是表达式而不是字段的控件。通过定义表达式来指定要用作控件的数据源的值。

表达式可以是运算符、控件名称、字段名称、返回单个值的函数及常量值的组合。

例如，计算单位缴纳的五险一金的合计金额，在"单位缴纳合计"标签后面的文本框中输入以下表达式，如图 8-34 所示。

=[社保单位]+[失业单位]+[医保单位]+[生育单位]+[工伤单位]+[公积金单位]

图 8-34

创建窗体时，先添加和排列所有绑定控件是最有效的方式，尤其是它们占窗体空间比例比较多的时候。可以在设计视图中通过"控件"选项组中的工具，添加绑定控件和计算控件来完成设计。

第 8 章 创建窗体与美化窗体

通过标识控件从中获得数据的字段，可以将控件绑定到字段。通过将字段从"字段列表"窗格拖至窗体上，可以创建绑定字段的控件。"字段列表"窗格显示窗体的基础表或查询的字段。

或者在"工具"选项组中执行"添加现有字段"命令，并双击"字段列表"窗格中的字段，会自动向窗体添加对应字段控件。

另外，可以通过在控件本身或在属性表的"控件来源"文本框中输入字段名称，将字段绑定到控件。

> **提 示**
> 如果用户在插入控件时添加激活"控件"组中的"使用控件向导"按钮，如图 8-35 所示，则弹出控件的向导对话框。

图 8-35

8.5.2 控件类型

在窗体和报表中，可以利用系统提供的控件灵活地进行设计。

执行"设计"|"控件"命令，在其级联菜单中选择一种控件类型，拖动鼠标在窗体中绘制控件即可。例如，选择"复选框"按钮，如图 8-36 所示，在窗体中单击鼠标左键绘制一个复选框，如图 8-37 所示。

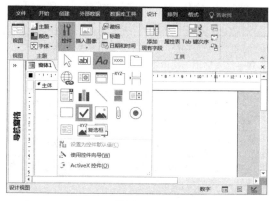

图 8-36

图 8-37

此时，可以在该控件中输入文本内容，并设置控件的属性。在"控件"选项组中，包含许多控件，不同控件显示及接收的数据类型不同，其具体情况如下表所示。

图标	控件名称	作用
▶	选择	更改为选择光标，以便在文档中选择和移动墨迹及其他对象
abl	文本框	数据用于显示及接收值
Aa	标签	显示字段的名称，或者输入文本内容
xxxx	按钮	用于调用宏功能,或者运行一个 Basic 程序来启用一个操作
📁	选项卡控件	文字文本以一个选项卡控件显示
🌐	超链接	创建指向网页、图片、电子邮件地址或程序的链接
	Web 浏览器控件	创建具有 Web 浏览器功能的控件
	导航控件	创建具有导航功能的控件
XYZ	选项组	包括多个选项按钮、复选框或开关按钮
ᛁ	插入分页符	当用户在窗体或报表中插入分页符后，在打印及打印预览时将内容分成两页
	组合框	该框是值的一个弹出式列表，允许输入的值不在该列表中
▮▮	图表	在窗体或报表中插入图表对象
╲	直线	可以是一条改变粗细和颜色的线条，用于分隔
▨	切换按钮	是一种双态按钮：开或关，通常适用于图形或图标
	列表框	该框是一系列总是在窗体或报表中显示的值
▭	矩形	可以是一个任意颜色和大小的矩形，还可以添满或使其空白，也可以用来表示强调
✓	复选框	是一种双态控件。若处于"开"状态，则显示一个含有检查标记的正方形；若处于"关"状态，则显示一个空的正方形
🖼	未绑定对象框	该框架保留了一个与窗体字段无关的 OLE 对象或导入的图像，包括图表、图像、声音文件和视频文件
📎	附件	添加附件控件，可以绑定具有附件功能的字段
⦿	选项按钮	当某选项处于选中状态时，选项按钮的显示形式为带有一个圆点的圈形
	子窗体/子报表	在原有的窗体或报表之中显示另一个窗体或报表

续表

图　　标	控件名称	作　　用
	绑定对象框	该框架保留了一个与窗体字段有关的OLE对象或导入的图像
	图像	显示位图图像
使用控件向导(W)	使用控件向导	执行该命令可激活控件向导。当使用部分控件时，则启动该控件的向导
设置为控件默认值(C)	设置为控件默认值	设置选择的控件的属性为默认值
ActiveX 控件(O)	ActiveX 控件	在网站和计算机应用程序中使用，不是独立的解决方案，只能在宿主程序中运行
插入图像	插入图像	可插入本地计算机中的图像

8.6　使用布局

布局是一些参考线，用于控制沿水平方向和垂直方向对齐，以增加窗体外观的美观性。

8.6.1　创建新布局

用户可以将布局视为一个表，该表中的每个单元格或为空，或包含单个控件。

在 Access 中，用户可以使用表格式布局或堆积式布局来配置布局，通过拆分和合并单元格来自定义布局，使布局更适合实际应用。

1．表格式布局

表格式布局是一个类似于电子表格的布局，各个控件按行和列进行排列，其标签位于顶部，数据位于标签下面的列中。

表格式控件布局总是会跨越窗体或报表的两个部分，无论控件位于哪一个部分中，标签都会位于另一部分，如图 8-38 所示。

图 8-38

2. 堆积式布局

堆积式布局是一个类似于纸质表单的布局，各个控件会沿着垂直方向进行排列，标签位于每个字段的左侧。另外，堆积式布局总会包含在窗体或报表的一个部分中，如图 8-39 所示。

图 8-39

3. 创建布局

首先，创建空白窗体，并在窗体中添加多个控件。然后，选择控件，执行"排列"|"表"|"堆积"或"表格"命令即可，如图 8-40 所示。

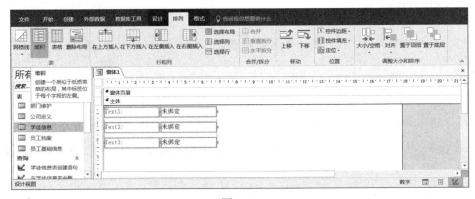

图 8-40

8.6.2 编辑布局

在 Access 中，用户可以通过下列方法编辑窗体布局。

1. 切换布局

首先，选择需要切换布局的控件，执行"排列"|"行和列"|"选择布局"命令。然后，执行"排列"|"表"|"表格"或"堆积"命令即可，如图 8-41 所示。

图 8-41

2．添加行或列

选择需要在其附近添加行或列的单元格，执行"排列"|"行和列"|"在上方插入"或"在下方插入"命令，即可在所选单元格的上方或下方插入一行，如图 8-42 所示。

图 8-42

同样，用户也可以执行"在左侧插入"或"在右侧插入"命令，即可在当前所选单元格列的左侧或右侧插入一个新列。

3．删除行或列

如果要删除行或列，则选择需要删除行或列中的任意一个单元格，先执行"排列"|"行和列"|"选择列"或"选择行"命令，再选择整行或整列，如图 8-43 所示，按"Delete"键即可删除该行或列。

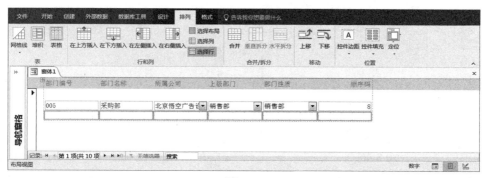

图 8-43

4．拆分/合并单元格

在 Access 中，用户可以将一个单元格沿着水平方向或垂直方向一分为二，也可以将多个单元格合并为一个跨越布局中多行或多列的单元格。

选择需要合并的多个单元格，执行"排列"|"合并/拆分"|"合并"命令，如图 8-44 所示，即可合并所选单元格，效果如图 8-45 所示。

图 8-44　　　　　　　　　　　　　图 8-45

同样，选择需要拆分的单元格，执行"排列"|"合并/拆分"|"垂直拆分"命令，如图 8-46 所示，即可垂直拆分该单元格，效果如图 8-47 所示。

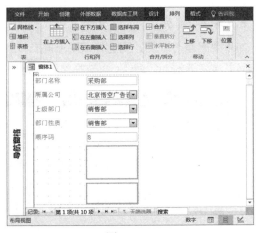

图 8-46　　　　　　　　　　　　　图 8-47

"垂直拆分"命令可以将所选的单元格拆分为两行，"水平拆分"命令可以将所选的单元格拆分为两列。

5. 设置网格线

选择所有控件，执行"排列"|"表"|"网格线"|"水平"命令，即可为控件添加水平网格线，如图 8-48 所示。

另外，执行"网格线"|"边框"命令，在其级联菜单中选择一种边框样式，即可自定义网格线的边框样式，如图 8-49 所示。

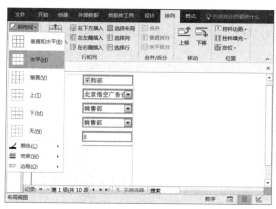
图 8-48

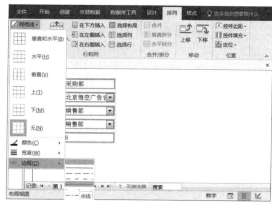
图 8-49

> **提示**
> 用户还可以执行"网格线"|"颜色"和"宽度"命令，在其级联菜单中选择相应的选项即可自定义网格线的颜色和宽度。

8.7 使用控件

窗体或报表中的所有信息都包含在控件中。在数据访问页上，信息包含在控件中的方式与其在窗体和报表中的包含方式相同。

8.7.1 使用文本控件

在窗体上可以使用文本框来显示表或查询中字段的数据，也可以显示利用 SQL 设计的计算表达式和其他查询操作。

1. 添加绑定文本框

绑定文本框显示表或查询中字段内的数据。在窗体中，可以使用绑定到可更新记录源的文本框输入或编辑字段中的数据。创建绑定文本框的快速方法是将字段从"字段列表"窗格拖至窗体。在绑定文本框中，一般可以接收短文本、长文本、数字、日期/时间、货币、超链接等类型的字段，而根据不同数据类型的字段所创建的控件也不相同。例如，将"是/否"字段拖至窗体，则创建一个复选框；将"OLE"字段拖至窗体，则创建一个绑定对象框。

2. 添加未绑定文本框

未绑定文本框不连接到表或查询中的字段，它可用于显示计算的结果或接收用户输入的内容，并直接存储在表中。执行"设计"｜"控件"｜"文本框"命令，如图 8-50 所示，将指针定位在窗体上需要放置文本框的位置，并单击鼠标。

此时，系统会弹出"文本框向导"对话框，设置字体、字号、字形、对齐和间距等字体格式，并单击"下一步"按钮，如图 8-51 所示。

图 8-50

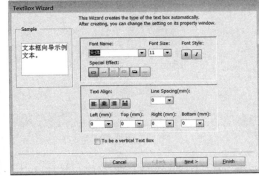

图 8-51

在弹出的对话框中设置"输入法模式"选项，并单击"下一步"按钮，如图 8-52 所示。

在"请输入文本框的名称"文本框中，输入文本框的名称，并单击"完成"按钮，如图 8-53 所示。

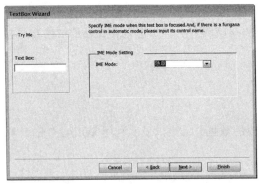

图 8-52

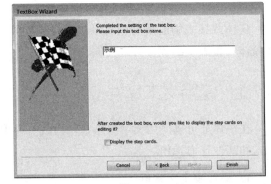

图 8-53

在窗体的设计视图中，将显示已添加的文本框控件，并且添加的文本框后面会显示"未绑定"字样，如图 8-54 所示。

第 8 章 创建窗体与美化窗体

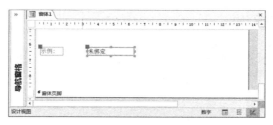

图 8-54

3. 添加计算文本框

首先，为窗体添加一个文本框控件，再选择该控件，执行"设计"|"工具"|"属性表"命令，如图 8-55 所示。

在弹出的"属性表"窗格中，单击"控件来源"选项中的"浏览"按钮，如图 8-56 所示。

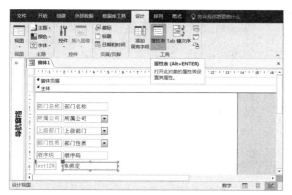

图 8-55

图 8-56

然后，在弹出的"表达式生成器"中，输入如图 8-57 所示计算公式，并单击"确定"按钮。

此时，在窗体中所选定的文本框中，当部门性质为"销售部"时，文本框中显示的内容为"销售人员好辛苦"；当部门为其他内容时，文本框中显示的内容为"加油"，如图 8-58 所示。

图 8-57

图 8-58

8.7.2 使用组合框控件

使用组合框即将文本框和列表框组合在一起，这样不但可以加快和简化用户输入数据，而且不需要太多的窗体空间。

组合框控件以更紧凑的方式显示选项列表，除非单击下拉箭头，否则列表一直处于隐藏状态。

另外，在组合框中输入文本或选择某个值时，如果该组合框是绑定的组合框，则输入或选择的值将插入组合框所绑定的字段内。

执行"设计"|"控件"|"组合框"命令，如图 8-59 所示。

在弹出的"组合框向导"对话框中，选中"使用组合框获取其他表或查询中的值"选项，单击"下一步"按钮，如图 8-60 所示。

图 8-59

图 8-60

在"请选择为组合框提供数值的表或查询"列表框中选择表名称，并单击"下一步"按钮，如图 8-61 所示。

将"可用字段"列表框中的字段添加到"选定字段"列表框中，并单击"下一步"按钮，如图 8-62 所示。

图 8-61

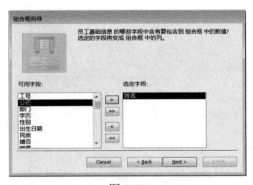
图 8-62

设置升序字段和升序方式，并单击"下一步"按钮，如图 8-63 所示。

选中"隐藏键列（建议）"复选框，单击"下一步"按钮，如图 8-64 所示。

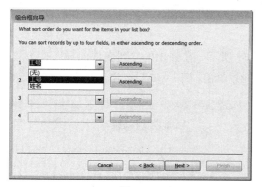
图 8-63

图 8-64

在"请为组合框指定标签"文本框中设置组合框的名称，并单击"完成"按钮，如图 8-65 所示。

此时，在窗体中将显示新添加的组合框。将视图切换到窗体视图中，单击组合框下拉按钮，将在其下拉列表中显示姓名选项，如图 8-66 所示。

图 8-65

图 8-66

8.7.3 使用列表框控件

列表框包含数据行，并且通常设定了大小以便始终都可以看到几个行。

1. 列表框概述

列表框中的数据行可以有一列或多列，这些列可以显示或不显示标题。如果列表中包含的行数超过控件可以显示的行数，则在控件中显示一个滚动条，用户只能选择列表框中提供的选项，不能在列表框中输入值。

列表框与组合框都有一个供用户选择的列表，列表框一直显示它的列表，而组合框平时只显示一个选项，待用户单击下拉按钮后才能显示列表内容。若要节省控件，并且突出当前选定的选项时可使用组合框。另外，组合框又分为下拉组合框与下拉列表框两类，前者允许输入数据项，而列表框与下拉列表框都仅有选项功能。

2. 添加列表框

执行"设计"|"控件"|"列表框"命令，如图 8-67 所示，在弹出的"列表框向导"对话框中，选中"使用列表框获取其他表或查询中的值"选项，并单击"下一步"按钮，如图 8-68 所示。

图 8-67

图 8-68

在"请选择为列表框提供数值的表或查询"列表框中，选择表名称，并单击"下一步"按钮，如图 8-69 所示。

将"可用字段"列表框中的字段添加到"选定字段"列表框中，并单击"下一步"按钮，如图 8-70 所示。

图 8-69

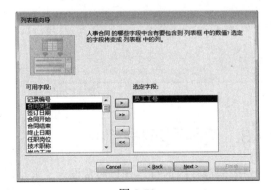

图 8-70

设置升序字段和升序方式，并单击"下一步"按钮，如图 8-71 所示。

选中"隐藏键列（建议）"复选框，并单击"下一步"按钮，如图 8-72 所示。

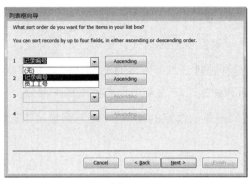
图 8-71

图 8-72

在"请为列表框指定标签"文本框中设置列表框的名称,并单击"完成"按钮,如图 8-73 所示。

此时,在窗体中将显示新添加的列表框。将视图切换到窗体视图中,拖动列表框中的滚动条可以查看所有选项,如图 8-74 所示。

图 8-73

图 8-74

8.7.4 使用选项组

在窗体中可以使用选项组来显示一组限制性的选项值。

1. 选项组概述

单个复选框、选项按钮或切换按钮可以处于绑定或未绑定状态,也可以是选项组的一部分。选项组显示一组有限的替代选项,一次只能从一个选项组中选择一个选项。选项组由一个组框和一组复选框、切换按钮或选项按钮组成。

如果将选项组绑定到字段,则只是将组框绑定到了该字段,而框内包含的控件并没有绑定到该字段。不要为选项组中的每个控件设置"控件来源"属性,而应将每个控件的"选项值"属性设置为对组框所绑定到的字段有意义的数字。在选项组中选择选项时,将选项组所绑定到的字段的值设置为选定选项的"选项值"属性的值。

选项组的值只能是数字,不能是文本。可以将选项组设置为表达式,也可以是未绑定的。

在大多数情况下,复选框是表示"是/否"值的最佳控件。这是在窗体或报表中添加"是/否"字段时,创建的默认控件类型。相比之下,选项按钮和切换按钮通常用作选项组的一部分。

这三个控件表示"是"和"否"值的方式:"是"列显示选定的控件,"否"列显示未选定的控件。

2.向导添加选项组控件

执行"设计"|"控件"|"选项组"命令,如图 8-75 所示,在弹出的"选项组向导"对话框中,输入标签名称并单击"下一步"按钮,如图 8-76 所示。

图 8-75　　　　　　　　　　　　　　图 8-76

选择"是,默认选项是"选项,设置选项内容,并单击"下一步"按钮,如图 8-77 所示。

在"值"列中查看系统分配的标签名称和值,并单击"下一步"按钮,如图 8-78 所示。

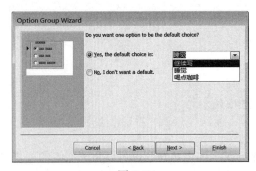 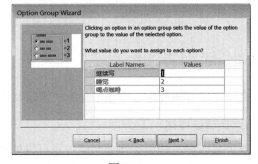

图 8-77　　　　　　　　　　　　　　图 8-78

在"请确定在选项组中使用何种类型的控件"选项组中,选中"复选框"选项;同时在"请确定所用样式"选项组中,选中"阴影"选项,并单击"下一步"按钮,如图 8-79 所示。

在"请为选项组指定标题"文本框中输入选项组标题,并单击"完成"按钮,如图 8-80 所示。

图 8-79

图 8-80

此时，将视图切换到窗体视图中，查看选项组的最终状态，如图 8-81 所示。

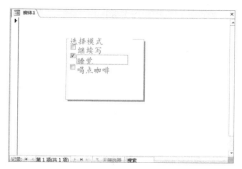
图 8-81

3．手动添加选项组控件

在设计视图中，先执行"设计"|"控件"|"选项组"命令，再拖动鼠标在窗体中绘制选项组控件，如图 8-82 所示。

选中选项组控件标题，修改标题文本。执行"控件"|"选项按钮"命令，在选项组控件中绘制一个选项按钮，如图 8-83 所示。

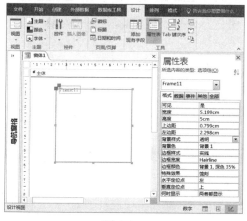
图 8-82

图 8-83

修改选项按钮的标签名称，使用同样的方法分别添加其他选项按钮控件。切换到窗体视图中查看最终效果，如图 8-84 所示。

图 8-84

8.7.5 使用选项卡控件

选项卡控件是指用于给用户提供多个页面的信息或控件的公共控件，一次只能显示一个页面。

选项卡控件类似于图书馆中不同类型图书的书签，并且表明每页信息之间的对等关系或逻辑关系。

在窗体上，可以使用选项卡控件来显示说明文本，如窗体中的标题或简短的提示。选项卡控件不可以用来显示字段或表达式的数值，都是未绑定控件。并且当用户从一个记录移到另一个记录时，它们的值都不会改变，选项卡控件可以附加到其他控件上。

在设计视图中，执行"设计"|"控件"|"选项卡"命令，拖动鼠标在窗体中绘制选项组控件，如图 8-85 所示。

执行"设计"|"控件"|"插入页"命令，为选项卡插入新页，如图 8-86 所示。

图 8-85

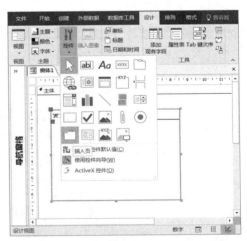

图 8-86

执行"设计"|"工具"|"属性表"命令,在弹出的"属性表"窗格中激活"其他"选项卡,在"名称"文本框中输入页名称,如图 8-87 所示。使用同样的方法分别更改选项卡其他页的名称。

此时,可以在选项卡的各页中添加关联表中的字段控件,并在窗体视图中查看控件显示的内容,如图 8-88 所示。

图 8-87

图 8-88

8.8 设置窗口属性

在 Access 中,用户可以通过"属性表"窗口中的选项卡设置控件的属性值。"属性表"中所有属性大体划分为格式、数据、事件和其他四类窗口属性。

8.8.1 设置格式属性

格式属性决定了窗体或控件的标志或值的视觉效果,不同的控件及内容所显示的格式属性也不相同。

1. 标题与标签

所有的窗体和控件都有一个"标题"属性,它定义了窗口标题栏中的内容。如果"标题"属性为空,窗口标题栏则显示窗体中字段所在表格的名称。

选择窗体或控件,执行"工具"|"设计"|"属性表"命令,激活"格式"选项卡,即可设置标题属性,如图 8-89 所示。

当作为一个控件的属性时,"标题"属性定义了控件显示时的文字内容,如图 8-90 所示。

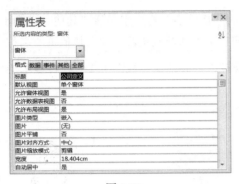
　　　　图 8-89

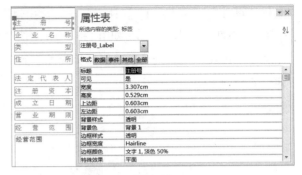
　　　　图 8-90

2．滚动条

该属性可以控制在窗体视图中窗体的滚动条显示方式，如两者均无、只水平、只垂直和两者都有。

对于部分控件，可以设置其滚动条为无、垂直、系统等显示方式。

3．默认视图

"默认视图"属性只在窗体属性表中出现，决定窗体打开后的视图方式，如单个窗体、连续窗体、数据表、数据透视表、数据透视图和分割窗体，如图 8-91 所示。

另外，在该属性下面可以设置允许该窗体浏览的视图方式，以及允许布局视图，如图 8-92 所示。

　　　　图 8-91

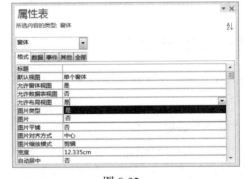
　　　　图 8-92

4．边框样式、记录选择器和导航按钮

"边框样式"属性主要设置窗体的边框格式，可以设置成无、细边框、可调边框和对话框边框，如图 8-93 所示。

"记录选择器"属性主要设置是否显示记录选择器。

"导航按钮"属性主要设置是否显示窗体的导航栏,不显示导航栏时无法通过鼠标浏览其他记录内容。

5. 控件边框样式、边框宽度和边框颜色

这三个属性主要设置部分控件的边框格式,其边框样式为透明、实线、虚线、短虚线、点线、稀疏点线、点画线和点点画线。

在选择"边框颜色"属性文本框后,单击 按钮即可从颜色板中选择颜色块。或者单击下拉按钮,选择系统的不同颜色、Access 的主题及其他颜色,如图 8-94 所示。

图 8-93

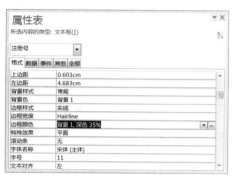

图 8-94

8.8.2 设置数据属性

通过"数据"选项卡中的属性项,可以更改控件或窗体中的值的显示方式,以及某个控件是如何受限制的等。

1. 记录源

"记录源"属性是一个和窗体有关的属性,如图 8-95 所示,主要用来存放数据的表和查询的名称。而控件的设置数据则为"控件来源"属性,如图 8-96 所示。

图 8-95

图 8-96

2. 记录集类型

该属性允许用户指定窗体所给予的记录的类型。可以将记录集的类型设置为动态集、动态集（不一致的更新）或快照，如图 8-97 所示。而当"记录集类型"设为"快照"时，控件内的数据将不会被更新。

3. 记录锁定

该属性属于窗体属性，用于指定如何锁定正在编辑的单个记录或多个记录，如图 8-98 所示。当多用户同时使用数据库时，可以利用它使多用户在同一时间对相同记录进行修改。

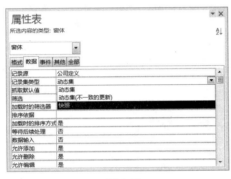

图 8-97

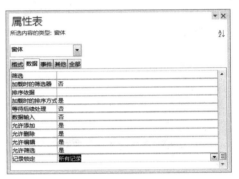

图 8-98

4. 抓取默认值

在显示窗体内容时，系统会控制显示表字段的默认值。当然，在控件属性中，用户可以设置其默认值即数据的掩码内容，如图 8-99 所示。

5. 可用

该属性用于决定鼠标是否能够单击该控件。如果设置该属性为"否"，则在窗体视图中以灰色或主题颜色（所套用的样式）显示，但不能用"Tab"键进行操作，如图 8-100 所示。

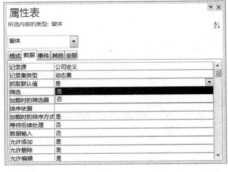

图 8-99

图 8-100

6. 允许添加、允许删除或允许编辑

在窗体的"属性表"中，用户还可以设置是否允许添加、允许删除或允许编辑控件内容，如图 8-101 所示。

7. 是否锁定

该属性决定一个控件中的数据是否能够被改变。如果设置为"是"，则控件中的数据被锁定，且不能被改变，如图 8-102 所示。此时，该控件在窗体中呈灰色显示。

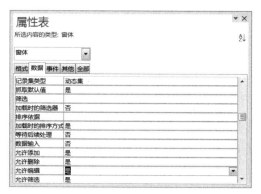
图 8-101

图 8-102

8.8.3 设置事件属性

所谓事件，就是在程序的运行过程中发生的事情。例如单击鼠标左键、双击鼠标左键、移动鼠标、按键盘上的键等都是事件。

当用户用鼠标左键单击某个按钮对象时，就会激发该按钮对象的鼠标单击事件，如添加记录、删除记录等。

1. 成为当前

用户可以在添加事件过程，并在执行当前窗体时，执行该过程。

例如，打开窗体，单击"属性表"|"事件"|"成为当前"后面的 ... 按钮，如图 8-103 所示。在弹出的"选择生成器"对话框中选择"代码生成器"命令，单击"确定"按钮，如图 8-104 所示。

在打开的 Microsoft Visual Basic for Applications 对话框中输入以下语句：

```
Private Sub Form_Current()
MsgBox ("请输入有效的单位名称")
End Sub
```

图 8-103　　　　　　　　　　　图 8-104

如图 8-105 所示，关闭对话框，在设计视图中将弹出如图 8-106 所示的对话框。

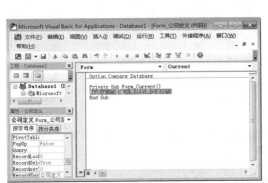
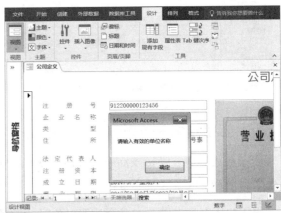

图 8-105　　　　　　　　　　　图 8-106

2. 加载

窗体的加载属性是指在对该窗体中的数据进行修改后，将修改内容录入表之前所发生的事件。这种事件属性能够用于启动某个动作的过程中，在决定保存窗体中的数据时，验证数据是否符合要求。而属性中添加的内容，一般需要在"成为当前"属性之前执行。

例如，打开窗体，单击"属性表"|"事件"|"加载"后面的 按钮。在弹出的"选择生成器"对话框中，选择"代码生成器"命令，单击"确定"按钮，在打开的 Microsoft Visual Basic for Applications 对话框中输入以下语句：

```
Private Sub Form_Load()
MsgBox ("正在更新内容！")
End Sub
```

如图 8-107 所示，关闭对话框，则在设计视图中将弹出如图 8-108 所示的对话框。

第 8 章 创建窗体与美化窗体

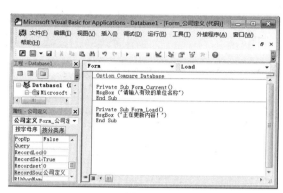

图 8-107

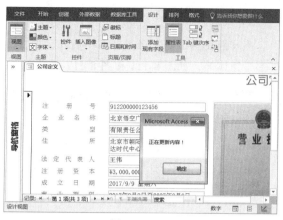

图 8-108

3. 单击

该事件属性在一个对象被鼠标单击后才会发生,这个事件能够启动一个特殊的过程。例如,在文本框中输入以下语句:

=MsgBox("已经单击！")

如图 8-109 所示,切换到窗体视图中,单击该标签时将弹出提示对话框,如图 8-110 所示。

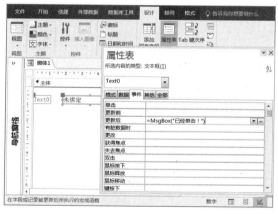

图 8-109

图 8-110

4. 获得焦点

当可用的窗体或控件收到焦点时,运行指定的宏或定义的事件过程。如果窗体收到焦点,但窗体上没有可用控件,则窗体的焦点事件发生,并且该事件不能取消。焦点事件发生在进入事件之后,其不像进入事件仅在焦点从同一窗体上的另一个控件移出时发生。焦点事件在控件收到焦点的每一次都发生,包括从其他窗体上收到焦点的情况。

5. 双击

该属性在一个对象被鼠标双击后才会发生，这个事件能够启动一个特殊的过程，例如连接到另一个窗体等，如图 8-111 和图 8-112 所示。

图 8-111

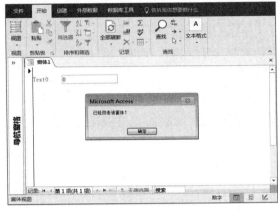

图 8-112

6. 失去焦点

当窗体或控件失去焦点时，运行指定的宏或定义的事件过程。不管窗体有没有控件，窗体都会失去焦点。

7. 计时器触发

当为窗体定义计时器事件间隔结束时，运行指定的宏或定义的事件过程。窗体的"计时器间隔"属性定义在毫秒的范围内，即时间发生的频率。如果该事件设置为 0，则计时器触发事件不会发生。

8.8.4 设置其他属性

其他属性表示窗体或控件的附加特征，如控件名、快捷菜单、工具栏等。

1. 弹出方式

该属性限制窗体的打开方式，也可以称之为独占方式。当该属性设置为"是"时，则该窗体处于打开状态，限制打开其他对象。

2. 模式

通过该属性设置，可以控制窗口中其他组件的显示方式。例如，当"模式"属性设置为"是"时，则关闭导航窗格。

3. 循环

该属性对窗体中的制表符进行设置，如选择"所有记录""当前记录""当前页"选项。

- 所有记录。制表符操作从某个记录的最后一个字段移到下一个记录。
- 当前记录。制表符操作从某个记录的最后一个字段移到该记录的第一个字段。
- 当前页。制表符操作从某个记录的最后一个字段移到当前页中的第一个记录。

> **提 示**
> 制表符主要是指用户通过"Tab"键进行控件之间切换的操作。设置"循环"属性主要为用户使用"Tab"键选择控件或记录时，提供一种选择范围及顺序的方法。

4. 快捷菜单

在窗体设计视图中，可以右击窗体的空白处，执行相应的命令，对该窗体或控件进行操作。用户可通过该属性设置，关闭右击窗体时弹出的快捷菜单，如图 8-113 所示。

5. 名称

该属性用于指定窗体所包含控件的名称。窗体的每个控件都有一个名称，当在窗体中要指定该控件时，可以使用该名称，并且每个控件名称必须是唯一的，如图 8-114 所示。

图 8-113

图 8-114

6. 控件提示文本

通过设置该属性，可以在用户操作控件（鼠标放在一个控件上）时显示一段提示文本信息，如图 8-115 和图 8-116 所示。

图 8-115　　　　　　　　　　　　　　　　图 8-116

7. 更改"Tab"键次序

在使用窗体时，用户常常会使用"Tab"键来完成对窗体中数据的选取。通过设置"Tab"键次序，可以决定使用"Tab"键选取数据时的顺序。因此，在设计窗体时，还需要设计一个合理的"Tab"键次序。

例如，在窗体的设计视图中，选择需要更改次序的控件，并在"Tab 键索引"文本框中输入该控件的"Tab"键次序（用数字表示），如图 8-117 所示。

也可以单击该属性后面的 按钮，并在弹出的"Tab 键次序"对话框中将鼠标置于需要调整次序的控件前，当鼠标变成向右的箭头时单击并选中该控件，并将该控件拖至列表中合适的位置即可，如图 8-118 所示。

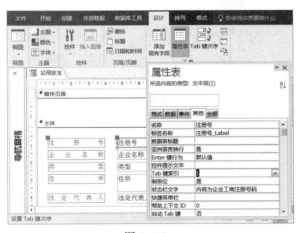

图 8-117　　　　　　　　　　　　　　　　图 8-118

8.9 使用条件格式

使用设置条件格式，可以更改窗体上控件的外观，或者更改空间中数据（文本或数字）的外观，具体情况取决于设置的条件。

8.9.1 新建规则

Access 为用户内置了条件格式功能，运用该功能可以检查当前记录值或比较其他记录，以协助用户比较窗体中的数据。

1．条件格式规则

如果控件的值满足某些指定条件，需要提示用户，则可以为其设置条件格式。设置条件格式将一直有效，直到将其删除。即使数据不满足任何条件，指定的条件格式不显示可见，但是仍然存在。不能在条件中使用通配符来替换文本或数字，例如，不能使用星号（*）、问号（?）或任何其他符号。

2．检查当前记录值或使用表达式

在窗体的布局视图或设计视图中，选择需要设置条件格式的控件，执行"格式"|"控件格式"|"条件格式"命令，如图 8-119 所示。

图 8-119

在弹出的"条件格式规则管理器"对话框中单击"新建规则"按钮，如图 8-120 所示。

在弹出的"选择规则类型"对话框中选择"检查当前记录值或使用表达式"选项，同时在"仅为符合条件的单元格设置格式"选项组中设置条件格式，并在"预览"栏右侧设置满足条件格式值的显示格式，如图 8-121 所示。

图 8-120

图 8-121

其中，在"仅为符合条件的单元格设置格式"选项组中包括三个下拉列表。

- 第一个下拉列表中包含"字段值""表达式"和"字段有焦点"三个选项，它们作为条件的依据，用户可根据选项内容来确定条件执行的方式。
- 第二个下拉列表中的选项只有在第一个下拉列表显示为"字段值"时才显示，主要用于判断字段中数据所介于、等于、大于等数值之间比较的运算符，即确定数值范围，当数据符合数值范围时便会显示格式。
- 第三个下拉列表用于输入数字或表达式，文本框中输入的内容是对字段值进行比较的依据。用户也可以输入表达式，以判断指定控件中的数据是否满足条件，如满足条件则显示格式。

设置完成后，数据表格式如图 8-122 所示。

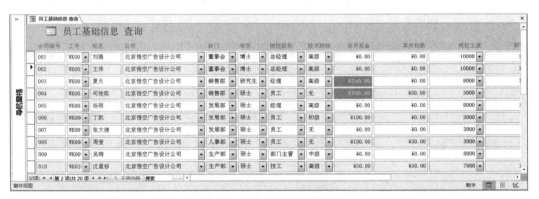
图 8-122

3. 比较其他记录

在"新建格式规则"对话框中选择"比较其他记录"选项，同时在"数据栏格式设置"选项组中设置数据类型和数据条颜色，并单击"确定"按钮，如图 8-123 所示。

在"类型"下拉列表中，还包括"数字"和"百分比"两种条件格式，选择该类型的条件格式后，用户需要为其指定最小数字、最大数字及百分比。

第 8 章 创建窗体与美化窗体

> **提示**
> 当用户选择"仅显示栏"复选框时,则在窗体符合条件格式的空间中,只显示格式而不显示符合格式的数值。

图 8-123

8.9.2 管理条件格式

创建条件格式之后,为保证条件格式正常显示,还需要对所创建的条件格式进行一系列的管理操作,如编辑规则、删除规则、调整规则顺序等。

1. 编辑规则

创建条件格式后,可在"条件格式规则管理器"对话框中选择列表框中的条件格式,单击"编辑规则"按钮,如图 8-124 所示。

在弹出的"条件格式规则管理器"对话框中编辑现有条件规则,并单击"确定"按钮,如图 8-125 所示。

图 8-124

图 8-125

2. 调整规则顺序

当用户为同一个控件设置多个条件格式时，为了凸显重点格式，还需要调整条件格式的先后顺序。在"条件格式规则管理器"对话框中，选择列表框中的条件格式，单击"上移"或"下移"按钮，即可调整其显示位置。

提示 1：在列表框中选择规则，单击"删除规则"按钮，即可删除所选规则。

提示 2：在"条件格式规则管理器"对话框中，用户可单击"显示其格式规则"下拉按钮，并在下拉列表中选择需要设置为条件格式的字段。

8.10 设置控件格式

Access 内置了一套用于设置控件外观样式、外观形状和外观效果的控件格式，以协助用户达到美化控件的目的。

8.10.1 设置外观样式

外观样式包括快速样式和更改形状两部分。快速样式是一套包含填充颜色、边框样式和图案样式等多种格式的样式合计；更改形状则是一组包含多种形状的命令，以帮助用户快速更改和美化控件的外观。

1. 快速样式

在默认情况下，快速样式只适用于按钮类的控件。例如，在窗体中添加"按钮"控件，选择该控件，执行"格式"|"控件格式"|"快速样式"命令，在级联菜单中选择一种样式即可，如图 8-126 所示。

> 提示
> 在 Access 中，"快速样式"级联菜单中的样式并不是一成不变的，它会随着窗体主题的改变而改变。

2. 更改形状

在更改形状命令中，包含了矩形、圆角矩形、椭圆等八种形状。执行"格式"|"控件格式"|"更改形状"命令，在级联菜单中选择一种形状即可，如图 8-127 所示。

第 8 章 创建窗体与美化窗体

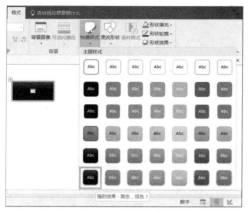

图 8-126

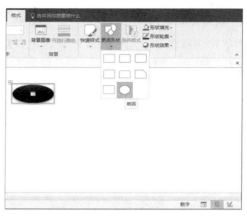

图 8-127

8.10.2 设置形状样式

在默认情况下,形状样式可以应用于所有控件,包括形状填充颜色和形状轮廓颜色两种设置。

1. 设置形状填充颜色

形状填充颜色包括单一色和渐变色两种填充效果。在窗体中选择控件,执行"格式"|"控件格式"|"形状填充"命令,在级联菜单中选择一种色块即可,如图 8-128 所示。

> **提示**
> 用户也可以执行"形状填充"|"其他颜色"命令,在弹出的"颜色"对话框中自定义填充颜色。

另外,执行"格式"|"控件格式"|"形状填充"|"渐变"命令,在级联菜单中选择一种色块即可,如图 8-129 所示。

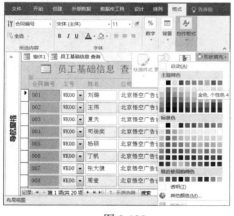

图 8-128

图 8-129

239

2. 设置形状轮廓颜色

形状轮廓颜色除了用于设置形状的轮廓样式，还可设置表格的边框样式。在窗体中选择控件，执行"格式"|"控件格式"|"形状轮廓"命令，在级联菜单中选择一种色块即可，如图 8-130 所示。

另外，执行"形状轮廓"|"线条宽度"命令，在级联菜单中选择一种线条宽度即可设置形状轮廓的宽度，如图 8-131 所示。

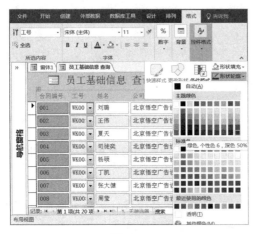
图 8-130

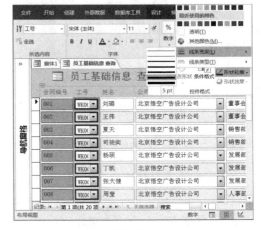
图 8-131

除此之外，执行"形状轮廓"|"线条类型"命令，在级联菜单中选择一种线条类型即可设置形状轮廓的线条样式。

8.10.3 设置形状效果

形状效果是为控件内置的一组具有特殊外观效果的命令，包括阴影、发光、棱台等效果。

1. 设置阴影效果

阴影效果包括外部、内部和无阴影 3 种类型的 23 种阴影效果。

选择控件，执行"格式"|"控件格式"|"形状效果"|"阴影"命令，在级联菜单中选择一种样式即可，如图 8-132 所示。

2. 设置发光效果

选择控件，执行"格式"|"控件格式"|"形状效果"|"发光"命令，在级联菜单中选择一种样式即可，如图 8-133 所示。

第 8 章 创建窗体与美化窗体

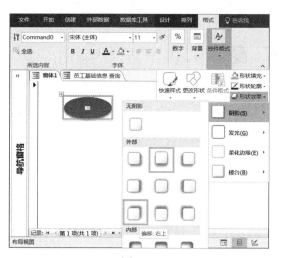
图 8-132

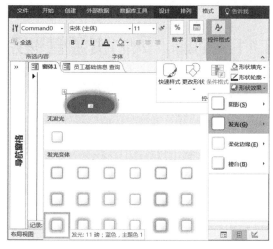
图 8-133

提示

应用发光效果之后，执行"发光"|"无发光"命令，即可取消发光效果。

3．设置柔化边缘效果

选择控件，执行"格式"|"控件格式"|"形状效果"|"柔化边缘"命令，在级联菜单中选择一种样式即可，如图 8-134 所示。

4．设置棱台效果

选择控件，执行"格式"|"控件格式"|"形状效果"|"棱台"命令，在级联菜单中选择一种样式即可，如图 8-135 所示。

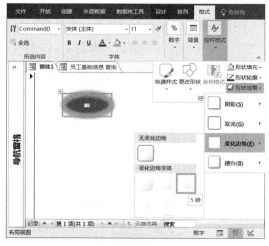
图 8-134

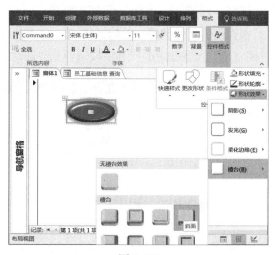
图 8-135

8.11 创建"人力资源管理系统"窗体

上面已经介绍了窗体的创建及设置方法,下面开始创建"人力资源管理系统"数据库所需要的窗体,具体包括:

- 公司定义。
- 部门维护。
- 员工基础信息。
- 人事合同。
- 招聘管理。
- 用章登记表。
- 办公用品领用明细表。
- 培训记录及培训人员明细子窗体。
- 项目计划及项目计划明细表子窗体。
- 主窗体。

8.11.1 "公司定义"录入窗体

"公司定义"窗体的具体功能是显示公司的全部信息,包括附件中营业执照部分的显示。创建"公司定义"录入窗体的具体操作步骤如下。

1. 创建窗体

执行"创建"|"窗体"|"窗体向导"命令,如图 8-136 所示。

在弹出的"窗体向导"对话框中,在"表/查询"下拉列表中选择"表:公司定义"选项,将"可用字段"列表框中的所有字段选择到"选定字段"中,单击"下一步"按钮,如图 8-137 所示。

图 8-136

图 8-137

第 8 章 创建窗体与美化窗体

选择"纵栏表"布局类型，并单击"下一步"按钮，如图 8-138 所示。

在"请为窗体指定标题"文本框中输入窗体标题，同时选中"修改窗体设计"单选按钮，并单击"完成"按钮，如图 8-139 所示。

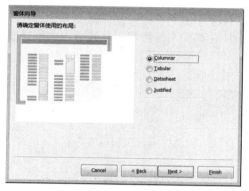

图 8-138   图 8-139

此时将在设计视图中打开该窗体。

2．修改控件属性

执行"设计"|"工具"|"属性表"命令，如图 8-140 所示。

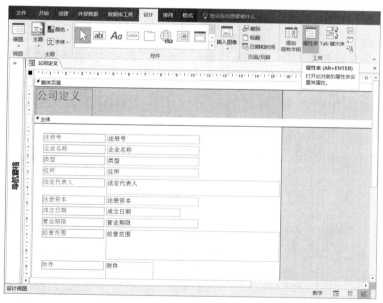

图 8-140

选中"主体"中字段的标签，按"Ctrl"键的同时选择多个控件，在"属性表"|"格式"选项卡中设置所选控件的宽度、高度、左边距、边框样式、文本对齐等属性，如图 8-141 所示。

243

提示 1：由于附件部分为照片显示，因此不与其他控件同时设置宽度、高度等属性。

提示 2：对于属性设置一致的控件可以先选中它们，然后统一进行设置，保证控件的整齐、美观。

提示 3：如果需要选择全部控件，按"Ctrl+A"组合键即可。

提示 4：如果需要移动某个控件，选择该控件后，按住鼠标左键将其拖动到适当的位置即可。

图 8-141

选中"主体"中字段的文本框，在"属性表"|"格式"选项卡中设置所选控件的宽度、高度、左边距、边框样式、文本对齐等属性，如图 8-142 所示。

图 8-142

第 8 章　创建窗体与美化窗体

选中"附件"字段的标签，按"Delete"键删除，拖动"附件"文本框至如图 8-143 所示的位置，并调整大小。

图 8-143

选中"窗体页眉"部分并单击鼠标右键，在弹出的级联菜单中选择"填充/背景色"选项，并选择一种颜色，如图 8-144 所示。

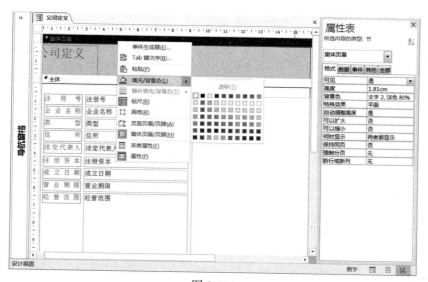

图 8-144

选中"公司定义"标签，并在"格式"|"字体"选项组中依次设置字体、字号、颜色、样式等属性，如图 8-145 所示。

245

图 8-145

返回到窗体视图，可见公司定义窗体如图 8-146 所示。用户也可以根据需求自行设置窗体中控件的格式、位置等属性。

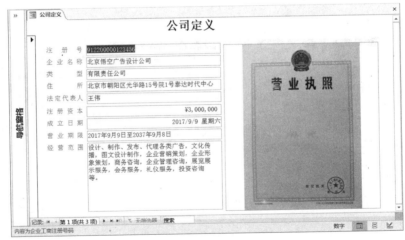

图 8-146

3．添加按钮

执行"设计"|"控件"|"按钮"命令，在"窗体页眉"部分绘制一个控件按钮。在弹出的"命令按钮向导"对话框中的"类别"列表框中选择"记录操作"选项，同时在"操作"列表框中选择"添加新记录"选项，单击"下一步"按钮，如图 8-147 所示。

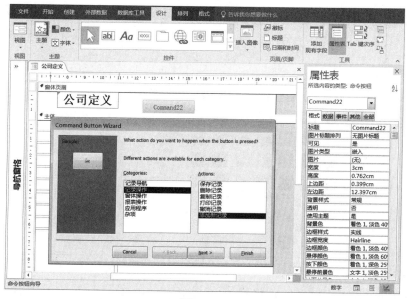

图 8-147

选中"文本"选项,并在其后的文本框中输入该按钮的名称,单击"下一步"按钮,如图 8-148 所示。

在"请指定按钮的名称"文本框中输入"新建公司",并单击"完成"按钮,如图 8-149 所示。

图 8-148

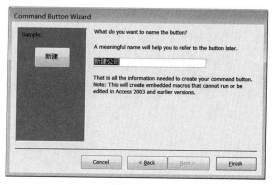

图 8-149

在"属性表"窗格中,设置按钮的宽度、高度、颜色、形状效果等属性,如图 8-150 和图 8-151 所示。

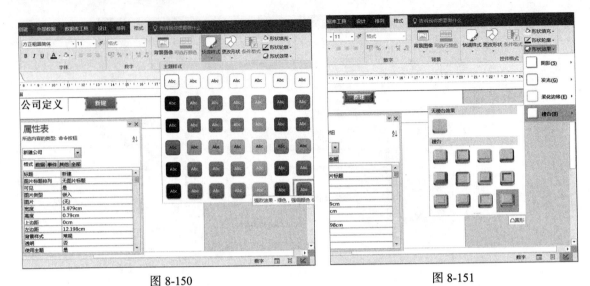

图 8-150　　　　　　　　　　　　　　　　图 8-151

返回到窗体视图中，在视图中单击"新建"按钮，则记录显示为新建的空白页，如图 8-152 所示，用户可以在此新建公司的详细信息。

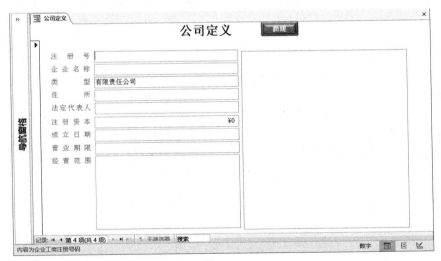

图 8-152

如果此页面需要打印，则用户可以重复上述步骤创建一个"打印"按钮。需要注意的是，如果需要打印所有公司信息页面，则在"操作"列表框中选择"打印窗体"选项；如果只需要打印当前的页面，则需要在"操作"列表框中选择"打印当前窗体"选项，如图 8-153 所示。

除了在按钮控件上显示文字，还可以使用图片的形式，如图 8-154 所示，选中"图片"选项即可。

第 8 章 创建窗体与美化窗体

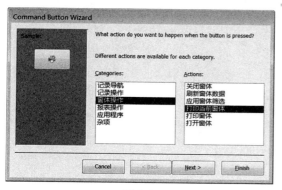

图 8-153

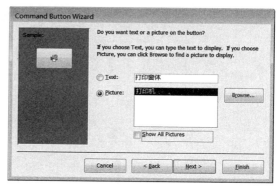

图 8-154

完成"打印"按钮的设置后，窗体如图 8-155 所示。至此，"公司定义"录入窗体创建完成。

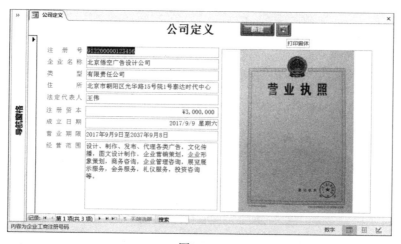

图 8-155

> **提 示**
> 用户可以使用同样的方法为窗体添加"前一项""下一项""查找记录"等按钮。

8.11.2 "部门维护"录入窗体

由于部门信息需要参考所属公司并关注上下级关系，因此需要使用分割窗体显示信息，具体创建步骤如下。

1. 创建窗体

执行"创建"|"窗体"|"其他窗体"|"分割窗体"命令，如图 8-156 所示。

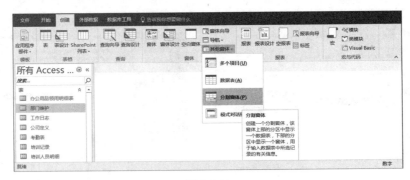

图 8-156

创建完成的窗体如图 8-157 所示。

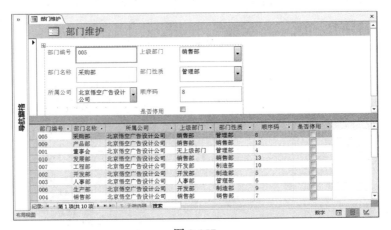

图 8-157

打开窗体设计视图,如果需要对当前字段的顺序进行排序,可以选中需要移动的字段并将其拖动至适当的位置,如图 8-158 所示。

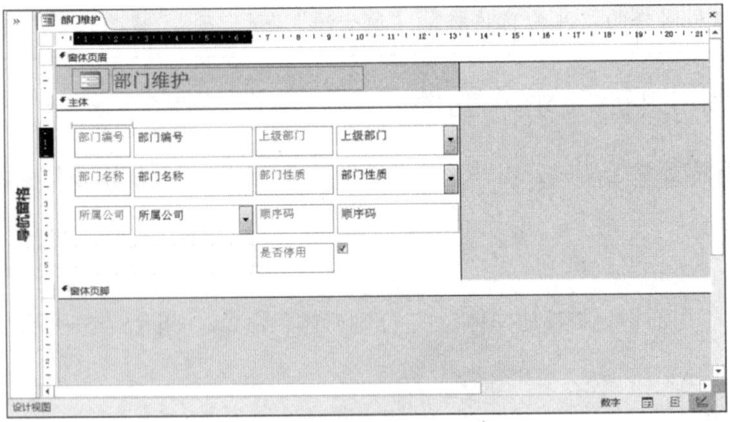

图 8-158

第 8 章 创建窗体与美化窗体

返回到窗体视图中查看效果,如果需要当前窗体中的数据按照某一字段顺序排序,则在下方数据表视图中进行排序即可改变窗体中的顺序,如图 8-159 所示。

图 8-159

2．美化窗体

如果用户对系统创建的窗体不满意,可以执行以下操作,对窗体进行美化。

执行"设计"|"工具"|"添加现有字段"命令,打开"字段列表"列表框,选中"主体"中的控件,如图 8-160 所示,按"Delete"键即可删除控件。

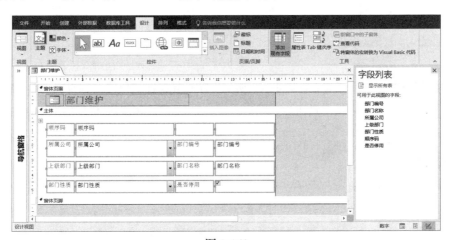

图 8-160

在"字段列表"列表框中选中所有字段后,按住鼠标左键,将所有字段拖动到"主体"中,如图 8-161 所示。

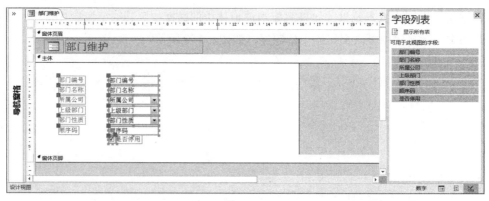

图 8-161

用户可以参考"公司定义"中的操作,对各部分控件的格式、顺序、位置等属性进行调整,如图 8-162 所示。

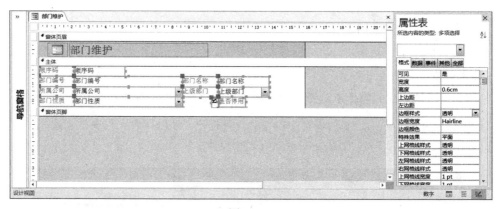

图 8-162

返回到窗体视图中进行查看,如图 8-163 所示,各部分控件的位置之间没有明显的分隔标记,也就是没有框线。此时除了在"属性表"中设置"边框样式",还可以执行以下操作。

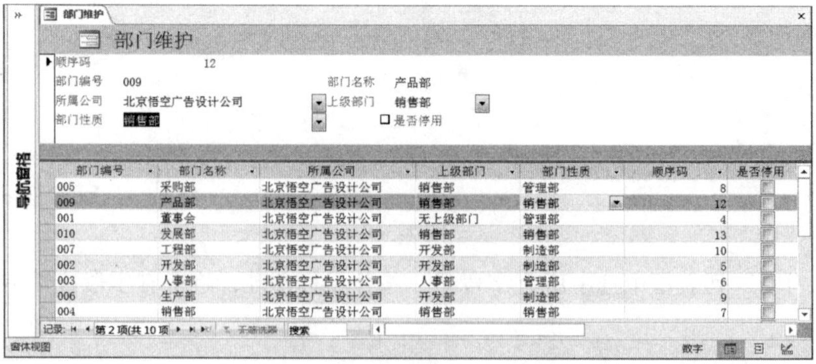

图 8-163

执行"设计"|"控件"|"直线"命令，如图 8-164 所示。

图 8-164

在"主体"中拖动鼠标进行绘制，选中第一个"直线"控件后，按"Ctrl+C"和"Ctrl+V"组合键进行复制粘贴即可。由于前面设置了控件的"高度"为 0.6cm，因此第二个"直线"控件的"上边距"为 1.2cm，如图 8-165 所示。依次复制其他的"直线"控件并设置。

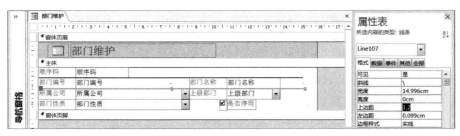

图 8-165

选中创建的所有"直线"控件，在"属性表"选项卡中设置"边框宽度""边框颜色"等属性，如图 8-166 所示。

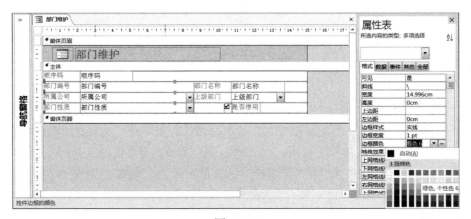

图 8-166

用户还可以根据需要创建"新建""查询"等按钮控件。因为"顺序码"为自动编号，不需要手工填写，因此为该控件设置了颜色，如图 8-167 所示。

图 8-167

完成设置后，返回到窗体视图，可以看到如图 8-168 所示"部门维护"窗体。此时用户可以在窗体的上部分或下部分创建新的部门信息。

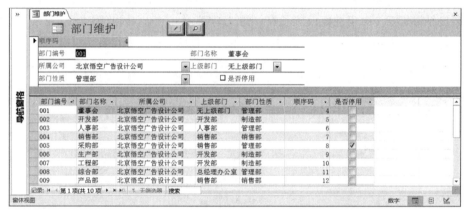

图 8-168

8.11.3 "员工基础信息"及"考勤表"录入窗体

"员工基础信息"录入窗体中的内容是员工刚进入公司建立档案时需要采集的基础信息，而"考勤表"则是员工进入公司后每个月的出勤、奖惩情况的记录，因此采用主窗体与子窗体的形式创建。具体的操作步骤如下。

首先，执行"创建"|"窗体"|"窗体向导"按钮，在弹出的"窗体向导"对话框中的"表/查询"下拉列表中选择"表：员工基础信息"选项，将"可用字段"列表框中的所有字段选择到"选定字段"中，如图 8-169 所示。然后，在"表/查询"下拉列表中选择"表：考勤表"选项，将"可用字段"列表框中除"ID"和"工号"字段外的其他所有字段选择到"选定字段"中，单击"下一步"按钮，如图 8-170 所示。

图 8-169　　　　　　　　　　　　　　图 8-170

在弹出的窗体左侧的列表框中选择"通过员工基础信息"创建主窗体，在窗体右侧勾选"链接窗体"选项，单击"下一步"按钮，如图 8-171 所示。

在"请为每个链接窗体指定标题"中的"第一个窗体"和"第二个窗体"的文本框中输入主窗体和子窗体的名字，勾选"打开主窗体查看或输入信息"选项，并单击"下一步"按钮，如图 8-172 所示。

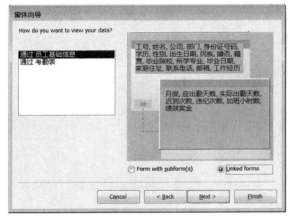

图 8-171　　　　　　　　　　　　　　图 8-172

返回到窗体视图中可以看见窗体中自动创建了"考勤表"链接按钮，如图 8-173 所示。

打开窗体设计视图，按照用户需要的格式进行调整，如图 8-174 所示。

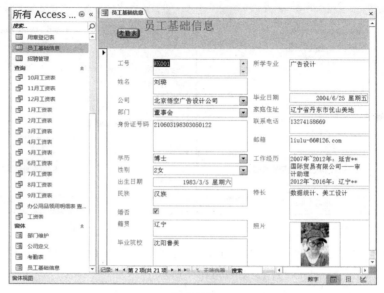

图 8-173

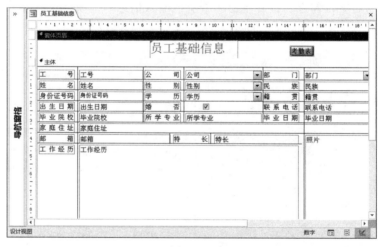

图 8-174

返回到窗体视图中,则"员工基础信息"窗体如图 8-175 所示。

单击窗体中的"考勤表"按钮,则会弹出"考勤表"子窗体,如图 8-176 所示。用户可以根据需要对"考勤表"进行窗体设计修改。

第 8 章 创建窗体与美化窗体

图 8-175

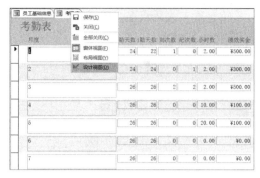

图 8-176

为"考勤表"添加"条件格式"可以方便用户在"考勤表"中查看一些信息。

例如,当"迟到次数"或"违纪次数"大于等于 3 次时,显示为黄色警告,则需要执行"格式"|"控件格式"|"条件格式"命令,如图 8-177 所示。

图 8-177

在弹出的"编辑格式规则"对话框的"选择规则类型"列表中选择"检查当前记录值或使用表达式"选项,在"仅为符合条件的单元格设置格式"中按照如图 8-178 所示内容进行设置。

返回到"考勤表"窗体视图,则当"迟到次数"或"违纪次数"达到或超过 3 次时,该单元格显示为黄色,如图 8-179 所示。

图 8-178

图 8-179

由于员工人数众多，因此可以添加一个"查找"按钮，如图 8-180 所示。具体操作步骤参考前面讲述的内容。

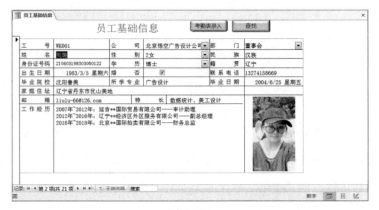

图 8-180

单击"查找"按钮后，在弹出的"查找和替换"对话框中输入要查找的员工姓名，单击"查找下一个"按钮，即可跳转到当前所查找的员工页面，如图 8-181 所示。在窗体中单击"考勤表录入"按钮，即可添加员工当月的考勤信息，以此类推。

图 8-181

> **提示**
>
> 除了查找员工的姓名，也可以查找员工的工号，只需将鼠标移到"工号"字段后单击"查找"按钮，在弹出的"查找和替换"对话框中输入要查找的工号后，单击"查找下一个"按钮即可。

8.11.4 "人事合同"录入窗体

人事合同是员工入职后与公司签订的劳动合同，主要是确定该员工在本公司的人事岗位、岗位工资、入职时已经获得的技术职称、技术工资、加班费标准、社保和医保缴费技术标准,以及该合同的开始日期、结束日期,还包括员工离职时需要填写的离职时间和离职原因,以及纸质签字复印件的保存等内容,具体创建步骤如下。

执行"创建"|"窗体"|"窗体向导"按钮,在弹出的"窗体向导"对话框中的"表/查询"下拉列表中选择"表:人事合同"选项,将"可用字段"列表框中的所有字段选择到"选定字段"列表框中,如图 8-182 所示。在"表/查询"下拉列表中选择"表:员工基础信息"选项,将"可用字段"列表框中有关员工"姓名""公司""部门""身份证号码"和"联系电话"字段选择到"选定字段"列表框中,并单击"下一步"按钮,如图 8-183 所示。

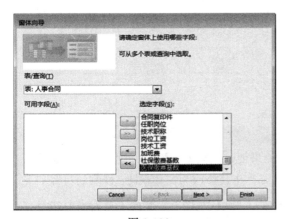
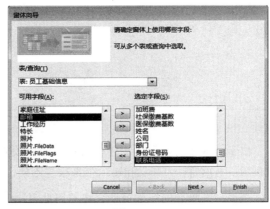

图 8-182　　　　　　　　　　　　　　图 8-183

在弹出的窗体左侧的列表框中选择"通过员工基础信息"创建主窗体,在窗体右侧勾选"带有子窗体的窗体"选项,单击"下一步"按钮,如图 8-184 所示。

在"请确定子窗体使用的布局"中选择"数据表"选项,单击"下一步"按钮,如图 8-185 所示。

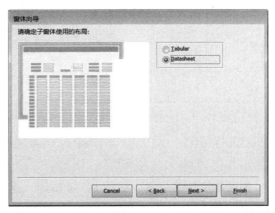

图 8-184　　　　　　　　　　　　　　图 8-185

为窗体命名后在窗体视图中打开并查看创建的窗体,如图 8-186 所示,在窗体上单击鼠标右键,在弹出的级联菜单中选择"设计视图"选项,进入设计视图并修改控件显示的格式。

用户可根据需求自行修改各控件的大小、位置、宽度、高度、字体、颜色等属性,如图 8-187 所示。

图 8-186　　　　　　　　　　　　图 8-187

由于"人事合同"子窗体中显示的内容较多,如果创建为数据表格式,则需要拖动滚动条才能显示所有信息,为查看和输入带来很多不便,因此需要将其修改为窗体视图。修改的步骤如下。

选择"人事合同"子窗体,在"属性表"|"全部"|"默认视图"右侧的下拉列表中选择"单个窗体"选项,如图 8-188 所示。

选择"人事合同"子窗体中的控件,并在"属性表"选项卡中对控件的高度、宽度等属性进行设置,如图 8-189 所示。

图 8-188　　　　　　　　　　　　图 8-189

修改各控件的位置,如图 8-190 所示,返回到窗体视图中,则"人事合同"的显示效果如图 8-191 所示。

第 8 章 创建窗体与美化窗体

图 8-190

图 8-191

> **提 示**
> "人事合同"窗体的数据输入，关系到员工工资的核算及自动创建电子版的合同报表，因此要求数据输入准确无误。

8.11.5 "招聘管理"录入窗体

招聘管理的录入不仅需要知道当前招聘岗位、人员等信息，也要参考以往发布的或同期发布的信息，因此需要创建为分割窗体，具体操作步骤如下。

在数据库左侧的导航条中选中"招聘管理"，执行"创建"｜"窗体"｜"其他窗体"｜"分割窗体"命令，如图 8-192 所示。

图 8-192

在创建的窗体上单击鼠标右键，在弹出的级联菜单中选择"设计视图"选项，如图 8-193 所示，进入窗体的设计视图。

261

图 8-193

根据用户需要设置各控件的长度、宽度、高度、位置及其他属性，将系统自动产生的不许手动修改的字段做出标记，设置完成后的设计视图如图 8-194 所示。

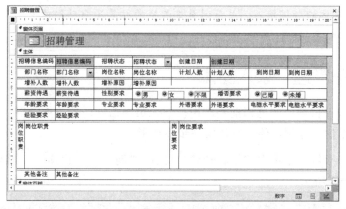

图 8-194

返回"招聘管理"窗体视图，效果如图 8-195 所示。

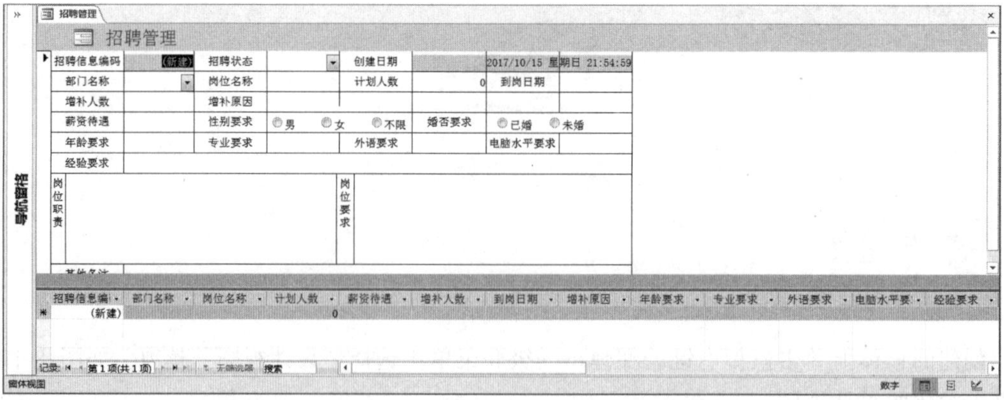

图 8-195

8.11.6 "用章登记表"录入窗体

"用章登记表"录入窗体创建完成后,可以直接在窗体中打印该表格,方便存档和查询,具体操作步骤如下。

在数据库左侧的导航窗格中选中"用章登记表"选项,执行"创建"|"窗体"|"窗体"命令。

在窗体上单击鼠标右键,在弹出的级联菜单中选择"设计视图"选项,进入到窗体的设计视图中。选中"主体"中的全部控件,并按"Delete"键删除。

执行"设计"|"控件"|"矩形"命令,并在"主体"中绘制一个高度为10cm,宽度为18cm,边框为实线的矩形,如图8-196所示。

— 提 示 ——

标准A4纸的尺寸为21cm×29.7cm,按照要求,用章申请表应一式两份,以此为依据设置矩形框的高度和宽度。

图 8-196

执行"设计"|"控件"|"直线"命令,在矩形中划分各个区域,如图8-197所示。

执行"设计"|"工具"|"添加现有字段"命令,打开"字段列表"对话框,在对话框中选中需要的字段,并将其拖动到"主体"中相应的位置,调整其高度和宽度,如图8-198所示。

263

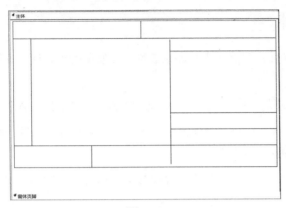
图 8-197

图 8-198

删除"窗体页眉"中的所有控件,在"主体"中添加文本框控件并输入"用章申请表",将其他所有空间下移,如图 8-199 所示。

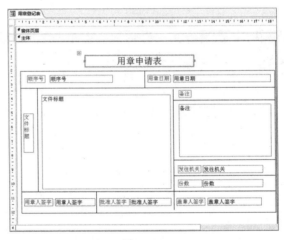
图 8-199

执行"设计"|"控件"|"直线"命令,绘制一条宽度为 16.686cm,上边距为 14.392cm,样式为点点划线的直线,如图 8-200 所示。

在直线控件前插入一个标签控件,并输入"由此剪开,一式二份",如图 8-201 所示。

图 8-200

图 8-201

选中用章申请表部分的所有控件,单击鼠标右键,在弹出的级联菜单中选择"复制"命令,如图 8-202 所示。

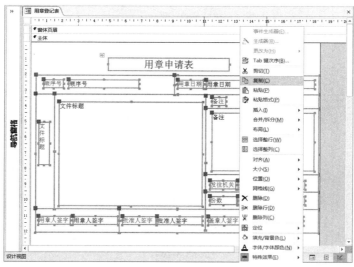

图 8-202

在空白处单击鼠标右键,在弹出的级联菜单中选择"粘贴"命令,并调整粘贴后的所有控件至"主体"的下半部分,如图 8-203 所示。

图 8-203

返回到窗体视图中,此时在窗体中输入第一条用章申请的内容,两张表格便会产生相同的数据,如图 8-204 所示。

图 8-204

打开该窗体的设计视图,执行"设计"|"控件"|"按钮"命令,在"主体"中绘制一个按钮,在弹出的"命令按钮向导"对话框的"类别"列表框中选择"窗体操作"选项,在"操作"列表框中选择"打印当前窗体"选项,单击"下一步"按钮,如图 8-205 所示。

图 8-205

选择"图片"选项,在列表框中选择"打印机"选项,并单击"下一步"按钮,在"请指定按钮的名称"文本框中输入按钮的名称,并单击"完成"按钮。

返回窗体视图,打印效果如图 8-206 所示。

图 8-206

8.11.7 "办公用品领用明细表"录入窗体

办公用品领用明细表的主要用途是记录领用情况,因此不需要太过复杂的录入界面,可以创建"多个项目"窗体,具体操作步骤如下。

在数据库左侧的导航窗格中选中"办公用品领用明细表"选项,执行"创建"|"窗体"|"其他窗体"|"多个项目"命令,如图 8-207 所示。

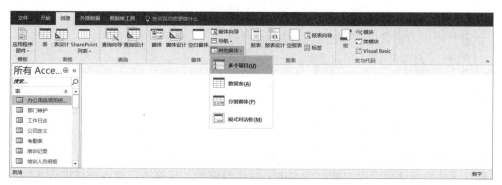

图 8-207

在打开的窗体布局视图中调整控件的高度、宽度及顺序即可，如图 8-208 所示。

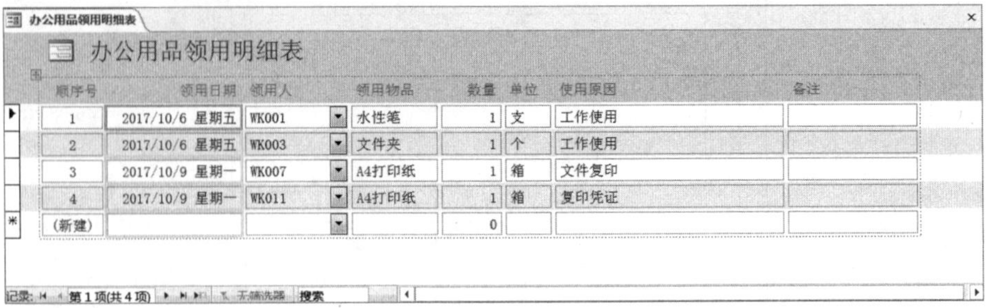

图 8-208

返回到窗体视图中，即可向窗体录入数据，如图 8-209 所示。

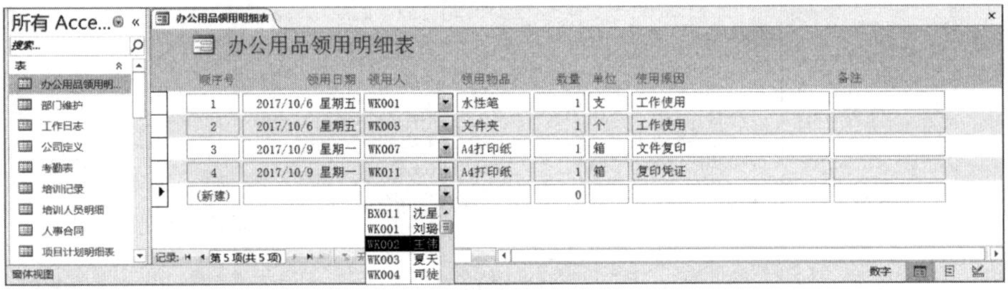

图 8-209

8.11.8 "培训记录"录入窗体

由于在前面的介绍中已经将培训记录表与培训人员明细表创建了关系，打开培训记录表，点开每条记录前面的田按钮，可见本次培训具体的人员名单，如图 8-210 所示。

图 8-210

因此，创建"培训记录"的录入窗体，只需要执行"创建"|"窗体"|"窗体"命令即可，用户只需要在窗体的设计视图中对控件的高度、宽度等属性进行修改，修改完成的效果如图 8-211 所示。

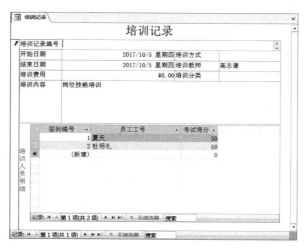

图 8-211

8.11.9 "项目计划明细表"录入窗体

"项目计划明细表"录入窗体与"培训记录"录入窗体,采用同样的方法创建窗体,还可以为窗体添加一些便于操作的控件,完成后的效果如图 8-212 所示。

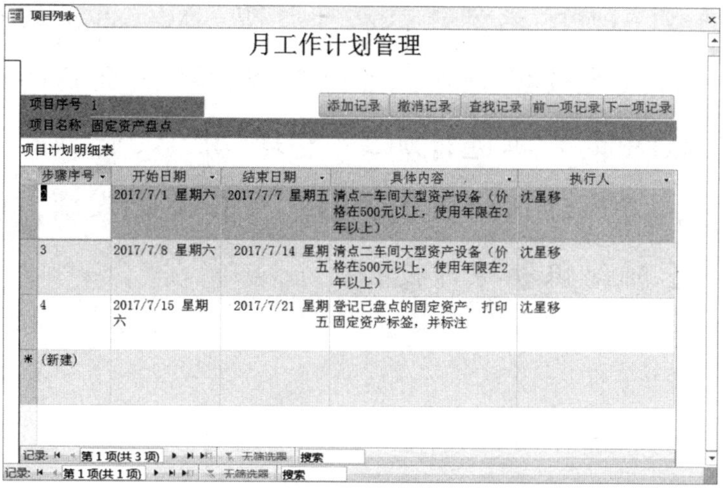

图 8-212

第 9 章
创建报表

在实际工作中,除了使用 Excel 电子表格来设计表格,还可以通过 Access 来创建报表并打印。Access 中的报表由报表格式和报表数据构成,可以对提供报表数据的数据表(或查询表)中的数据进行加工、整理、汇总、计算等操作。在本章中,将详细介绍报表视图、报表设计基础,以及创建报表的基础知识和操作技巧。

9.1 报表的概述

一般，报表中的数据源多是从数据表和查询表中获取的。同时，报表与窗体类似，都需要控件来显示这些数据，并且可以在报表与其数据源之间创建联系——绑定控件。

9.1.1 了解报表

在 Access 中，用户可以使用报表向导或报表设计图创建报表。

1. 认识报表

在报表中，可以设置控件的数据大小和显示方式，并以需要的方式显示相应的内容。例如，可以增加多级汇总、统计比较，甚至可以加上图片和图形。

报表中的大部分内容是从基表、查询和 SQL 语句中获得的。同时，在 Access 中，报表使用图形化控件对象，可以在报表与其记录来源之间创建联系。

在报表中添加控件的方法和在窗体中添加控件的方法基本相同，在报表中编辑控件的方法和在窗体中进行的操作也完全一样。

而报表与窗体之间的区别在于输入目的不同，如窗体主要用于数据的输入，而报表既可以用屏幕的形式也可以用复制的形式输入数据。窗体上的计算字段通常是根据记录中的字段计算总数，而报表中的计算字段是根据记录分组形式对所有记录进行计算处理。报表除了不能进行输入的功能之外，可以完成窗体的所有工作。

2. 报表的组成

在 Access 的导航窗格中，选择数据表或查询表，执行"创建"|"报表"|"报表"命令，如图 9-1 所示，即可创建报表。在报表的标题栏单击鼠标右键，执行"设计视图"命令，切换至报表的设计视图模式，如图 9-2 所示。

图 9-1   图 9-2

在视图中，报表的组成内容与窗体的组成大同小异，每个组成部分的作用也相同。

报表也是按节来设计的。若要创建有实效的报表，需要了解每一节报表的工作方式。下面来说明节的类型及用法。

1）报表页眉

本节仅在报表开头显示一次。使用报表页眉可以放置通常可能出现在封面上的信息，如 LOGO、公司名称、标题或日期。

如果将使用 Sum 聚合函数的计算控件放在报表页眉中，则计算后的总和是针对整个报表的。报表页眉显示在页面页眉之前。

2）页面页眉

本节显示在每一页的顶部。例如，使用页面页眉可以在每一页上重复报表标题。

3）组页眉

本节显示在每个新记录组的开头。使用组页眉可以显示组名称。例如，在按产品分组的报表中，可以使用组页眉显示产品名称。如果将使用 Sum 聚合函数的计算控件放在组页眉中，则总计当前组的数据。

4）主体

本节对记录源中的每一行只显示一次。该节是构成报表主要部分的控件所在的位置。

5）组页脚

本节显示在每一组的结尾。使用组页脚可以显示组的汇总信息。

6）页面页脚

本节显示在每一页的结尾。使用页面页脚可以显示页码或每一页的特定信息。

7）报表页脚

本节仅在报表结尾显示一次。使用报表页脚可以显示针对整个报表的报表汇总和其他汇总信息。

> **提示**
> 在设计视图中，报表页脚显示在页面页脚的下方。不过，在打印或预览报表时，在最后一页上，报表页脚位于页面页脚的上方，紧靠最后一个组页脚或明细行之后。

9.1.2 报表视图

报表的视图方式与窗体的视图方式也非常像。它主要为设计报表提供操作窗口，不同的视图方式针对的设计报表的方法也不同。

1. 报表视图

报表视图与窗体视图的作用相同，都是为了显示设计对象后的实际效果。实际上是报表运行时显示设计对象后的实际效果，以及显示所绑定的数据内容，如图 9-3 所示。

11月工资表

11月工资表

月度	部门	工号	姓名	实际出勤天数	岗位实领	技术工资	绩效奖金	加班奖金	迟到罚款	违纪罚款	社保个人	医保个人	公积金个人	社保单位	失业单位
11	董事会	WK001	刘璐	26	6800	1900	0	0	0	0	360	90	680	900	90
	董事会	WK002	王伟	26	5000	1800	0	0	0	0	320	80	500	800	80
	发展部	WK005	杨硕	26	3800	1600	0	0	0	0	280	70	380	700	70
	发展部	WK006	丁凯	26	3800	1600	0	0	0	0	280	70	380	700	70
	发展部	WK007	张大健	26	3800	1600	0	0	0	0	280	70	380	700	70
	人事部	WK008	周莹	26	6000	1500	0	0	0	0	320	80	600	800	80
	生产部	WK009	吴聘	26	5000	1800	0	0	0	0	320	80	500	800	80
	生产部	WK010	沈星移	26	6000	1500	0	0	0	0	320	80	600	800	80
	销售部	WK003	夏天	26	4000	800	0	0	0	0	280	70	400	700	70
	销售部	WK004	司徒奕	26	4000	1500	0	0	0	0	280	70	400	700	70
	综合部	WK011	春杏	26	6000	1500	0	0	0	0	320	80	600	800	80
	综合部	WK012	沈四海	26	6000	1500	0	0	0	0	320	80	600	800	80
	综合部	WK013	杜明礼	26	6000	1500	0	0	0	0	320	80	600	800	80
	综合部	WK014	王俭蕾	26	4000	0	0	0	0	0	240	60	400	600	60
	综合部	WK015	随丽娜	26	4500	2000	0	0	0	0	320	80	450	800	80
	综合部	WK016	鲍丽	26	4000	800	0	0	0	0	280	70	400	700	70
	综合部	WK017	雷鸣	26	4000	0	0	0	0	0	240	60	400	600	60
	综合部	WK018	杨思伟	26	4000	800	0	0	0	0	280	70	400	700	70
	综合部	WK019	李磊	26	4000	800	0	0	0	0	280	70	400	700	70
	综合部	WK020	孙治	26	4000	800	0	0	0	0	280	70	400	700	70
合计	总 '月度' = 11 (20 项明细记录)				94700	25300	0	0	0	0	5920	1480	9470	14800	1480
总计					94700	25300	0	0	0	0	5920	1480	9470	14800	1480

图 9-3

2. 布局视图

在布局视图中，报表中的数据与最终浏览时的效果非常相似，并且还可以对报表进行更改，如图 9-4 所示。

11月工资表

11月工资表

月度	部门	工号	姓名	实际出勤天数	岗位实领	技术工资	绩效奖金	加班奖金	迟到罚款	违纪罚款	社保个人	医保个人	公积金个人	社保单位	失业单位
11	董事会	WK001	刘璐	26	6800	1900	0	0	0	0	360	90	680	900	90
	董事会	WK002	王伟	26	5000	1800	0	0	0	0	320	80	500	800	80
	发展部	WK005	杨硕	26	3800	1600	0	0	0	0	280	70	380	700	70
	发展部	WK006	丁凯	26	3800	1600	0	0	0	0	280	70	380	700	70
	发展部	WK007	张大健	26	3800	1600	0	0	0	0	280	70	380	700	70
	人事部	WK008	周莹	26	6000	1500	0	0	0	0	320	80	600	800	80
	生产部	WK009	吴聘	26	5000	1800	0	0	0	0	320	80	500	800	80
	生产部	WK010	沈星移	26	6000	1500	0	0	0	0	320	80	600	800	80
	销售部	WK003	夏天	26	4000	800	0	0	0	0	280	70	400	700	70
	销售部	WK004	司徒奕	26	4000	1500	0	0	0	0	280	70	400	700	70
	综合部	WK011	春杏	26	6000	1500	0	0	0	0	320	80	600	800	80
	综合部	WK012	沈四海	26	6000	1500	0	0	0	0	320	80	600	800	80
	综合部	WK013	杜明礼	26	6000	1500	0	0	0	0	320	80	600	800	80
	综合部	WK014	王俭蕾	26	4000	0	0	0	0	0	240	60	400	600	60
	综合部	WK015	随丽娜	26	4500	2000	0	0	0	0	320	80	450	800	80
	综合部	WK016	鲍丽	26	4000	800	0	0	0	0	280	70	400	700	70
	综合部	WK017	雷鸣	26	4000	0	0	0	0	0	240	60	400	600	60
	综合部	WK018	杨思伟	26	4000	800	0	0	0	0	280	70	400	700	70
	综合部	WK019	李磊	26	4000	800	0	0	0	0	280	70	400	700	70
	综合部	WK020	孙治	26	4000	800	0	0	0	0	280	70	400	700	70
合计	总 '月度' = 11 (20 项明细记录)				94700	25300	0	0	0	0	5920	1480	9470	14800	1480
总计					94700	25300	0	0	0	0	5920	1480	9470	14800	1480

图 9-4

3. 设计视图

该视图提供了报表结构更详细的内容，并且可以修改各部分的报表控件内容，以灵活设计的方式做出用户满意的报表，如图 9-5 所示。

另外，在设计报表视图的过程中，用户还可以调整报表页面的大小。

图 9-5

4. 打印预览视图

对文档进行打印设置后，可以通过打印预览视图查看报表的打印效果。

在该视图方式下，鼠标将变成放大图标或缩小图标。在放大状态下，单击鼠标即可放大报表内容；在缩小状态下，单击鼠标即可缩小报表内容。

在该视图中，用户可以设置页面布局、显示比例、页面大小等，如图 9-6 所示。

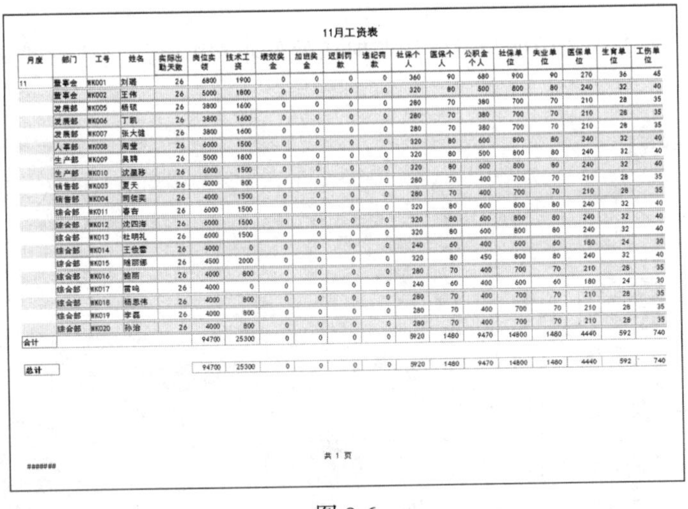

图 9-6

9.1.3 报表设计基础

用户通过选择报表的不同类型，可以更改报表内容的显示规则。现在的 Access 中的报表类型与之前版本的类型不完全相同。

1．确定报表布局

设计报表时，应先考虑如何在页面上排列数据，以及如何在数据库中存储数据。

在设计过程中，有时会发现表中数据的排列方式与之前想象的有一些差距。这说明表未被规范化，而数据并未采用最有效的存储方式。

对刚接触报表的用户来说，在设计报表之前，可以先在纸上绘制一个报表草图，并用每个框标明每个字段的布局及名称，这样将对创建报表大有裨益。

创建完草图后，确定哪些表包含显示在报表上的数据。如果所有数据都包含在一个表中，则可以直接基于该表创建报表。

但很多时候，所需的数据都存储在多个表中，必须先用查询将它们集中在一起，然后在报表上显示这些数据，也可以将查询嵌入报表的"控件来源"属性中。

2．确定排列方式

大多数报表都是用表格或堆积布局排列的，Access 提供了非常灵活的操作方式，用户可以使用所需的记录和字段的任何排列方式。

1）表格式布局

表格式布局类似于电子表格，其顶部横向排列了若干标签，数据则在这些标签之下的列中对齐。此布局之所以称为表格式布局，是因为数据的外观与表类似。当报表中的字段相对较少且以简单的列表格式显示数据时，可以使用表格式布局。

2）纵栏表格式布局

纵栏表格式布局类似于从联机零售商处进行采购时要填写的表单，对每条数据都加以标记，而字段则互相堆叠在一起。

此布局适用于因包含的字段过多而无法使用表格式布局显示的报表，如列的宽度将超出报表的宽度。

3）混合布局

在实际工作中，用户可以混合使用表格式布局和纵栏表格式布局。如对于每一个记录，可以将部分字段排列成水平格式，同时将同一记录的其他字段用一种或多种纵栏表格式布局排列。

4）两端对齐布局

如果使用报表向导创建报表，则可以选择使用两端对齐布局。此布局使用页面的整个宽度，以尽可能细密的方式显示记录。

当然，即使不使用报表向导，也可以实现相同的效果，但要让各个字段完全对齐。如果使用则需要下一番功夫。如果要在报表上显示大量字段，则适合使用两端对齐布局，若使用表格式布局，字段将伸出页面边缘；若使用纵栏表格式布局，每个记录将占据更多的垂直空间，这样不仅浪费纸张，还会增加阅读难度。

> **提示**
>
> 除了上述较常用的布局格式，Access 还会根据用户选择的不同表/查询对象，设置不同的布局格式，如递阶、块、大纲等。

3. 报表中的数据

每个报表都有一个或多个报表节，而"主体"节是每个报表共有的。对于报表所基于的表或查询中的每个记录，此节会重复一次。

下表描述了每个节的位置及其常见用法。

节	位　置	典型内容
报表页眉	只出现一次，位于报表第一页的顶部	标题、徽标或当前日期
报表页脚	出现在最后一行数据之后，且位于报表最后一页的页脚节之上	报表汇总，如求和、计数、平均值等
页眉节	出现在报表每个页面顶部	标题页码
页脚节	出现在报表每个页面底部	当前日期页码
组页眉节	出现在一组记录的最前面	作为分组依据的字段
组页脚节	出现在一组记录的最后面	求和、计数、平均值等

例如，可以在设计视图中添加报表的标题、徽标和当前日期控件内容，如图 9-7 所示。

图 9-7

9.2 创建报表

报表由从表或查询获取的信息，以及在设计报表时所存储的信息（如标签、标题和图形）组成，而提供基础数据的表或查询也称为报表的记录源。在 Access 中，用户可以创建各种由简到繁的报表，包括单一报表、分组报表、子报表等。

创建报表应从考虑报表的记录源入手，无论报表是简单的记录堆积，还是按区域分组的销售数据汇总，必须确定字段包含在报表中显示的数据，以及数据所在的表或查询。

9.2.1 创建单一报表

创建单一报表也就是创建普通的报表，它与创建窗体的方式相似，并且可以通过多种方法进行创建工作。

1. 使用报表工具创建

报表工具为用户提供了最快捷的报表创建方式，因为它会立即生成报表，而不会提示任何信息，并且生成的报表将显示表或查询中的所有字段。

报表工具可能无法创建用户较满意的报表格式，但对于迅速查看表或查询中的数据极其有用。当然，用户可以保存该报表，并在布局视图或设计视图中进行修改，以使报表布局更好地满足用户的需求。

在导航窗口中，选择数据表，执行"创建"|"报表"|"报表"命令，如图 9-8 所示，即可基于所选数据表创建报表，如图 9-9 所示。

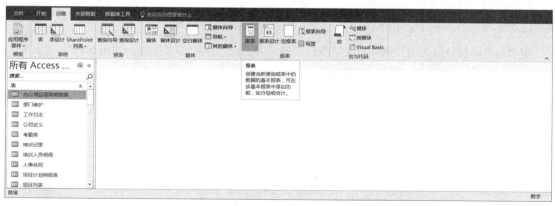

图 9-8

图 9-9

2. 使用向导创建

选择记录源后,通常会发现使用报表向导是最容易的报表创建方法。报表向导是 Access 中的一项功能,它会引导用户完成一系列创建工作,并生成报表。

在导航窗口中,选择数据表,执行"创建"|"报表"|"报表向导"命令,如图 9-10 所示。

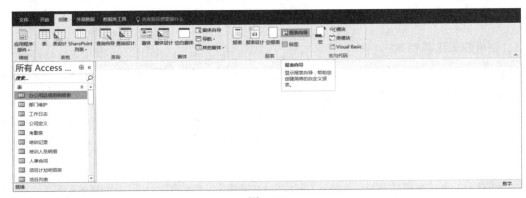

图 9-10

在弹出的"报表向导"对话框中设置"表/查询"选项,将"可用字段"列表框中的字段添加到"选定字段"列表框中,并单击"下一步"按钮,如图 9-11 所示。

使"是否添加分组级别"选项组保持默认设置,并单击"下一步"按钮,如图 9-12 所示。

图 9-11

图 9-12

在"请确定记录所用的排序次序"选项组中，设置字段的排序次序，并单击"下一步"按钮，如图 9-13 所示。

在"请确定报表的布局方式"选项组中，选中"布局"栏中的"表格"选项，同时选中"方向"栏中的"纵向"选项，并单击"下一步"按钮，如图 9-14 所示。

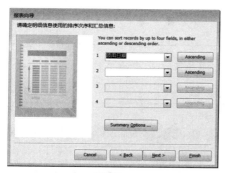

图 9-13

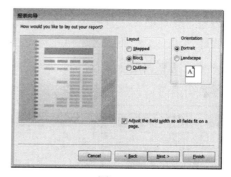

图 9-14

在"请为报表指定标题"文本框中输入报表标题，同时选中"预览报表"选项，并单击"完成"按钮，如图 9-15 所示。

图 9-15

完成后报表视图中的显示结果如图 9-16 所示。

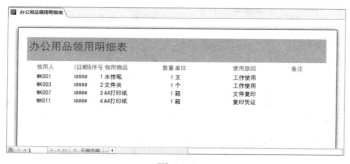

图 9-16

3. 使用标签工具创建

Access 将在打印预览中显示标签，以便让用户看到标签打印后的效果。并且可以使用 Access 状态栏上的滑块控件来放大细节，查看和打印报表的详细信息。

在导航窗口中，选择数据表，执行"创建"|"报表"|"标签"命令，如图 9-17 所示。

在弹出的"标签向导"对话框中指定标签尺寸，并单击"下一步"按钮，如图 9-18 所示。

> **提示**
> 用户可以选择"度量单位"栏中的选项，更改标签显示尺寸的单位，如英制或公制；还可以设置标签类型，如送纸或连续。

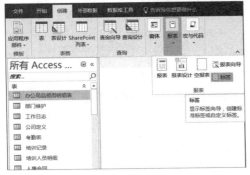

图 9-17

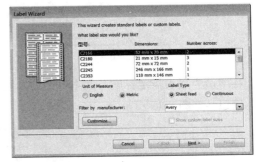

图 9-18

在"请选择文本的字体和颜色"选项组中，设置文本的字体和字号，以及字的粗细和颜色，并单击"下一步"按钮，如图 9-19 所示。

在"请确定邮件标签的显示内容"选项组中，将"可用字段"列表框中的字段添加到"原型标签"列表框中，并单击"下一步"按钮，如图 9-20 所示。

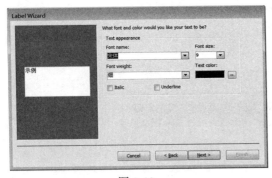

图 9-19

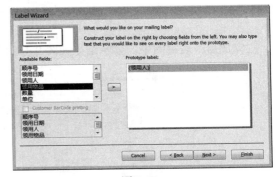

图 9-20

在"请确定按哪些字段排序"选项组中，将"可用字段"列表框中的字段添加到"排序依据"列表框中，并单击"下一步"按钮，如图 9-21 所示。

在"请指定报表的名称"文本框中,输入报表名称,同时选中"查看标签的打印预览"选项,并单击"完成"按钮,如图 9-22 所示。

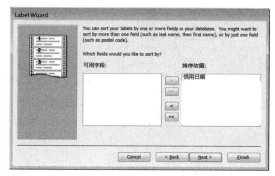

图 9-21

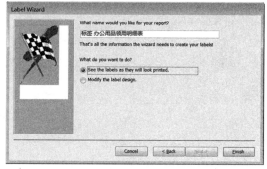

图 9-22

> **提示**
> 打印预览可以看到多个列的视图,其他视图将数据显示在单个列中。

4. 使用空白报表创建

如果对使用报表工具或报表向导创建的报表不满意时,可以使用空白报表工具生成报表。

这是一种快捷的报表生成方式,在报表上放置很少几个字段时较为常用。

在导航窗格中,选择数据表,执行"创建"|"报表"|"空报表"命令,即可创建空白报表,如图 9-23 所示。

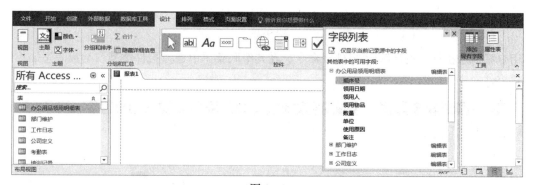

图 9-23

此时,新报表可以通过布局视图显示及浏览。"字段列表"窗口与窗体中的"字段列表"窗口的功能及作用相同,操作方法也相同,在此不再阐述。

将"字段列表"窗口中需要显示的表的字段拖至报表窗口中,即可显示该字段内容,如图 9-24 所示。

图 9-24

5. 使用设计视图创建

通过设计视图所创建的空报表，用户可以对其进行高级设计及更改，如添加控件、设置控件类型、计算、编写代码等。执行"创建"|"报表"|"报表设计"命令，即可创建名称为"报表1"的报表，并以设计视图显示，如图 9-25 所示。

图 9-25

用户可通过执行"设计"|"控件"命令，在其级联菜单中选择控件类型，为报表添加控件，并设置控件内容，如图 9-26 所示。

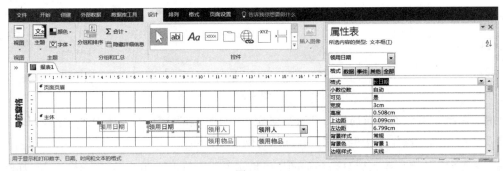

图 9-26

9.2.2 创建分组报表

在报表中,如果按区域对销售情况进行分组,则可以使销售趋势一目了然,而在其他情况下可能不容易看出这些趋势。此外,还可以在各个组的结尾处进行汇总,从而减少大量手工计算工作。

用户可以使用报表向导创建基本的分组报表,在报表中添加分组和排序,或者修订已定义的分组和排序选项。

1. 关键分组和排序

打印报表时,通常需要按特定顺序组织记录。例如,在打印客户信息时,可能希望按客户姓名或工资名称的字母顺序对记录进行排序。

对于报表中的大量数据来说,有时仅对记录进行排序还不够清晰,可能还需要将它们划分为组。通过分组,可以直观地区分各组记录,并显示每个组的介绍性内容和汇总数据。

例如,可以将"员工基础信息"中的记录按不同的籍贯进行分组,如图 9-27 所示。

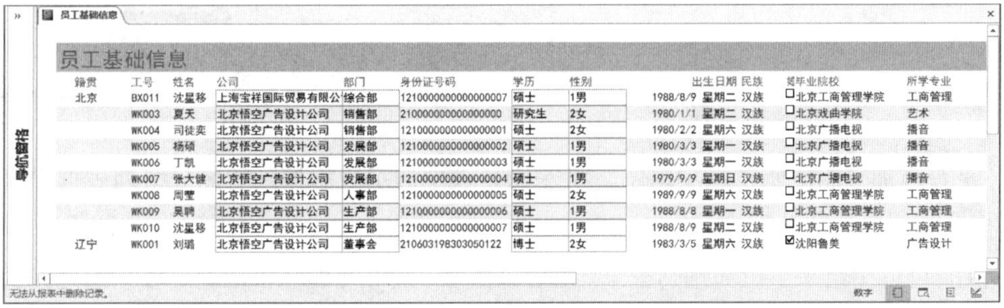

图 9-27

另外,Access 可以根据分组级别嵌套各个组。作为分组依据的第一个字段是第一个也是最重要的分组级别,第二个分组依据字段是下一个分组级别,以此类推。图 9-28 显示了 Access 是如何嵌套组的。

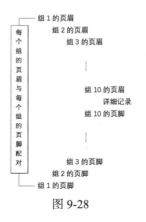

图 9-28

通常，在组开头单独的节中使用组页眉来显示该组的标识数据，在组结尾单独的节中使用组页脚来汇总组中的数据。

2. 使用向导创建

执行"创建"|"报表"|"报表向导"命令，如图 9-29 所示。

在弹出的"报表向导"对话框中，设置"表/查询"选项，将"可用字段"列表框中的字段添加到"选定字段"列表框中，并单击"下一步"按钮，如图 9-30 所示。

图 9-29　　　　　　　　　　　　　　图 9-30

在"是否添加分组级别"选项组中，将左侧列表中的字段添加到右侧分组列表框中，并单击"分组选项"按钮，如图 9-31 所示。

分组后，可以按组来组织和排列记录。组可以嵌套，这样便能轻松地确定各个组之间的关系，并迅速找到所需要的信息。还可以使用分组来计算汇总信息，如汇总和百分比等。

在弹出的"分组间隔"对话框中，设置每一个分组的分组间隔，如图 9-32 所示，单击"确定"按钮返回"报表向导"对话框，并单击"下一步"按钮。

图 9-31　　　　　　　　　　　　　　图 9-32

在"请确定明细信息使用的排序次序和汇总信息"选项组中,设置排序字段和方式,并单击"下一步"按钮,如图 9-33 所示。

> **提示**
> 用户可以单击"汇总选项"按钮,在弹出的对话框中设置汇总字段的计算方式。

在"请确定报表的布局方式"选项组中,选中"布局"栏中的"大纲"选项,同时选中"方向"栏中的"纵向"选项,并单击"下一步"按钮,如图 9-34 所示。

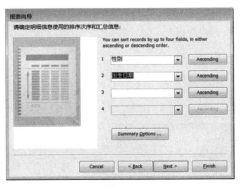
图 9-33

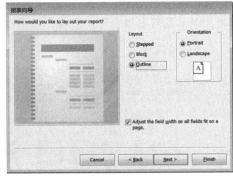
图 9-34

在"请为报表指定标题"文本框中,输入报表标题,选中"预览报表"选项,并单击"完成"按钮,如图 9-35 所示。

图 9-35

9.2.3 创建子报表

使用关系数据时,通常需要从同一报表上的多个表或查询中查看信息,此时,可通过子报表来实现该功能。

子报表可以按符合逻辑、易于阅读的方式,在报表上同时显示公司和部门信息。

1. 子报表概述

子报表是插入在另一个报表中的报表，与前面介绍的子窗体非常相似。合并报表时，其中一个报表必须用作主报表，以包含另一个报表。

主报表可以是绑定的，也可以是未绑定的。绑定报表指可以显示数据并具有在其记录源属性中指定的表/查询或 SQL 语句的报表。未绑定报表指不给予表/查询或 SQL 语句的报表。

未绑定主报表无法显示其本身的任何数据，但是仍然可以作为要合并的不相关子报表的主报表。

主报表包含一个或多个子报表通用的数据，子报表包含与主报表中的数据相关的数据。例如绑定到相关记录源的主报表和子报表，如图 9-36 所示。

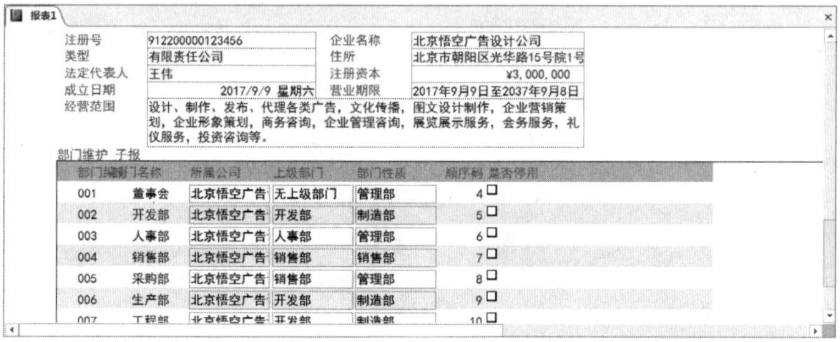

图 9-36

2. 报表上的子窗体

除子报表外，主报表还可以包含子窗体，并且可以包含任意数量的子窗体和子报表。

此外，主报表可以包含最多七个层次的子窗体和子报表。例如，一个报表可以包含一个子报表，该子报表又可以包含一个子窗体或子报表，直到第七层。如果向报表中添加了子窗体，并在报表视图中打开了报表，则可以使用子窗体对记录进行筛选和浏览。

附加到窗体及其控件的 VBA 代码和嵌入的宏仍可以运行，不过有时也会被禁用。

插入与主报表中的数据相关的信息的子窗体或子报表时，必须将子报表控件链接到主报表。此链接可确保子窗体或子报表中显示的记录与主报表中显示的记录相对应。

使用向导或将对象从导航窗口拖动到报表创建子窗体或子报表时，如果满足下列条件的任何一个，Access 会自动将子窗体或子报表链接到主报表。

- 定义所选的表之间的关系，或者定义所选的作为查询基础的表之间的关系。
- 主报表基于带有主键的表，而子窗体或子报表基于包含与主键同名的字段且具有相同或兼容的数据类型的表。

3. 创建子报表

如果要将子报表链接到主报表，需要所基于的记录源之间是相关联的。

首先在设计视图中打开要用作主报表的报表。然后，执行"设计"|"控件"|"子窗体/子报表"命令，并拖动鼠标绘制控件，如图 9-37 所示。

图 9-37

> **提 示**
>
> 在执行"子窗体/子报表"命令之前，需要先执行"使用控件向导"命令，确保该功能被激活。

在弹出的"子报表向导"对话框中，选中"使用现有的表和查询"选项，并单击"下一步"按钮，如图 9-38 所示。如果选中"使用现有的报表或窗体"选项，则需要在其下方的列表框中选择要包括在子报表中的字段的表/查询。

在"请确定在子窗体或子报表中包含哪些字段"选项组中，设置"表/查询"选项，将"可用字段"列表框中的所有字段添加到"选定字段"列表框中，并单击"下一步"按钮，如图 9-39 所示。

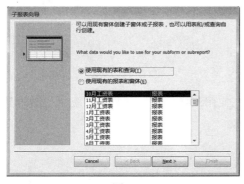

图 9-38

图 9-39

在弹出的对话框中，选中"从列表中选择"选项，并单击"下一步"按钮，如图 9-40 所示。在此，如果选择"自行定义"单选按钮，可以自行设计字段内容，并将子报表链接到主报表，确

287

保包含要用于创建该链接的字段。

在"请指定子窗体或子报表的名称"文本框中输入报表的名称，并单击"完成"按钮，如图 9-41 所示。

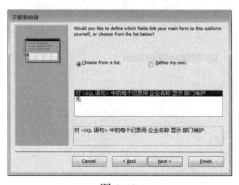
图 9-40

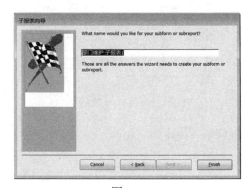
图 9-41

此时，在报表中所绘制的控件位置将显示所添加的子报表，如图 9-42 所示。

图 9-42

9.3 设置报表

报表包括控件、页眉页脚和主体等内容，一般在使用向导创建报表时，系统便主动为其添加了控件，除了系统自动添加，用户还可进行手动添加。

9.3.1 使用控件布局

控件布局是 Access 中新增的一项功能，它们实际上是一些参考线，在布局视图或设计视图中可以在报表中添加控件。

控件布局与表格类似，其中每个单元格都可以包含标签、文本框或任何其他类型的控件。

1．更改控件排列

控件布局不仅有助于在行和列中实现统一的数据对齐方式，还可以简化添加、调整或删除字段的操作。

利用"排列"选项卡"表"选项组中的工具，可以更改控件的布局方式，还可以删除布局中的控件。

例如，选择控件，执行"排列"|"表"|"堆积"或"表格"命令，即可更改控件的排列方式，如图 9-43 所示。

图 9-43

2．删除布局链接

用户在调整布局时，一般需要先选择控件表格前的选择柄，拖动该选择柄即可移动控件位置。

但如果需要调整单个控件，或者将控件与标签分离开，可执行"排列"|"表"|"删除布局"命令，即可删除布局链接，如图 9-44 所示。

图 9-44

3．设置控件内间距

在报表中，每个控件中的文字（如标签）都居于边框的左上角。用户可以通过执行"排列"|"位置"|"控件边距"命令，在其级联菜单中选择需要的选项即可。例如，选择"窄"选项，如图 9-45 所示。

289

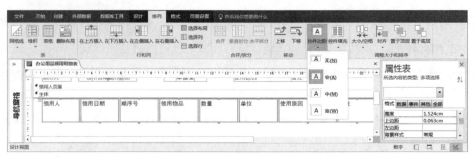

图 9-45

控件边距包括以下四个选项。

- 无。文字将紧贴边框的左上角。
- 窄。将文字居于边框左上角，但产生较小的距离。
- 中。将文字居于边框上、下的中间位置。
- 宽。将文字居于下边框位置，并与右边框产生一定的距离。

> **提 示**
> 设置控件的边距与单击"字体"组中的"居中"按钮不同。"居中"按钮主要设置文字与边框的左、右位置，而控件边距调整文字与边框的上、下位置。

4．设置控件之间的间距

执行"排列"|"位置"|"控件填充"命令，在级联菜单中选择相应的选项即可更改控件之间的距离，如图 9-46 所示。

图 9-46

9.3.2 设置报表节

在设计视图中，除添加控件和调整控件的布局方式外，还可以调整报表节的位置，以及添加/删除报表节内容。

第 9 章 创建报表

1. 添加或删除页眉和页脚

页眉和页脚属于报表节，可用于显示整个报表或报表中每个页面的通用信息。

例如，可以添加页面页脚节，以便在每个页面的底部显示页脚，也可以添加页面页眉节来显示整个报表的标题。

在设计视图中，用鼠标右键在页眉或页脚的位置单击，执行"页面页眉/页脚"或"报表页眉/页脚"命令，即可添加或删除页眉和页脚，如图 9-47 所示。

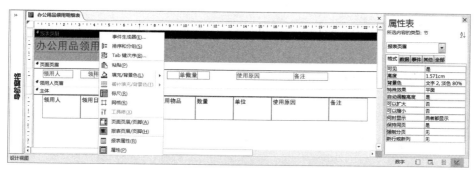

图 9-47

默认情况下，组页眉和页脚使用组所给予的字段名或表达式命名。

Access 始终成对添加页面和报表的页眉和页脚节。当用户只需要一个节时，可以调整不使用的节，使其高度变为零（0），从而避免在报表中添加额外的垂直控件。

例如，将光标置于不使用的节的底部，直至指针变为双向箭头，向上拖动鼠标到将该节隐藏为止，如图 9-48 所示。如果该节中含有任何控件，则必须先删除它们才能完全隐藏该节。

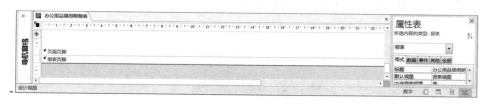

图 9-48

2. 添加页码

页码用于显示当前页面的页号。通过页码可以确定报表的位置。一般应将页码显示或打印在窗体和报表的顶部或底部。

执行"设计"|"页眉/页脚"|"页码"命令，如图 9-49 所示。

在弹出的"页码"对话框中，设置页码格式和位置，单击"确定"按钮即可，如图 9-50 所示。

高效办公：玩转 Access 数据库

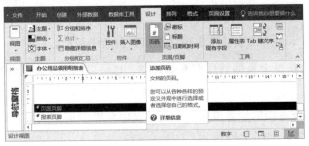

图 9-49　　　　　　　　　　　　　　　　　图 9-50

"页码"对话框中主要包括下列选项。

- 格式。一般包含两种页码格式，只显示当前页数或显示当前页和总共页数。
- 位置。可以确定页码显示于页面的顶端（页眉）或页面的底端（页脚）。
- 对齐。该列表中包含左、中、右、内和外对齐方式。该对齐设置主要针对该节内所指定的位置。
- 首页显示页码。选择该复选框，可以在报表首页中显示页码。

3．添加日期

在报表上，日期和时间字段显示包含这些字段的页面打印或预览的系统日期和时间。

执行"设计"|"页眉/页脚"|"日期和时间"命令，如图 9-51 所示。

在弹出的"日期和时间"对话框中，设置日期和日期格式，并单击"确定"按钮，如图 9-52 所示。

在"日期和时间"对话框中，可以选择"包含日期"或"包含时间"复选框，以插入显示日期和时间的内容。若禁用某一个复选框，则不显示该信息。

图 9-51　　　　　　　　　　　　　　　　　图 9-52

9.3.3 运算数据

若要计算报表中所包含字段的数据，则可以使用计算控件，并且在报表中使用计算控件的方法与在窗体中使用计算控件的方法相同。

1. 计数

计数功能在对报表中包含的记录进行计数时非常有用。在分组或摘要报表中，可以显示每个组中的记录计数。或者可以为每个记录添加一个行号，以便于记录间的相互引用。

首先，打开报表，切换到布局视图，选择需要计数的字段，并且确保该字段不包含 Null 值。然后，执行"设计"|"分组和汇总"|"合计"|"记录计数"命令，如图 9-53 所示。此时，在"报表页脚"中将显示=Count(*)表达式，如图 9-54 所示。

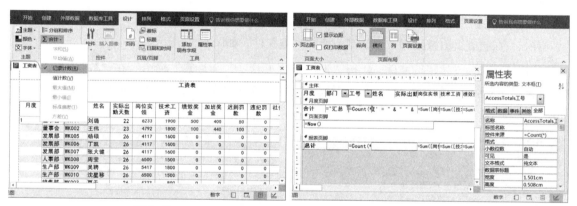

图 9-53　　　　　　　　　　　　　图 9-54

通过报表视图浏览其效果，如图 9-55 所示。

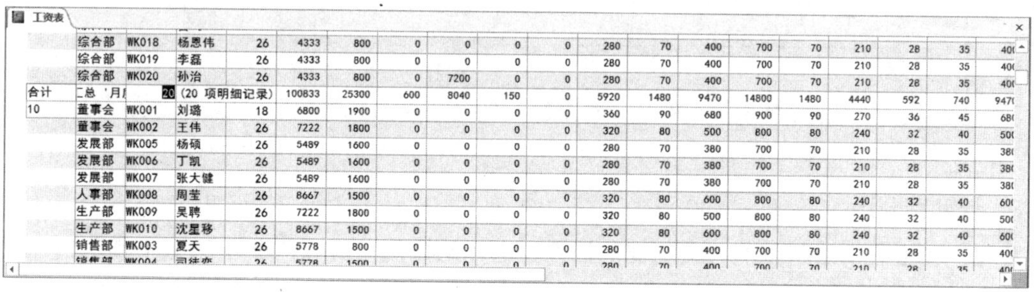

图 9-55

2. 求和

在布局视图中，选择需要计数的字段，执行"设计"|"分组和汇总"|"合计"|"求和"命令，如图 9-56 所示。

图 9-56

另外，在设计视图中，为用户提供了对总计位置的更多控件，并且通过计算控件就可以实现。若在分组报表中，可以将总计或其他计算放入每个组的页眉或页脚。

首先，在报表页眉或页脚节中绘制一个文本框控件，如图 9-57 所示。

然后，选择"文本框"控件，执行"设计"|"工具"|"属性表"命令，在"数据"选项卡的"控件来源"属性文本框中输入 Count()函数计算员工总数。例如，输入"=Count([姓名])"表达式，如图 9-58 所示。

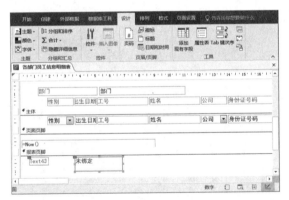

图 9-57

图 9-58

3．计算百分比

首先，在报表中绘制一个"文本框"控件，选择此控件，执行"设计"|"工具"|"属性表"命令。在"数据"选项卡的"控件来源"属性文本框中输入一个用较小总计除以较大总计的表达式（较小总计是较大总计的一部分）。例如，输入"=[社保单位]/[岗位工资]"表达式，如图 9-59 所示。

然后，激活"格式"选项卡，并单击"格式"下拉按钮，选择"百分比"选项。此时，即可将报表切换至报表视图，浏览社保单位缴纳金额占社保缴费基数的百分比，如图 9-60 所示。

第 9 章 创建报表

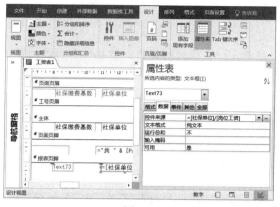

图 9-59

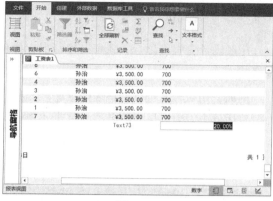

图 9-60

4．计算平均值

用户也可以在报表中运用"合计"命令来计算数据的平均值。

首先，打开报表，切换到布局视图，选择需要计数的字段，并且确保该字段不包括 Null 值。然后，执行"设计"|"分组和汇总"|"合计"|"平均值"命令，如图 9-61 所示。此时，在所选数据列的下方，将显示所计算的平均值结果，如图 9-62 所示。

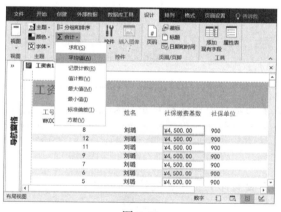

图 9-61

图 9-62

9.4 保存与输出报表

当用户运用 Access 设计了一份精美的报表之后，有时为了便于传阅报表，需要将报表打印输出。在打印报表之前，应当保存该报表，并通过打印预览视图浏览该报表。

9.4.1 保存报表

一般设计完报表之后，就可以进行保存操作，这样用户在任何时候打开数据库都可以浏览该报表。

例如，用鼠标右键单击报表的标题栏，执行"保存"命令，如图 9-63 所示。在弹出的"另存为"对话框中，更改报表的名称，单击"确定"按钮即可。

另外，也可以执行"文件"|"保存"命令，或者单击"快速访问工具栏"中的"保存"按钮，如图 9-64 所示。

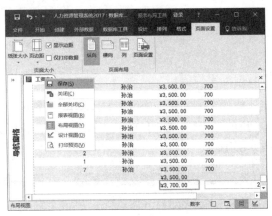
图 9-63

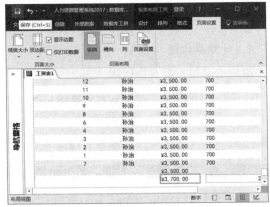
图 9-64

> **提 示**
> 在默认情况下，在"另存为"对话框中，报表的名称为所选择的基于表/查询的名称。

9.4.2 设置报表页面

在打印报表之前，应根据需要设置打印区域，对要打印的工作表进行一系列操作。

1．设置打印选项

执行"页面设置"|"页面布局"|"页面设置"命令，在弹出的"页面设置"对话框中，激活"打印选项"选项卡，设置相应的选项即可，如图 9-65 所示。

在"打印选项"选项卡中，主要包括下列选项。

- 页边距。用于设置打印页边缘与内容之间的距离，包括上、下、左、右的距离。
- 只打印数据。选择该复选框，表示打印报表主体节中的数据内容。通常用作大批量印刷的表格内的数据，如发票。

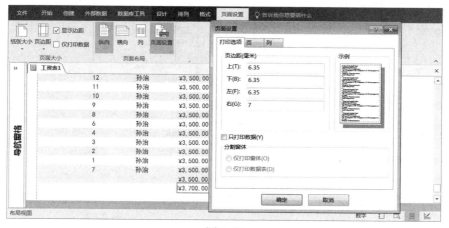

图 9-65

- 分割窗体。当报表中存在窗体时，该选项才处于激活状态。选择"仅打印窗体"选项，表示只打印报表中的窗体内容；选择"仅打印数据表"选项，表示只打印数据表，而不打印窗体。

> 提示
> 用户可通过执行"页面设置"|"页面大小"|"页边距"命令，在级联菜单中选择内置的页边距选项。

2. 设置页选项

在"页面设置"对话框中，激活"页"选项卡，设置打印方向、纸张大小和打印机等选项。

在"页"选项卡中，主要包括下列选项。

- 方向。用于设置报表的输入方向，包括纵向和横向两种方向。
- 纸张。用于设置报表输出时的纸张大小和来源方式。纸张大小包括日常使用的 A4、A5、信纸等九种样式，来源则包括自动选择和手动送纸两种方式。
- 用下列打印机打印。在安装多台打印机时，可以选择打印报表所需要的打印设备。

用户可通过执行"页面设置"|"页面大小"|"纸张大小"命令，在其级联菜单中选择打印使用的纸张类型，如图 9-66 所示。

3. 设置列选项

在"页面设置"对话框中，激活"列"选项卡，进行网格设置、列尺寸和列布局等设置，并单击"确定"按钮，如图 9-67 所示。

图 9-66　　　　　　　　　　　　图 9-67

在"列"选项卡中，主要包括下列选项。

- 网格设置。用于设置报表打印时的网线样式，"列数"用于设置报表有几列，"行间距"和"列间距"分别用于设置报表行和列之间，以及列和列之间的距离。
- 列尺寸。用于设置列的大小，包括列宽和列高。选择"与主体相同"复选框，则表示列的总宽度与报表的宽度相同。
- 列布局。用于设置布局样式。

9.4.3　打印报表

设置打印页面之后，便可以对报表进行打印操作了。但是，在打印之前，为了确保报表的打印质量，还需要先预览报表。

1. 预览报表

使用"打印预览"命令可以确保打印报表的效果，因为预览时所显示的报表就是打印后的实际效果。

用鼠标右键单击报表标题，执行"打印预览"命令，切换到打印预览窗口中，如图 9-68 所示。或者执行"文件"|"打印"|"打印预览"命令，即可显示预览窗口，如图 9-69 所示。

此时，系统将自动显示"打印预览"选项卡，以协助用户设置打印页面、查看打印效果，以及打印报表。

例如，用户可执行"打印预览"|"显示比例"|"显示比例"|"75%"命令，来缩小预览效果，如图 9-70 所示。

第 9 章　创建报表

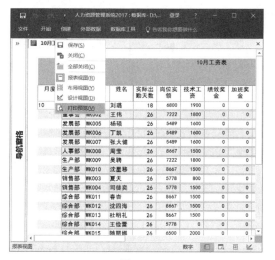

图 9-68

图 9-69

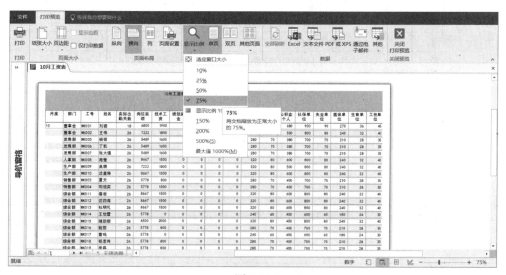

图 9-70

> **提　示**
> 对于具有多页的报表，用户还可以通过执行"显示比例"|"双页"或"其他页面"命令，来分页查看报表。

2．打印报表

执行"文件"|"打印"|"打印"命令，或者执行"打印预览"|"打印"命令，即可弹出"打印"对话框，设置相应的打印选项，单击"确定"按钮即可打印报表，如图 9-71 所示。

299

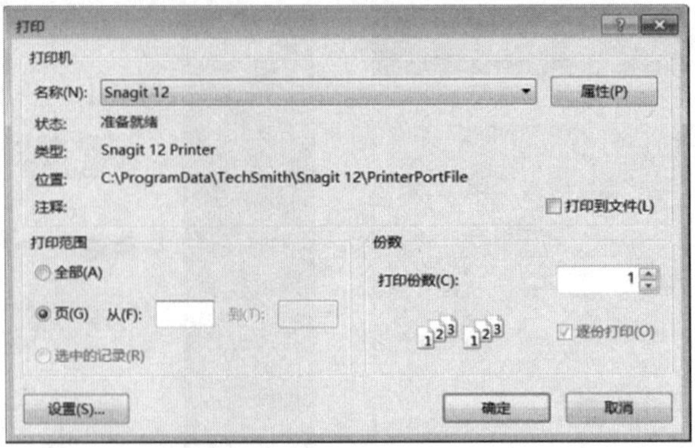

图 9-71

在"打印"对话框中，主要包括下表中的一些选项。

选项		作用
打印机	名称	在此列表中，选择已安装且要使用的打印机
	状态	指示该打印机的状态，例如空闲、忙碌，或者用户打印作业之前的文件数量
	类型	指示所选打印机的类型，如激光
	位置	指示该打印机的位置或该打印机连接到哪个端口
	注释	指示用户可能需要知道的有关此打印机的任何其他信息
属性		单击此按钮可更改正在使用的打印机的属性，如纸型
打印到文件		选择此复选框可从报表创建文件，而不是直接将报表发送给打印机
打印范围	全部	选中该选项可打印报表中的所有页面
	页	选中该选项并在文本框中添加页码或页面范围，则只打印定义的页面范围内的报表
	选中的记录	选中该选项，表示只打印用户在报表中选择的内容
份数	打印份数	在此微调框中输入或调整要打印报表的份数
	逐份打印	选择该复选框，表示按份进行打印，每次打印出一份完整的报表再进行第二份的打印
设置		单击该按钮，可以设置页面内容

9.5 创建报表

根据数据库窗体的数据录入，需要对以下内容创建报表，以备存档查询，如员工工牌、劳动合同、培训记录、工作日志、办公用品领用情况、工资表等。

9.5.1 员工工牌

当员工入职后,需要为员工录入基础信息及人事合同,而"员工工牌"报表数据正是由这两个数据表提供的,创建"员工工牌"报表的具体操作步骤如下。

执行"创建"|"报表"|"报表向导"命令,如图 9-72 所示。

在弹出的"报表向导"对话框中,设置"表/查询"选项为"表:人事合同",将"可用字段"列表框中的"员工工号"和"任职岗位"字段添加到"选定字段"列表框中,如图 9-73 所示。

图 9-72

图 9-73

设置"表/查询"选项为"表:员工基础信息",将"可用字段"列表框中的"姓名"字段添加到"选定字段"列表框中,并单击"下一步"按钮,如图 9-74 所示。

在弹出的窗体左侧的列表框中选择"通过 人事合同"选项,并单击"下一步"按钮,如图 9-75 所示。

图 9-74

图 9-75

在"是否添加分组级别"选项组中，不设置分组级别，并单击"下一步"按钮，如图 9-76 所示。

在"请确定记录所用的排序次序"选项组中，设置字段的排序次序，并单击"下一步"按钮，如图 9-77 所示。

 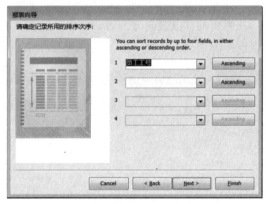

图 9-76　　　　　　　　　　　　　　　图 9-77

在"请确定报表的布局方式"选项组中，选中"布局"栏中的"表格"选项，同时选中"方向"栏中的"纵向"选项，并单击"下一步"按钮，如图 9-78 所示。

在"请为报表指定标题"文本框中输入报表标题，同时选中"预览报表"选项，并单击"完成"按钮，如图 9-79 所示。

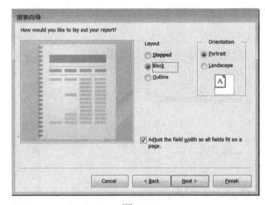 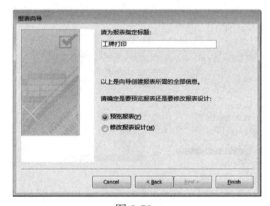

图 9-78　　　　　　　　　　　　　　　图 9-79

完成上述操作后报表视图中的显示结果如图 9-80 所示。

在报表视图中单击鼠标右键，在弹出的级联菜单中选择"设计视图"选项。进入报表的设计视图后，执行"设计"|"控件"|"图像"命令，如图 9-81 所示。

第 9 章　创建报表

图 9-80

图 9-81

在弹出的对话框中，选择员工工牌的背景图片后，单击"确定"按钮，如图 9-82 所示。

在"主体"中，按照打印的要求在"属性表"|"格式"选项卡中设置图片的宽度和高度，如图 9-83 所示。

图 9-82

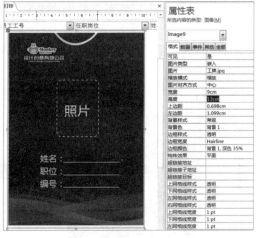

图 9-83

选中图片并单击鼠标右键，在弹出的级联菜单中选择"位置"|"置于底层"命令，如图 9-84 所示，将图片作为底层的背景。

拖动"主体"中的"姓名""任职岗位"和"员工工号"控件，并放置到相应位置，设置字体、字号、字体颜色等属性，并设置控件的背景色为"透明"，如图 9-85 所示。

303

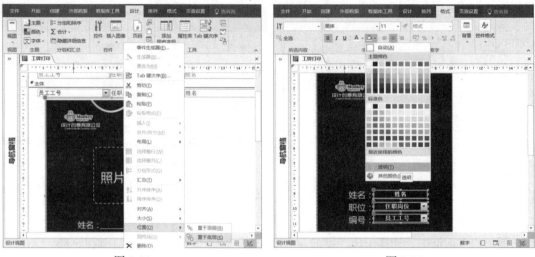

图 9-84　　　　　　　　　　　　图 9-85

执行"设计"|"工具"|"添加现有字段"命令，打开"字段列表"对话框，拖动列表中的"照片"字段到"主体"中，创建"照片"控件，如图 9-86 所示。

删除"照片"标签，并调整文本框至适当的位置和大小，如图 9-87 所示。

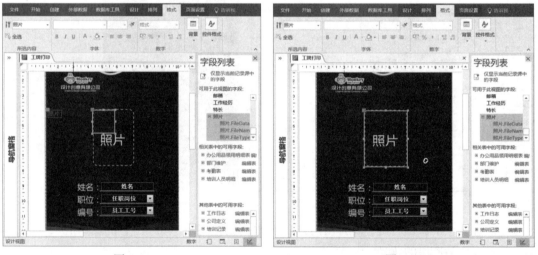

图 9-86　　　　　　　　　　　　图 9-87

保存并命名，在打印预览视图中执行"打印预览"|"显示比例"|"双页"命令，则"工牌打印"报表的显示效果如图 9-88 所示。

第 9 章 创建报表

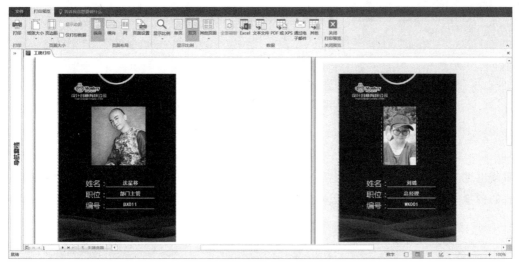

图 9-88

9.5.2 电子版劳动合同

创建劳动合同的电子版文件,便于用户直接查看和打印文件,具体的创建步骤如下。

执行"创建"|"报表"|"空报表"命令,如图 9-89 所示。

用鼠标右键单击报表标题,执行"设计视图"命令,切换到报表设计窗口,如图 9-90 所示。

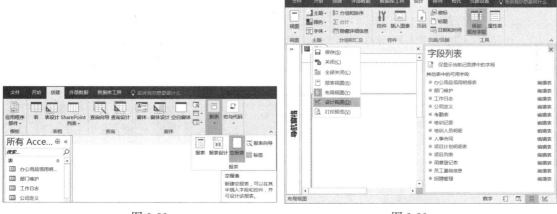

图 9-89　　　　　　　　　　　　图 9-90

执行"设计"|"控件"|"标签"命令,在报表的"页面页眉"部分设置标签内容为"劳动合同",并调整字体、字号、颜色等属性。

执行"设计"|"工具"|"添加现有字段"命令,打开"字段列表"对话框,并在列表中拖动"员工基础信息"中的"公司"字段到报表"主体"中,如图 9-91 所示。

305

图 9-91

重复上述步骤，依次拖动"姓名""家庭住址"和"身份证号码"字段到报表"主体"，修改各控件的标签内容，并设置字体、字号、文本对齐等属性，如图 9-92 所示。

图 9-92

在报表"主体"中，添加标签，并填写劳动合同的具体条款，其中涉及合同的开始日期、结束日期、职务、职称等数据，表中有的字段用空格代替，如图 9-93 所示。

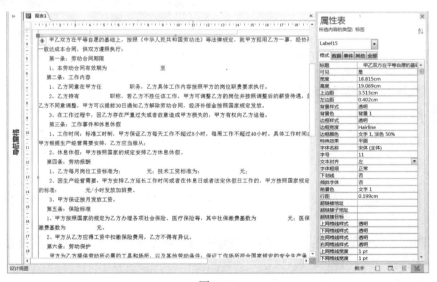

图 9-93

完成合同内容的编写后，执行"设计"|"工具"|"添加现有字段"命令，打开"字段列表"

对话框,并在列表中拖动"人事合同"中的"合同开始"字段到报表"主体"中,删除控件的标签,并设置字体和字号等属性,如图 9-94 所示。

图 9-94

在列表中拖动"人事合同"中的"合同结束"字段到报表"主体"中,删除控件的标签。选中"合同开始"文本框后,执行"格式"|"字体"|"格式刷"命令,复制后,选中"合同结束"控件,效果如图 9-95 所示。

图 9-95

重复上述步骤，依次将合同中空格部分的内容填充完整。操作完成后，按"Ctrl+A"组合键，将报表中所有的控件都选中，在"属性表"|"格式"中设置它们的边框样式为"透明"，如图9-96所示。

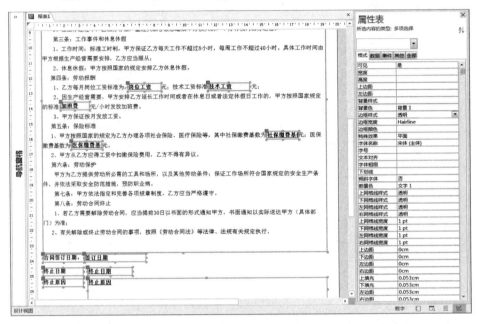

图 9-96

在"主体"上单击鼠标右键，在弹出的级联菜单中选择"排序和分组"命令，如图9-97所示。

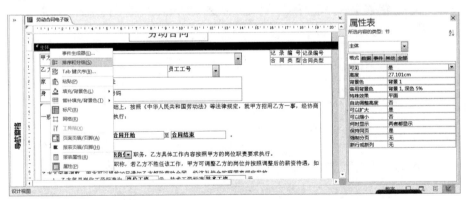

图 9-97

在弹出的窗口中，单击"添加排序"按钮，如图9-98所示。

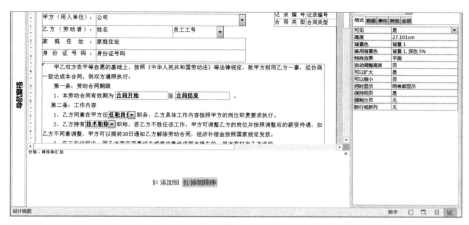

图 9-98

在弹出的"排序依据"选项列表中选择"员工工号",如图 9-99 所示。

图 9-99

返回报表的打印视图中查看打印效果,如图 9-100 所示。

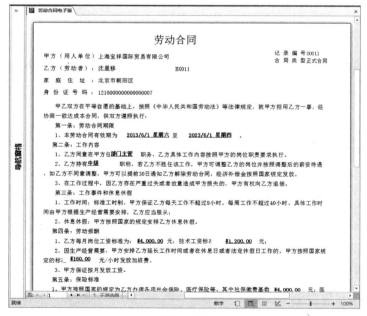

图 9-100

9.5.3 培训记录单明细表

用户可以通过培训记录窗体得到相关的报表，例如按类别显示培训的明细、查询员工都参加了哪些培训等，在这里我们以按类别显示培训明细的内容来创建报表，具体操作步骤如下。

执行"创建"|"报表"|"报表向导"命令，如图 9-101 所示。

在弹出的"报表向导"对话框中，设置"表/查询"选项为"表：培训记录"，将"可用字段"列表框中的所有字段添加到"选定字段"列表框中，如图 9-102 所示。

图 9-101　　　　　　　　　　　　图 9-102

设置"表/查询"选项为"表：培训人员明细"，将"可用字段"列表框中需要的字段添加到"选定字段"列表框中，并单击"下一步"按钮，如图 9-103 所示。

在弹出的窗体的左侧列表框中选择"通过 培训人员明细"选项，并单击"下一步"按钮，如图 9-104 所示。

 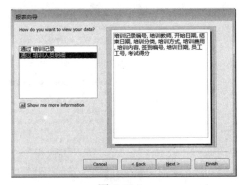

图 9-103　　　　　　　　　　　　图 9-104

在"是否添加分组级别"选项组中，设置为按照"培训分类"进行分组，如图 9-105 所示。

在"请确认记录所用的排序次序"选项组中，设置字段的排序次序，并单击"下一步"按钮，如图 9-106 所示。

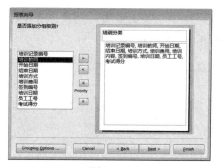

图 9-105

图 9-106

在"请确定报表的布局方式"选项组中,选中"布局"栏中的"表格"选项,同时选中"方向"栏中的"纵向"选项,并单击"下一步"按钮,如图 9-107 所示。

在"请为报表指定标题"文本框中输入报表标题,同时选中"预览报表"选项,并单击"完成"按钮,如图 9-108 所示。

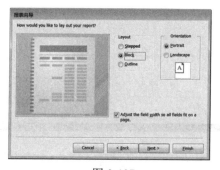

图 9-107

图 9-108

在弹出的"汇总选项"对话框中,选择"考试得分"字段对应的"平均"复选框,并单击"确定"按钮,如图 9-109 所示。

在"请确定报表的布局方式"选项组中,选中"块"选项并单击"下一步"按钮,如图 9-110 所示。

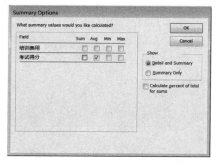

图 9-109

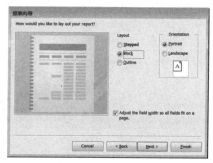

图 9-110

在"请为报表指定标题"文本框中输入报表标题,选中"预览报表"选项,并单击"完成"按钮,如图9-111所示,则报表视图中显示的效果如图9-112所示。

图9-111

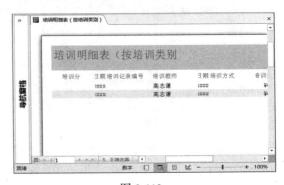

图9-112

返回报表的设计视图中,依次设置各控件的宽度、高度及其他属性,直到调整满意为止,如图9-113所示。

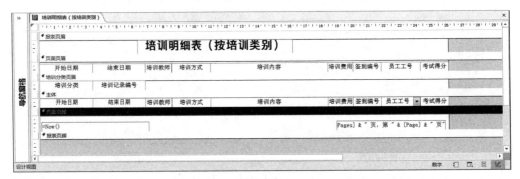

图9-113

调整完成后的报表效果如图9-114所示。

图9-114

9.5.4 月度/周工作日志明细表

编制员工每个月的工作日志汇总报表，可以按照下列步骤进行操作。

执行"创建"|"报表"|"报表向导"命令，在弹出的"报表向导"对话框中，设置"表/查询"选项为"表：工作日志"，将"可用字段"列表框中需要的字段添加到"选定字段"列表框中，如图 9-115 所示。

在"是否添加分组级别"选项组中，设置为按照"日期"进行分组，系统自动按照"月"进行分组，单击"分组选项"按钮，如图 9-116 所示。

图 9-115

图 9-116

在弹出的对话框中，设置二级分组按照"周"进行分组，如图 9-117 所示。

在"请确认记录所用的排序次序"选项组中，设置字段的排序次序；在"请确定报表的布局方式"选项组中，选中"块"选项并单击"下一步"按钮；在"请为报表指定标题"文本框中输入报表标题，选中"修改报表设计"选项，并单击"完成"按钮，如图 9-118 所示。

图 9-117

图 9-118

根据用户需求依次调整各控件的属性，完成后的效果如图 9-119 所示。

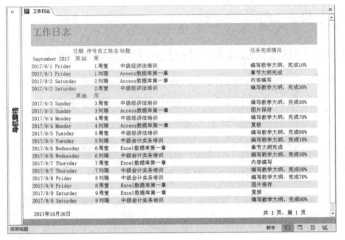

图 9-119

9.5.5 部门办公用品领用明细表

通常，企业在月末时需要对当月办公用品的数量进行盘点，对于缺少的办公用品需要有详细的领用记录。

查询每个部门每月的办公用品领用情况，可以执行以下操作。

执行"创建"|"报表"|"报表向导"命令，在弹出的"报表向导"对话框中，设置"表/查询"选项为"表：办公用品领用明细表"，将"可用字段"列表框中的所有字段添加到"选定字段"列表框中，如图 9-120 所示。

设置"表/查询"选项为"表：员工基础信息"，将"可用字段"列表框中需要的字段添加到"选定字段"列表框中，并单击"下一步"按钮，如图 9-121 所示。

图 9-120

图 9-121

在弹出的窗体的左侧列表框中选择"通过 办公用品领用明细表"选项，并单击"下一步"按钮，如图 9-122 所示。

在"是否添加分组级别"选项组中，设置一级分组为按照"部门"进行分组，二级分组为按照"领用日期 通过 月"分组，如图 9-123 所示。

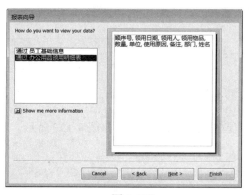 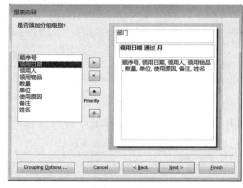

图 9-122　　　　　　　　　　　　　图 9-123

在"请确认记录所用的排序次序"选项组中，设置字段的排序次序，并单击"下一步"按钮，如图 9-124 所示。

在"请确定报表的布局方式"选项组中，选中"布局"栏中的"表格"选项，同时选中"方向"栏中的"纵向"选项，并单击"下一步"按钮，如图 9-125 所示。

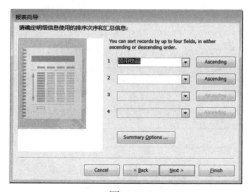 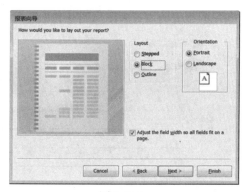

图 9-124　　　　　　　　　　　　　图 9-125

在"请为报表指定标题"文本框中输入报表标题，同时选中"修改报表设计"选项，单击"完成"按钮。

在报表设计视图中执行"排列"|"表"|"表格"命令，如图 9-126 所示。

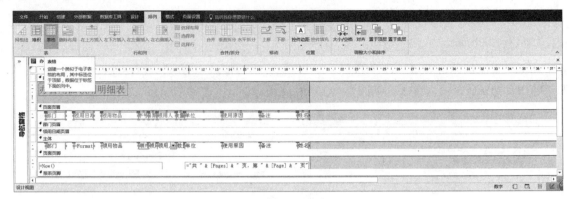

图 9-126

选择需要调整位置的控件组,将其拖动到适当的位置即可调整顺序,如图 9-127 所示。

图 9-127

调整后的报表的设计视图如图 9-128 所示。

图 9-128

为了让报表中各个分组级别较为清晰,可以绘制直线并按照如图 9-129 所示的"属性表"进行设置。

图 9-129

同时，还可以在主体中添加用于分隔每条记录的直线，如图 9-130 所示。

图 9-130

操作完成后，办公用品领用明细表的打印预览效果如图 9-131 所示。

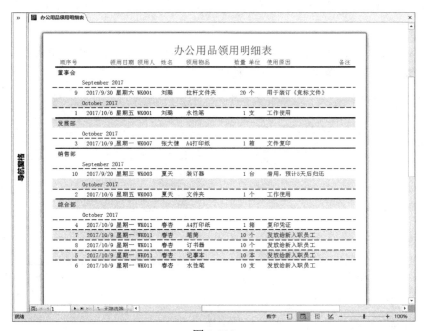

图 9-131

9.5.6 工资汇总表及月工资表

工资表是最实用的报表之一，创建全年工资汇总表及每个月的工资表的具体操作步骤如下。

执行"创建"|"报表"|"报表向导"命令，在弹出的"报表向导"对话框中，设置"表/查询"选项为"查询：工资表"，将"可用字段"列表框中的所有字段添加到"选定字段"列表框中，如图 9-132 所示。

在"是否添加分组级别"选项组中，设置一级分组为按照"月度"进行分组，二级分组为按照"部门"进行分组，如图 9-133 所示。

图 9-132

图 9-133

在"请确认记录所用的排序次序"选项组中，设置字段的排序次序，并单击"汇总选项"按钮，如图 9-134 所示。

在弹出的对话框中，依次选择需要计算"合计"的字段，单击"确定"按钮，如图 9-135 所示。返回到上级对话框后，单击"下一步"按钮。

图 9-134

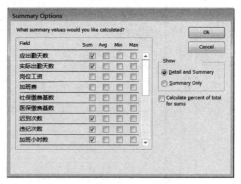

图 9-135

在"请确定报表的布局方式"选项组中，选中"布局"栏中的"表格"选项，同时选中"方向"栏中的"横向"选项，并单击"下一步"按钮。

第 9 章　创建报表

在"请为报表指定标题"文本框中输入报表标题，同时选中"修改报表设计"选项，单击"完成"按钮。

在报表的设计视图中调整所有控件的宽度、高度、字体、字号等属性，调整后的效果如图 9-136 所示。

图 9-136

在"月度页眉"组上单击鼠标右键，在弹出的级联菜单中选择"填充/背景色"命令，并选择一种颜色来分隔每个月度，如图 9-137 所示。再选择"替补填充/背景色"命令，选择同样的颜色，如图 9-138 所示。

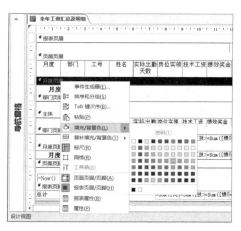

图 9-137

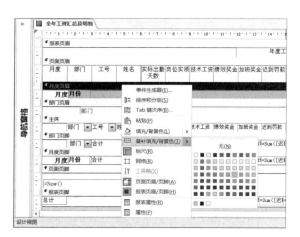

图 9-138

选中"月度"文本框，执行"格式"|"字体"|"背景色"命令，为该控件填充与页面页眉背景色相同的颜色，返回到报表视图中的显示效果如图 9-139 所示。

319

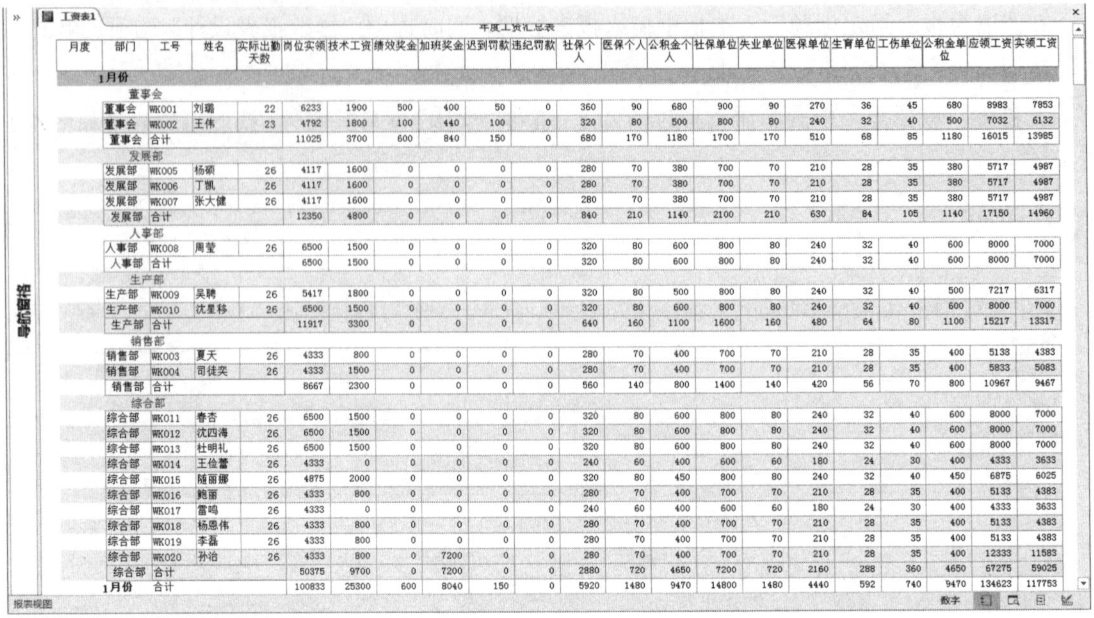

月度	部门	工号	姓名	实际出勤天数	岗位实薪	技术工资	绩效奖金	加班奖金	迟到罚款	违纪罚款	社保个人	医保个人	公积金个人	社保单位	失业单位	医保单位	生育单位	工伤单位	公积金单位	应领工资	实领工资
1月份																					
	董事会																				
	董事会	WK001	刘珊	22	6233	1900	500	400	50	0	360	90	680	900	90	270	36	45	680	8983	7853
	董事会	WK002	王伟	23	4792	1800	440	100	0	0	320	80	500	800	80	240	32	40	500	7032	6132
	董事会 合计				11025	3700	600	840	150	0	680	170	1180	1700	170	510	68	85	1180	16015	13985
	发展部																				
	发展部	WK005	杨硕	26	4117	1600	0	0	0	0	280	70	380	700	70	210	28	35	380	5717	4987
	发展部	WK006	丁凯	26	4117	1600	0	0	0	0	280	70	380	700	70	210	28	35	380	5717	4987
	发展部	WK007	张大健	26	4117	1600	0	0	0	0	280	70	380	700	70	210	28	35	380	5717	4987
	发展部 合计				12350	4800	0	0	0	0	840	210	1140	2100	210	630	84	105	1140	17150	14960
	人事部																				
	人事部	WK008	周莹	26	6500	1500	0	0	0	0	320	80	600	800	80	240	32	40	600	8000	7000
	人事部 合计				6500	1500	0	0	0	0	320	80	600	800	80	240	32	40	600	8000	7000
	生产部																				
	生产部	WK009	吴聘	26	5417	1800	0	0	0	0	320	80	500	800	80	240	32	40	500	7217	6317
	生产部	WK010	沈星移	26	6500	1500	0	0	0	0	320	80	600	800	80	240	32	40	600	8000	7000
	生产部 合计				11917	3300	0	0	0	0	640	160	1100	1600	160	480	64	80	1100	15217	13317
	销售部																				
	销售部	WK003	夏天	26	4333	800	0	0	0	0	280	70	400	700	70	210	28	35	400	5133	4383
	销售部	WK004	司徒奕	26	4333	1500	0	0	0	0	280	70	400	700	70	210	28	35	400	5833	5083
	销售部 合计				8667	2300	0	0	0	0	560	140	800	1400	140	420	56	70	800	10967	9467
	综合部																				
	综合部	WK011	春杏	26	6500	1500	0	0	0	0	320	80	600	800	80	240	32	40	600	8000	7000
	综合部	WK012	沈四海	26	6500	1500	0	0	0	0	320	80	600	800	80	240	32	40	600	8000	7000
	综合部	WK013	杜明礼	26	6500	1500	0	0	0	0	320	80	600	800	80	240	32	40	600	8000	7000
	综合部	WK014	王俭蕾	26	4333	0	0	0	0	0	240	60	400	600	60	180	24	30	400	3633	3633
	综合部	WK015	随丽娜	26	4875	2000	0	0	0	0	320	60	450	800	60	240	32	40	450	6875	6025
	综合部	WK016	鹄军	26	4333	800	0	0	0	0	280	70	400	700	70	210	28	35	400	5133	4383
	综合部	WK017	雷鸣	26	4333	0	0	0	0	0	240	60	400	600	60	180	24	30	400	3633	3633
	综合部	WK018	杨恩伟	26	4333	800	0	0	0	0	280	70	400	700	70	210	28	35	400	5133	4383
	综合部	WK019	李磊	26	4333	800	0	0	0	0	280	70	400	700	70	210	28	35	400	5133	4383
	综合部	WK020	孙治	26	4333	800	0	7200	0	0	280	70	400	700	70	210	28	35	400	12333	11583
	综合部 合计				50375	9700	0	7200	0	0	2880	720	4650	7200	720	2160	288	360	4650	67275	59025
1月份 合计					100833	25300	600	8040	150	0	5920	1480	9470	14800	1480	4440	592	740	9470	134623	117753

图 9-139

用户可以重复上述步骤依次选择查询组中的"1月工资表"~"12月工资表",分别制作每个月的工资报表。

9.6 创建数据库主窗体

至此,"人力资源管理系统"的全部内容就已经创建完成了,现在要为该数据库创建一个主窗体。主窗体的作用是将该系统的所有操作及调用的报表以按钮的形式在主窗体上显示,方便用户对数据库进行操作。

在创建主窗体之前,要将人力资源部门的工作内容进行分类,大致分为以下几种。

- 基础信息设置。主要包括:公司信息录入、部门信息录入和员工基础信息录入的窗体。
- 人事人力。主要包括:招聘管理、人事合同、考勤录入、工牌打印。
- 办公管理。主要包括:员工培训、项目计划表、用章登记表、办公用品领用明细表、工作日志汇总表。
- 工资管理。主要包括:工资汇总(全年)、1~12月工资表。

创建主窗体的操作步骤如下。

执行"创建"|"窗体"|"空白窗体"命令,如图 9-140 所示。在窗体上单击鼠标右键,在弹出的级联菜单中选择"设计视图"命令,如图 9-141 所示。

第 9 章 创建报表

图 9-140

图 9-141

在设计视图中，执行"设计"|"控件"|"选项卡控件"命令，如图 9-142 所示，在窗体中拖动鼠标绘制选项组控件。

执行"设计"|"控件"|"插入页"命令，为选项卡插入新页。执行"设计"|"工具"|"属性表"命令，在弹出的"属性表"窗格中，激活"其他"选项卡，在"名称"文本框中依次输入页名称，如图 9-143 所示。

图 9-142

图 9-143

执行"设计"|"控件"|"按钮"命令，如图 9-144 所示。拖动鼠标，在"基础信息设置"选项卡上绘制一个控件按钮。在弹出的"命令按钮向导"对话框中的"类别"列表框中选择"窗体操作"选项，同时在"操作"列表框中选择"打开窗体"选项，并单击"下一步"按钮，如图 9-145 所示。

321

图 9-144

图 9-145

在"请确定命令按钮打开的窗体"列表框中选择"公司定义"窗体,并单击"下一步"按钮,如图 9-146 所示。选中"文本"选项,并在其后的文本框中输入该按钮的名称,单击"下一步"按钮,如图 9-147 所示。

图 9-146

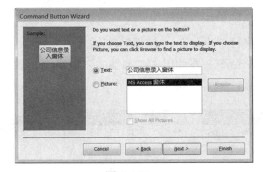

图 9-147

按照上述步骤依次创建"部门信息录入窗体"和"员工基础信息录入窗体"按钮,并设置按钮的高度、宽度、字体、字号、形状效果、颜色等属性,完成后的效果如图 9-148 所示。

图 9-148

依次完成其他选项卡中的所有按钮的设置,效果如图 9-149~图 9-151 所示。

第 9 章 创建报表

图 9-149

图 9-150

图 9-151

设置用户打开"人力资源管理系统"数据库时显示主窗体的操作步骤如下。

执行"文件"|"选项"命令,如图 9-152 所示,在打开的"Access 选项"对话框左侧的导航条中选择"当前数据库"选项,在右侧的"显示窗体"列表中选择"主窗体"选项,如图 9-153 所示。

图 9-152

图 9-153

单击"确定"按钮后,系统会提示用户"必须关闭并重新打开当前数据库,指定选项才能生效",此时单击"确定"按钮,再打开"人力资源管理系统"数据库时将会自动显示主窗体。

第 10 章
使用宏和 VBA

宏和 VBA 是一种执行命令，类似于软件中的菜单操作命令，只是它们对数据施加作用的时间有所不同，作用时的条件也有所不同。宏和 VBA 可以通过窗体中控件的某个事件来操作实现，或在数据库的运行过程中自动实现，它们通常可以自动完成一些较为复杂的工作；例如计算大量的数据、自动执行查询、打印数据表等。在本章中，将详细介绍宏和 VBA 的基础知识和实用功能，以使用户在提高工作效率的同时减少人为错误的发生。

10.1 宏概述

宏是一种工具，可以用它来自动完成任务，并向窗体、报表和控件中添加功能，在使用宏之前，用户还需要了解一下宏生成器及宏的组成。

10.1.1 认识宏生成器

在多数情况下，通过宏操作可以帮助用户节约大量的时间。因为，宏可以将反复相同的操作简化为一个操作过程，通过它可以自动执行指定的任务。

例如，如果向窗体中添加一个命令按钮，可以将按钮的 OnClick 事件与一个宏关联，并且该宏应当包含每次单击该按钮时执行的命令。

在 Access 中，可以将宏看作一种简化的编程语言，这种语言包含了一系列执行的操作命令。生成宏时，先从下拉列表中选择每一个操作，然后填写每个操作所必需的信息。

宏提供了 VBA 中可用命令的子集，一般生成宏要比编写 VBA 代码容易。例如，执行"创建"|"宏与代码"|"宏"命令，如图 10-1 所示，即可弹出"宏 1"窗体，如图 10-2 所示。

图 10-1

图 10-2

在宏生成器窗口中，构建在宏运行时要执行的操作的列表。首次打开宏生成器时，会显示"添加新操作"下拉框和"操作目录"窗口。此时，用户可以单击"添加新操作"下拉按钮，在其下拉列表中选择需要执行的操作命令，如图 10-3 所示。

除此之外，用户也可以在"操作目录"窗口中依次展开各个对象选项，如图 10-4 所示，并执行相应的命令添加宏操作。

图 10-3　　　　　　　　　　　　图 10-4

当然，用户在创建宏过程中，还可以在"宏工具"的"设计"选项卡中进行一些命令创建、测试和允许宏等操作。

在"设计"选项卡中，主要包括下表中的一些命令。

选项组	命令	说明
工具	运行	执行宏中列出的操作
	单步	启用单步执行模式。在此模式下运行宏时，每次执行一个操作都会显示"单步执行宏"对话框
	将宏转换为 Visual Basic 生成器	自动将当前创建的所有宏生成 VBA 代码
折叠/展开	展开操作	展开宏设计器中的所选宏操作，以便对参数进行编辑，其折叠块不展开
	折叠操作	折叠宏设计器中的所选宏操作，展开的块不折叠
	全部展开	展开宏设计器中的所有宏操作，以便对参数进行编辑
	全部折叠	折叠宏设计器中的所有宏操作
显示/隐藏	操作目录	显示或隐藏"操作目录"窗格
	显示所有操作	切换"操作"列中下拉列表的内容

10.1.2　宏的组成

一个宏对象可以包含多个宏，这种包含多个宏的宏对象被称为宏组。宏组以单个宏对象的形式显示在导航窗口中，并且可以用单个宏对象的形式创建每个宏，但是将相关的若干个宏组成一个宏对象的形式通常更有意义。

1．宏名

一个宏由单个宏操作组成，用户只需要添加命令，并设置命令的参数，系统会直接将命令默认为宏的名称。

例如，单击"添加新操作"下拉按钮，选择"CloseDatabase"选项，如图 10-5 所示，即可创建 RunMenuCommand 宏。在 RunMenuCommand 宏中，可单击"命令"下拉按钮，并执行"Exit"命令，如图 10-6 所示。

图 10-5

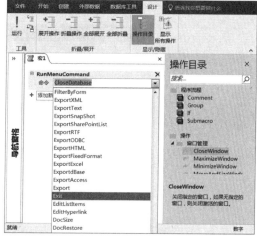
图 10-6

2．参数

参数是一个值，用于向操作提供信息。例如，在消息框中显示的字符串。

参数显示在宏生成器底部的命令窗格中，有些参数是必需的，有些参数是可选的。

例如，单击"添加新操作"下拉按钮，选择"CloseWindow"选项，则可显示该宏命令所包含的参数，如对象类型、对象名称、保存等，如图 10-7 所示。

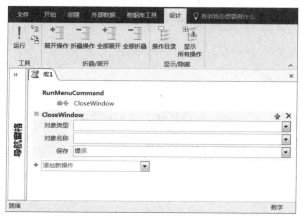
图 10-7

3. 条件

宏中所使用的条件，主要用于执行操作之前必须满足的标准。在宏中，用户可以在条件参数中输入需要满足执行的条件。例如，添加"SearchForRecord（搜索记录）"命令，则需要在该宏的"当条件="文本框中输入条件内容，如图10-8所示。

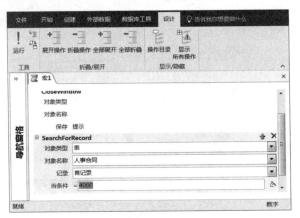

图 10-8

当然，用户也可以单击"当条件="文本框后面的"表达式生成器"按钮，并在弹出的"表达式生成器"对话框中输入条件。

4. 宏操作

操作是宏的基本组成部分，是一种自含式指令，可以与其他操作相结合，以自动执行任务。操作在其他宏语言中也被称为命令。

Access 提供大量操作，可以进行选择，并创建各种命令。例如，一些常用的操作包括打开报表、查找记录、显示消息框、对窗体进行判断或对报表应用筛选器等。

10.2 宏操作

用户可以创建宏来执行一系列特定的操作或一系列相关的操作。另外，用户还可以在窗体或报表中直接创建宏，并且将它一直附加在窗体或报表中。

10.2.1 创建宏

在 Access 中，宏可以包含在独立的宏对象中，也可以嵌入在窗体、报表或控件的事件属性中。嵌入的宏作为所嵌入到的对象或控件的一部分，其宏对象在导航窗口中的宏下可以看到，而嵌入的宏则看不到。

1. 创建单独的宏

执行"创建"|"宏与代码"|"宏"命令，在弹出的宏生成器中，单击"添加新操作"下拉按钮，在其下拉列表中选择操作命令。

> **提 示**
> 用户可以将导航窗口中的报表、窗体、模块、查询或表拖到宏生成器中，Access 会添加一个打开该表、查询、窗体或报表的操作。

在展开的宏参数列表中，设置宏的各项参数。例如，单击"窗体名称"下拉列表按钮，在其下拉列表中选择窗体，并在"当条件="文本框中输入筛选条件，如图 10-9 所示。

单击"宏 1"生成器中的"关闭"按钮，在弹出的提示信息对话框中，单击"是"按钮，并在弹出的"另存为"对话框中将其命名。

此时，在导航窗格中，用鼠标右键单击"测试 1"对象，执行"运行"命令，如图 10-10 所示，在弹出的窗体中将显示宏指定的筛选条件所筛选的所有记录。

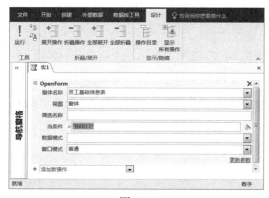

图 10-9

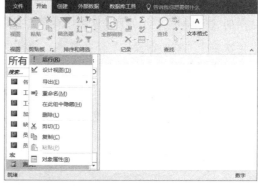

图 10-10

用户在使用宏之前，需要了解一些常用的宏的概念。其中，常用的宏操作的具体含义如下表所示。

宏 操 作	功能说明
Beep	通过计算机的扬声器发出嘟嘟声
Close	关闭指定的 Access 窗口。如果没有指定窗口，则关闭活动窗口
GoToControl	把焦点移到打开的窗体、窗体数据表、表数据表、查询数据表中当前记录的特定字段或控件上
Maximize	放大活动窗口，使其充满 Access 窗口。该操作可以使用户尽可能多地看到活动窗口中的对象
Minimize	将活动窗口缩小为 Access 窗口底部的小标题栏
MsgBox	显示包含警告信息或其他信息的消息框

续表

宏 操 作	功能说明
OpenForm	打开一个窗体，并通过选择窗体的数据输入与窗口方式，来显示窗体所显示的记录
OpenReport	在设计视图或打印预览中打开报表或立即打印报表，也可以限制需要在报表中打印的记录
PrintOut	打印数据库中的活动对象，也可以打印数据表、报表、窗体和模块
Quit	退出 Access。Quit 操作还可以指定在退出 Access 之前是否保存数据库对象
RepaintObject	完成指定数据库对象的屏幕更新。如果没有指定数据库对象，则对活动数据库对象进行更新。更新包括对象的所有控件的所有重新计算
Restore	将最大化或最小化的窗口恢复为原来的大小
RunMacro	运行宏。该宏可以在宏组中
SetValue	对 Access 窗体和窗体数据表、报表上的字段和控件或属性的值进行设置
StopMacro	停止当前正在运行的宏

2．创建宏组

如果要将几个相关的宏组成一个宏对象，可以创建一个宏组。

执行"创建"|"宏与代码"|"宏"命令，在弹出的宏生成器中，单击"添加新操作"下拉按钮，添加一个操作命令，并设置操作参数，如图 10-11 所示。

再次单击"添加新操作"下拉按钮，选择"DeleteRecord"选项，添加一个新操作，如图 10-12 所示。在宏对象中，宏与宏之间是相互分割的，一个操作出现在另一个操作之上。

单击"快速访问工具栏"中的"保存"按钮，在弹出的"另存为"对话框中设置宏名称，单击"确定"按钮保存宏，即可完成宏组的创建。

图 10-11

图 10-12

3．创建嵌入的宏

嵌入宏与独立宏不同，因为嵌入宏存储在窗体、报表或控件的事件属性中，而不显示在导航窗口中。

嵌入宏可以使数据库更易于管理，因为不必跟踪包含窗体或报表的宏的各个宏对象。而且，在每次复制、导入、导出窗体或报表时，嵌入宏仍随附于窗体或报表中。

例如，在窗体的设计视图中，选择需要添加宏的控件，在属性表的"事件"选项卡中，单击该属性后面的省略按钮，如图 10-13 所示。

图 10-13

在弹出的"选择生成器"对话框中，选择"宏生成器"选项，单击"确定"按钮。

在弹出的宏生成器中，单击"添加新操作"下拉按钮，选择"If"选项，添加新操作，并输入条件语句，如图 10-14 所示。

图 10-14

再次单击"添加新操作"下拉按钮，选择"MessageBox"选项，添加新操作，设置操作中的各项参数，如图 10-15 所示，并保存宏。

图 10-15

返回到窗体中，当岗位工资小于 4000 元时，单击该文本框则出现如图 10-16 所示的提示对话框。

图 10-16

> **提示**
>
> Access 允许将宏组生成为嵌入的宏。不过，当触发事件时，只有组中的第一个宏会运行，后面的宏会被忽略。

10.2.2 编辑及控制宏

在创建宏的过程中，或者对已经创建好的宏可以进行编辑操作。例如，在创建宏的过程中，可以设置在操作行之前插入一行，或者删除该操作行等。

1. 编辑宏

对于已经创建好的宏，可以在导航窗口中用鼠标右键单击宏名称，执行"设计视图"命令，如图 10-17 所示，即可打开宏生成器。

在弹出的宏生成器中，用户可以添加新操作，也可以调整宏的执行顺序。例如，选择一个宏，单击"上移"或"下移"按钮，即可调整该宏的执行顺序，如图 10-18 所示。

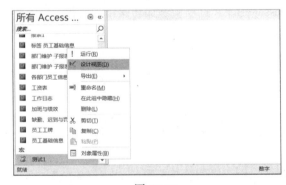

图 10-17   图 10-18

另外，用户也可以通过用鼠标左键单击宏名称右侧的"删除"按钮，或者用鼠标右键单击宏名称执行"删除"命令来删除宏。

2. 子宏

从 Access 2010 版本开始，便增加了子宏功能，但只有程序调用时才执行子宏操作。

例如，在宏生成器中，单击"添加新操作"下拉按钮，选择"Submacro"选项，则下拉框上面将添加一个子宏，如图 10-19 所示。

子宏中除了包含子宏的名称，还包含一个可以添加其他命令的"添加新操作"下拉按钮，单击该下拉按钮即可添加其他宏操作，例如添加一个 QuitAccess 操作，如图 10-20 所示。

图 10-19

图 10-20

用户可以在宏中添加多个子宏，并且每个子宏中还可以添加多项操作命令。但当子宏中没有添加任何操作命令时，即便设置子宏名称也无法运行宏。

3．添加注释

当用户在宏对象中添加多个宏或子宏时，为了记住每个宏的具体作用，需要为其添加注释信息。例如，在宏生成器的子宏下面，单击"添加新操作"下拉按钮，选择"Comment"选项，此时将弹出一个文本框，用户在文本框中输入注释内容即可，如图 10-21 所示。单击右侧的"下移"按钮，可以将其移动到"子宏"的下面或操作的上面，如图 10-22 所示。

图 10-21

图 10-22

10.3　VBA 概述

VBA（Visual Basic for Application）是非常流行的应用程序开发语言 Visual Basic 的子集。与

宏相比，VBA 可以完成复杂的对数据库的操作。在使用 VBA 进行开发之前，需要熟悉一下 VBA 的基础知识。

10.3.1 了解 VBA

VBA 是 Microsoft 为 Office 组件开发设计的程序语言。其语法与 Visual Basic 完全兼容。

VBA 因灵活、功能较强等优点被广大高级用户所接受。

1. 编程

在 Access 中，编程是使用 Access 宏或 VBA 代码向数据库中添加功能的过程。例如，创建窗体或报表时，希望向窗体中添加一个命令按钮，单击此命令按钮将打开报表等。

在这种情况下，用户可以先创建宏或 VBA 过程，然后设置命令按钮的"单击"事件属性，单击该命令按钮后会运行宏或 VBA 过程。

对于一项简单的操作，如打开报表，可以使用"命令按钮向导"完成所有工作，也可以自己进行编程。

在多数情况下，许多用户在学习 Office 其他组件时用宏来替代 VBA 代码。而在 Access 中，用户会感到很迷惑，因为在 Access 中，术语"宏"指的是已命名的一个子集。宏生成器提供的界面比 Visual Basic 编辑器的界面更加结构化、可视化，从而使用户向控件或对象添加编程而无须学习 VBA 代码。

但是，用户需要明白，在 Access 中，宏被称为宏，而 VBA 代码被称为 VBA、代码、函数或过程。VBA 代码包含在类模块（单个窗体或报表的组成部分，通常只包含这些对象的代码）和模块（未绑定到特定对象，通常包含可在整个数据库中使用的"全局"代码）中。

2. 宏与 VBA

用户在选择使用宏还是 VBA 时，应该根据安全性和所需的功能来决定。

因为 VBA 可用于创建危害数据安全或损坏计算机上的文件的代码。如果使用的数据库是由其他人创建的，那么仅当知道该数据的来源可靠时，才可以启用 VBA 代码。如果创建的数据库将被其他人使用，那么应该尽量避免包括需要用户特别准许数据库为可信状态的编程工具。

为了确保数据库的安全，在能使用宏的情况下用户应该尽量使用宏，仅对使用宏操作无法完成的操作使用 VBA 编程。

3. VBA 的特点

一般，宏适合执行简单的工作，如打印对象、弹出对话框、关闭对象等操作，而 VBA 则适用于具有一定难度的任务。因此，VBA 在 Access 中的应用具有以下特点。

1）数据库更具有可维护性

在 Access 中，VBA 实践过程创建在窗体或报表的定义中。如果把窗体或报表从一个数据库移动到另一个数据库，则窗体或报表所带的事件过程也会同时移动。

2）自定义函数

Access 中包含许多内置的函数。例如，用于条件判断的 IIF()函数及计算利息的 IPmt()函数等。这些函数难以完成复杂计算，或者用来代替复杂的表达式，这时需要用户自定义函数。

3）处理错误信息

当用户熟悉 VBA 后，可以在出现错误时捕捉到错误，并显示指定的错误描述信息。用户还可以利用捕捉到的错误来执行相应的错误处理操作，从而提高系统的友好性，而不是在出现错误时造成操作的非正常终止。

4）创建或操作对象

在对象的设计视图中创建和更改对象是最简单的方法，在某些情况下，可能需要在代码中对对象进行定义和操作。因此，通过 VBA 可以操作数据库中所有的对象及数据库本身。

5）运行时传送参数

在创建宏时，可以在宏设计窗口中设置操作参数值，但在运行宏时参数值一直保持不变。使用 VBA 可以在程序运行期间修改参数传递的代码，或者使用变量参数，这在宏中是难以做到的。

10.3.2 认识 VBA 编辑器

在 Access 中，用户执行"创建"|"宏与代码"|"模块"或"Visual Basic"命令，即可弹出"Microsoft Visual Basic"窗口，在该窗口中将显示"模块"代码设计窗口，如图 10-23 所示。

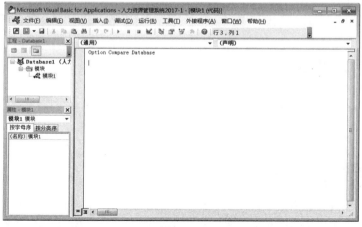

图 10-23

在 VBA 窗口中，除了"代码"窗口，还包含了其他开发过程中需要的一些窗口。

1."代码"窗口

用于编写、显示及编辑 VBA 代码，打开各模块的代码窗口后，可以查看不同窗体或模块中的代码，并且可以在它们之间进行复制粘贴操作。

2.工程资源管理器

用于显示工程的一个分支结构列表和所有包含的模块，在工程资源管理器列表窗口中列出了所有已装入的工程和工程模块。

3."属性"窗口

用于显示选定对象的属性，可以在设计时查看、编辑这些属性。当选取多个控件时，"属性"窗口会列出所有控件的共同属性。

另外，用户可以通过单击工具栏中的按钮，或者执行菜单栏中的命令访问其功能。菜单栏中各命令的具体含义和作用如下表所示。

命令	作用
视图	返回数据库窗口
插入模块	该下拉按钮包含创建模块、类模块和过程命令。执行其中一个命令即可创建新的模块
运行宏	开始执行代码程序。也可以在遇到断点后单击该按钮继续执行代码
中断	可以中止代码的执行
重新设置	可以编辑或修改代码程序，也可以重新开始执行代码
设计模式	可以打开或关闭设计模式
工程资源管理器	显示当前打开的数据库所含内容的等级列表
属性窗口	可以打开属性空格，使用户能够浏览控件的属性
对象浏览器	弹出该窗格，并列出代码中可用的对象库类型、方法、属性、事件常量，以及在工程中定义的模块和过程

10.4　VBA 语言基础

了解 VBA 基础知识后，在编辑 VBA 代码之前，需要了解一些 VBA 语言基础，包括数据类型、常量、变量与数组等内容。

10.4.1　数据类型与宏转换

数据类型是字段或数据所定义的类别。在前面创建表和使用 SQL 语句时，已经接触到了数据类型。下面来了解一下 VBA 中的数据需要使用的类型，以及数据类型之间的转换。

1. VBA 的数据类型

在 Access 中，数据类型都具有相似的作用。但在不同对象应用中，它们也有较小的区别。

例如，表的数据类型主要用于表示创建表中字段所接收的数据内容（类型），而 SQL 语句中的数据类型主要通过该语句创建数据标识所需定义的字段类型。

在 VBA 中，也需要操作数据库中的表、查询、窗体和报表中的数据、控件及对象本身。

下表列出了一些 VBA 代码需要使用的数据类型、类型符号和默认值。

VBA 类型	类型符号	字段类型	默 认 值
Byte		字节	0
Integer	%	整型	0
Boolean		是/否	False
Long	&	长整型	0
Single	!	单精度	0
Double	#	双精度	0
Currency	$	货币	0
String	@	字符	""
Data		日期	0
Variant		变体	上述之一

其中，字节、整型、长整型、单精度、双精度、货币等数据类型属于数值数据，可以进行各种数学运算。字符型数据类型用来声明字符串；布尔型数据类型用来表示一个逻辑值，如 True/False；日期型（日期/时间）数据类型用来表示日期，但须用#括起来，如#2017-10-23#；变体型数据类型可以存放系统定义的任何数据类型。

2. 数据类型的转换

在 VBA 编辑过程中，常常需要将数据的某种类型转换成另一种特定的数据类型，以便于统一两种数据类型，进行数学运算。

例如，在"Cstr(2008)& "奥运会""这个表达式中，"奥运会"是字符型数据，而 2008 是整型数据，所以不能进行合并字符，需要通过 Cstr()函数将整型数据转换为字符型数据。

转换数据类型需要使用的一些函数如下表所示。

转换函数	目标类型	转换函数	目标类型
Cbyte	字节	Cint	整型
Cstr	字符	Csng	单精度
Clng	长整型	Cdbl	双精度
Ccur	货币	Cdate	日期
Cvar	变体		

3. 将宏转换为 VBA 代码

在导航窗口中选择宏或打开宏，执行"设计"|"工具"|"将宏转换为 Visual Basic 代码"命令，即可弹出"转换宏"对话框，如图 10-24 所示。

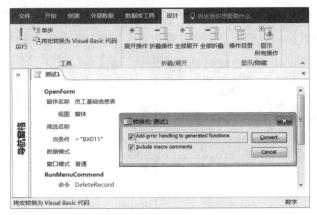

图 10-24

在该对话框中，用户可以设置转换时输入错误的信息，以及添加注释内容。

- 给生成的函数加入错误处理。选择该复选框，将在转换过程中添加执行代码错误时的信息。
- 包含宏注释。选择该复选框，则在转换后插入宏代码的注释内容。

转换成功后，即可弹出 VBA 编辑器及提示信息。而在 VBA 编辑器中将自动创建一个模块，并在导航窗口中显示所转换的模块。

10.4.2　常量、变量与数组

常量是在程序运行过程中始终不变的量，变量是在程序运行过程中可以变化的量。数组也是变量的一种，用于确定存储数据的大小。

1. 常量

常量是不随时间变化的某些量和信息，也可以表示某一数值的字符或字符串。

定义常量的形式如下：

```
Const name [As type]=value
```

在定义常量的实际应用中，name 表示常量名，type 设置常量的数据类型，value 表示常量的值。

例如，"Public Const PI=3.1415926"语句定义了一个很常用的常量，以 PI 代表圆周率。

> **提示**
> 语句中的 Const 用来表示常量，而 Public 表示常量的作用范围是整个数据库的所有过程。如果用 Private 来代替它，则这个常量只能在现在的这个模块中使用。

2．变量

变量分为内存变量和字段变量两种，名称均可由字母、汉字、数字和下画线组成，但不能与命令和函数名相同。

定义变量的形式如下：

```
Dim name [As type]
```

在定义变量的实际应用中，name 表示变量名，type 表示一种有效的变量类型。

例如，"Dim number As Integer"语句声明了一个整数类型的变量 number，则在程序中 number 表示一个变量，就不再是普通的字符组合了。

变量在程序中可以被赋予新的值，如"number=4"语句是一个赋值语句，变量 number 的值为 4。如果再次给 number 变量赋值，如"number=23"，则 number 变量的值将变成 23。

3．数组

数组的声明方式和其他变量是一样的，可以使用 Dim、Static、Private 或 Public 语句来声明。非数组变量与数组变量的不同在于数组变量通常必须指定数组的大小。

若数组的大小被指定，则它是一个大小固定的数组。若程序运行时数组的大小可以被改变，则它是一个动态数组。

数组是否从 0 或 1 索引是根据 Option Base 语句的设置决定的。如果 Option Base 没有指定为 1，则数组索引从 0（零）开始。

下面这行代码声明了一个固定大小的数组，它是一个 11 行乘以 11 列的 Integer 数组。

```
Dim MyArray(10,10) As Integer
```

第一个参数代表行，第二个参数代表列。与其他变量的声明一样，除非指定一个数据类型给数组，否则声明数组中元素的数据为 Variant。

数组变量的最大值是以操作系统有多少可用内存为基础的。若使用的数组大小超过了系统中可用内存总数，则速度会变慢，因为必须从磁盘中写回数据。

若声明为动态数组，则可以在执行代码时去改变数组大小。可以利用 Static、Dim、Private 或 Public 语句来声明数组，并使括号内为空，形式如下：

```
Dim sngArray () As Single
```

> **提示**
> 可以在编程过程中使用 ReDim 语句来做隐含性的数组声明。

对于编程过程中的数组范围,可以使用 ReDim 语句去改变维数,去定义元素的数目,以及每个维数的底层绑定。

当需要时,可以使用 ReDim 语句去更改动态数组,但数组中存在的值会丢失。若要保存数组中原来的值,可以使用 ReDim Preserve 语句来扩充数组。例如,下列语句将 varArray 数组扩充了 10 个元素,而原本数组中的当前值并没有消失掉。

```
ReDim Preserve varArray (UBound (varArray)+10)
```

> **提示**
> 当对动态数组使用 Preserve 关键字时,只可以改变最后维数的上层绑定,而不能改变维数的数目。

10.4.3 模块、过程与函数

模块是用来存放 VBA 代码的地方,过程则是 VBA 程序代码。

1. 模块

从插入模块的过程中可以看到,模块有两种——标准模块与类模块。利用模块可以将各种数据库对象联结起来,从而使其构成一个完整的系统,模块与宏具有类似的功能。

- 标准模块。未绑定到特定对象,通常包含可在整个数据库中使用全局的代码。
- 类模块。单个窗体或报表的组成部分,通常只包含这些对象的代码。

在 VBA 语言程序中,随着工程越来越复杂,可能会有多个模块。使用多模块可以将相关的过程聚合在一起,使代码的可维护性与可重用性大大提高。

通过不同的模块,可以为不同模块定制不同的行为,定制模块行为的方法有以下四种。

1)Option Explicit

当使用 Option Explicit 时,必须在模块中的所有过程中声明每一个变量,否则会出现语法错误并不能被编译。这样可以避免因为错误变量名导致程序错误。

2)Option Private Module

当使用此设定时,模块中的代码将标记为私有,在"宏"对话框中,将看不到这些代码。这样不会显示私有的子程序名称,也可以使模块的内容被其他工具引用,同一工程中的其他模块也可以使用。

3）Optiond Compare {Binary|Text|Database}

用于声明字符串比较时所用的默认比较方法。如果模块中没有 Option Compare 语句，则默认的文本比较方法是 Binary。

Optiond Compare Binary 根据字符的内部二进制表示导出一种排序顺序以进行字符串的比较。

在 Windows 中，排序顺序由代码页确定，Optiond Compare Text 根据由系统区域确定的一种不区分大小的文本排序级别来进行字符串比较。

Optiond Compare Database 只能在 Access 中使用，当需要字符串比较时，将根据数据库的区域 ID 确定的排序级别进行比较。

4）Option Base {0|1}

用来声明数组下标的默认下界。该语句只影响包含该语句的模块中的数组下界。

2．过程

过程是执行一个或多个给定任务的集合，分为子程序与函数两种类型。两者之间的主要区别在于，函数会返回一个值，而子程序不会返回值。

子程序是一个程序中可执行的最小部分，其语法为：

```
[Private|Public|Friend] [Static Sub name [(arglist)]]
[statements]
[Exit Sub]
[statements]
End Sub
```

Sub 语句的语法包含下面几个部分。

- Public（可选项）。表示所有模块的所有其他过程都可访问这个 Sub 过程。如果在包含 OptionPrivate 的模块中使用，则这个过程在该工程外是不可以使用的。
- Private（可选项）。表示只有在包含其声明的模块中的其他过程可以访问该 Sub 过程。
- Friend（可选项）。只能在类模块中使用。表示该 Sub 过程在整个工程中都是可见的，但对象实例的控件则是不可见的。
- Static（可选项）。表示在调用之前保留 Sub 过程的局部变量的值。Static 属性对在 Sub 外声明的变量不会产生影响，即使过程中也使用了这些变量。
- Name（可选项）。Sub 的名称，遵循标准的变量命名约定。
- arglist（可选项）。代表在调用时要传递给 Sub 过程的参数的变量列表。多个变量之间用逗号隔开。
- Statements（可选项）。Sub 过程中执行的任何语句组。
- Optional（可选项）。表示参数不是必需的关键字。如果使用了该选项，则 arglist 中的后续参数必须都是可选的，而且必须都使用 Optional 关键字声明。如果使用了 ParamArray，则任何参数都不能使用 Optional。
- ByVal（可选项）。表示该参数按值传递。
- ByRef（可选项）。表示该参数按地址传递，是 Visual Basic 的默认选项。
- ParamArray（可选项）。只用于 arglist 的最后一个参数，指明最后这个参数是一个 Variant 元素的 Optional 数组。使用 ParamArray 关键字可以提供任意数目的参数。ParamArray 关键字不能与 ByVal、ByRef 或 Optional 一起使用。
- varname（必选项）。代表参数的变量的名称，遵循标准的变量命名约定。
- type（可选项）。传递给该过程的参数的数据类型，可以是 Byte、Boolean、Integer、Long、Currency、Single、Double、Decimal（目前尚不支持）、Date、String（只支持变长）、Object 或 Variant。如果没有选择参数 Optional，则可以指定用户定义类型或对象类型。
- defaultvalue（可选项）。任何常数或常数表达式，只对 Optional 参数合法。如果类型为 Object，则显示的默认值只能是 Nothing。

3. 函数

函数与子程序最大的区别就在于其可以返回值，语法如下：

```
[Public|Private|Friend] [Static]
Function name [(arglist)] [As type]
[statements]
[name=expression]
[Exit Function]
[statements]
[name=expression]
End Function
```

可以看出，除了声明的关键词，函数与子程序基本相同，说明与用法也相近，这里就不再重复介绍了。

10.5　VBA 流程控制

程序流程控制语句是控制程序执行循环、跳转功能的语句。简单的程序可以不使用流程控制语句，只需让代码从上而下、从左至右运行即可解决简单的问题。但对于比较复杂的大型程序，则需要通过流程控制语句来改变代码的执行顺序。

10.5.1　条件语句

VBA 支持的条件语句主要有两种，下面分别介绍它们的功能。

1. If...Then

If...Then 条件语句可以有条件地执行某些语句，先计算条件表达式的值，再依据计算结果判断程序是否继续执行。基本语法为：

```
If <条件> Then<语句体>
```

例如，If I<3 Then MsgBox

通过上面的例子可以看出，判断结构中使用的"条件"往往是比较语句。当变量 I 小于 3 时，则执行 MsgBox 命令（可弹出提示信息框）。

2. If...Then...Else

If...Then...Else 语句根据对条件的判断，决定执行语句体。语法如下：

```
If <条件 1> Then
<语句体 1>
Else If <条件 2> Then
<语句体 2>
……
[Else
<语句体 N+1>]
End If
```

该语句的功能为先判断"条件 1"的值是否为 True。若为 True，则执行<语句体 1>；否则测试"条件 2"，若结果为 True，则执行<语句体 2>。如果所有条件都为 False，则执行 Else 后面的<语句体 N+1>。例如：

```
If a>=90 Then    '当 a 大于等于 90 时，输入"成绩为优"MsgBox "成绩为优"
   ElseIf a>=80 Then   '当 a 大于等于 80 时，输入"成绩为良"MsgBox "成绩为良"
   ElseIf a>=70 Then   '当 a 大于等于 70 时，输入"成绩为中"MsgBox "成绩为中"
   ElseIf a>=60 Then   '当 a 大于等于 60 时，输入"成绩为合格"MsgBox "成绩为合格"
   Else               '否则输入"成绩为差"MsgBox "成绩为差"
End If
```

If 与 End If 必须成对使用。If...Then 语句只是 If...Then...Else 语句的一种特殊形式，用户可以根据实际情况选用。

10.5.2 判断语句

当条件表达式仅有一个测试变量时，则可以使用 Select Case 结构语句。该语句比 If...Then...Else 语句更有效且更方便。语法结构如下：

```
Select Case <条件表达式>
   Case <结果值 1>
       <语句体 1>
Case <结果值 2>
```

```
        <语句体2>
            ……
    [Case Else
<语句体N>]
End Select
```

该语句的功能为判断测试变量的值与哪一个结果值相同，若相同则执行该结果值后面的语句体代码；若都不相同，则执行 Case Else 后面的语句体代码。示例如下：

```
Select Case X
    Case "加"
        NC=Na+Nb
    Case "减"
        NC=Na-Nb
    Case "乘"
        NC=Na*Nb
    Case "除"
        NC=Na/Nb
    Case Else
MsgBox "您选择的运算符错误"
End Select
```

在 Select 结构中，Select Case 语句必须与 End Select 语句成对出现，表示结构的开始与结束。

其中，Select Case 语句中的测试变量可以是变量、属性或表达式，Case 语句后的结果值可以是数值、字符或表达式。

Case 语句可以有多个表达式，各表达式之间用逗号分开，只要其中一个表达式匹配，则执行该 Case 下的语句体。而当所有表达式的值都不匹配时，则先执行 Case Else 后的语句体，然后执行 End Select 结束该语句结构。

10.5.3 循环语句

一组被重复执行的语句称为循环体，循环能否继续，取决于循环的终止条件。循环语句是由循环体及循环的终止条件两部分组成的。

在 VBA 语言中，支持三种类型的循环语句：Do 语句、For 语句、While 语句。

1．Do 语句

Do 语句是编程时常用的一种循环语句。Do 循环是最方便、最有效的，其语法格式根据不同需要可以分为四种，主要区别为在何处和怎样对循环条件进行判断。

1）Do While…Loop

Do While 循环重复执行一组语句，直到符合退出的条件才退出循环。而在执行之前并不知道重复的次数。语法如下：

```
Do While <条件表达式>
    <语句体>
Loop
```

该语句首先判断条件表达式的值，若为 False 则退出循环，执行 Loop 后面的语句；若为 True 则执行<语句体>。当执行到 Loop 语句时，返回到 Do While 语句，继续判断条件表达式的值，直到条件表达式的值为 False。例如：

```
Do While CJ<=60        '当 CJ 小于等于 60 时，执行循环
    A=A+1              'A=A+1 进行累加运算
    CJ=CJ+10           '累加 CJ 的值，每次加 10
Loop                   '返回 Do While 进行判断
```

使用该循环语句时，应注意 Do While 和 Loop 是成对出现的。如果第 1 次执行 Do 语句时，循环的条件为 False，则<语句体>一次都不执行；条件表达式的值应为逻辑型；<语句体>中要有控制循环的语句，以免产生死循环。在 VBA 语言中，可以嵌套判断或循环语句，但层次应分明，避免出现交叉嵌套；若嵌套判断或循环语句，则其位置会影响循环的执行方式。

2）Do...Loop While

语法如下：

```
Do <语句体>
Loop While <条件表达式>
```

在该语句中，首先执行<语句体>中的代码，遇到 Loop While 语句则判断条件是否成立，成立则返回循环的开始语句，再次执行<语句体>，直至 While 条件不成立才退出循环。

```
Do                      '循环体的开始语句
    XH=XH+10            '执行条件累加
    ST=ST+40            '累加数据
Loop While XH<=100
```

3）Do Until...Loop

语法如下：

```
Do Until <条件表达式>
    <语句体>
Loop
```

该语句先判断<条件表达式>的值是否为 False，若是则执行循环语句，当执行到 Loop 语句时，返回 Do Until 语句，继续判断条件表达式的值。若<条件表达式>的值为 True，则退出循环。

```
Do Until XH<100         '先判断条件是否为"真"，再决定是否执行循环体
    Score =Score+10     '累加数据
    XH=XH+10            '执行条件累加
Loop
```

4）Do…Loop Until

```
Do
<语句体>
Loop Until <条件表达式>
```

该语句先执行<语句体>中的代码,遇到 Loop Until 语句则判断条件是否为 False。若为 False 则返回循环的开始位置,重新执行该语句,直至<条件表达式>为 True 时退出循环。

2. For…Next

一般 Do 循环语句适用于不知道执行的循环次数的情况。但对于知道循环次数的循环,可以使用 For…Next 循环语句。

该循环有一个可作为"计数器"的变量,因此可以设置固定的重复次数。

```
For 变量=初值 To 终值 [Step 步长]
<语句体>
Next [变量]
```

其中,初值、终值和步长都是必需数值。步长可以是正数,也可以是负数。如果步长为正数,则初值必须小于终值,否则跳过该循环体。如果步长为负数,则初值必须大于终值,否则不执行循环体。若没有设置步长的值,则默认为 1。

在该语句执行过程中,变量由开始赋值,并执行循环体,遇到 Next 语句则将计数变量加上步长值,并判断计数变量的值是否已经超过结束值,不超过则继续执行循环体,否则退出循环,执行 Next 语句后面的代码。例如:

```
Sub bb()
For i=1 To 100 Step 2        '将 i 变量赋值为 1,并判断初值及终值
    a=a+1                    '执行 a=a+1 语句
Next                         '结束 For…Next 语句
MsgBox a
End Sub
```

3. While…Wend

语法如下:

```
While <条件表达式>
<语句体>
Wend
```

在执行 While 语句时,当<条件表达式>为 True 时,执行<语句体>中的代码。否则,跳过 While 循环,继续执行后面的代码。

下面是 While 循环满足<条件表达式>时,执行<语句体>的代码。

```
While Score <=1000              '当 score<=1000 时,执行循环体
    Score=Score+40              '执行 Score=Score+40 累加语句
```

```
Wend                           '结束循环体
```

在该循环体中，Score 为表达式中的变量，也是语句体中的变量。在初始情况下，Score 变量值为 0，当第 1 次执行<语句体>时，Score 变量值为 40。因此，当该循环体执行 26 次时，即 Score 变量等于 1040 时，退出循环体。

4．退出循环体

循环语句执行<语句体>时，一般需要满足<条件表达式>的值，或者该值为 False（有循环条件值为 True）则跳出循环体，并执行循环后面的代码。

但对于特殊的循环，有时需要在循环<语句体>中满足一定的条件，使其强行退出循环体。

下面介绍两种强行退出循环体的方法。第一种方法的语法如下：

```
Do [ (while|Untile)] <条件表达式>
<语句体>
Exit Do
<语句体>
Loop
```

第二种方法的语法如下：

```
For 变量=开始值 To 结束 [Step 步长值]
<语句体>
Exit For
<语句体>
Next [计数变量]
```

在这两个循环体中，分别使用 Exit Do 和 Exit For 语句强行退出循环体。在执行过程中，只要执行到这两个语句就退出循环体，不再执行该语句后面的语句体（代码）。

10.6 调试 VBA

虽然 VBA 编辑器的功能很强大，但若编辑一些比较复杂的功能，并非一次就能够编辑成功，只有调试编辑的代码，才可以完成相对复杂的功能编辑。

10.6.1 错误类型和编辑规则

在调试 VBA 程序之前，用户需要了解一下 VBA 编程中常见的错误类型和编程规则。

1．常见错误类型

在 VBA 中，程序中的错误一般有下列三种。

- 编辑错误。在编辑过程中，很容易发生语句拼写错误。一般在编写过程中，VBA 将检查出这类错误。但对于应用错误位置的语句，有时则无法检查出来。
- 运行错误。在程序运行过程中发生的错误，主要是进行一些非法操作，如表达式值有误等。
- 程序逻辑混乱。由于代码的逻辑错误引起的，但程序在运行时并没有进行非法操作，只是运行结果错误，或者循环体应用较为混乱。

2．编程规则

为了避免上述错误，用户在编辑代码时需要养成一个良好的编程风格。

- 对于具有独立作用的代码，应该放在 Sub 过程或 Function 过程中。
- 在编辑代码时，尽量添加每条语句的注释，便于其他用户或自己日后阅读程序。
- 在每个模块中添加 Option Explicit 语句，避免使用未定义的变量。
- 变量应采用统一的命名规则，变量名称应有了解变量的作用。
- 在声明对象变量或其他变量时，应声明变量的类型。

10.6.2 对简单错误的处理

当发生执行代码错误时，VBA 将停止代码的运行，并显示一个错误消息。因此，在编辑代码时，可以插入一些错误处理语句，以防止许多问题的发生。

错误处理程序指定代码发生错误时如何响应，例如，在发生特定的错误时，用户可能需要终止代码的运行，或者需要改正导致错误的条件，并恢复过程的执行。

一般可以通过 On Error 和 Resume 语句来决定如何在错误事件中执行过程。

1．On Error 语句

通过该语句，可以启用或禁用执行错误处理。如果启用了错误处理，产生错误时将会执行代码产生的错误内容。该语句有下列三种形式。

1）On Error GoTo Label 语句

当出现错误的第 1 行代码前，先启用该语句错误处理程序。在错误处理程序被激活并出现错误时，执行就会跳转到由 Label 参数指定的代码行上。

由 Label 参数指定的代码行应该是错误处理的起始行。例如，以下过程中指定出现错误时，执行跳转到标号为 Error_May 的代码行上。

```
Function MayError ()                '激活错误处理程序
<语句体>
On Error GoTo Error_May             '在此包含可能产生错误的代码
<语句体>
Error_May:
<语句体>
```

```
End Function
```

2）On Error GoTo 0 语句

该语句使用过程中的错误处理是无效的。该语句并不是把 0 行指定为错误处理代码的起始，即使过程中包含标号为 0 的代码行。如果代码中没有该语句，则在过程运行完成时错误处理程序将自动变为无效。

3）On Error Resume Next

该语句会忽略导致错误的代码行，并跳转到错误代码行的下一行继续执行。此时语句不会终止代码运行，在可以导致错误的代码行之后立即检查 Error 对象的属性，并且在过程本身处理错误。

2. Resume 语句

该语句使程序执行从错误处理跳转回过程的主体。在错误处理过程中，包含该语句可以从过程某一特定点上继续执行程序。

Resume 语句有三种形式，其中 Resume 或 Resume 0 语句将返回发生错误的代码行。而 Resume Next 语句将返回错误代码行的下一行。Resume Label 语句则返回由 Label 参数指定的代码行。

3. 退出

过程在包含一个处理错误的同时，还应该包含一个退出错误处理过程。该语句包含一个 Exit 语句，如 Exit_May，可以像指定错误处理一样用行标签指定退出。

第 11 章
导入与导出数据

导入与导出数据操作，不仅可以实现各类不同数据文档的格式转换，而且可以快捷地获取其他应用程序的数据，例如 Excel 工作簿，以及将 Access 数据表转换成其他类型的文件，以实现数据资源的共享。另外，为了防止数据库中数据表及其他对象的丢失或损坏，用户可以通过创建 Web 和 XML 文件，将完成的内容进行备份（导出），以免造成不必要的损失。

11.1 导入数据

在 Access 中，用户可以将其他不同格式的数据，添加到数据库中使用，或者将导出的源数据替换为现有的数据对象。

11.1.1 导入 Access 数据

在导入其他数据库中的数据时，Access 将在目标数据库中创建数据或对象的副本，而不更改源数据。

1. 了解 Access 数据

在导入操作过程中，可以选择要复制的对象，控制如何导入表和查询，指定是否应导入表之间的关系等。

一般，导入数据的原因通常有以下几种。

- 通过将一个数据库中的所有对象复制到另一个数据库中来合并这两个数据库。
- 需要创建与另一个数据库中的现有表相似的一些表。为了避免手动设计每个表，则复制整个表或只复制表定义。如果选择只导入表定义，则生成一个空表。
- 需要将相关的一组对象复制到其他数据库中。

但是，在下列情况下，用户可以考虑使用链接数据库的方法。

例如，组织使用多个数据库，但某些表中的数据需要在各数据库之间共享；或者需要能够在数据库中添加和使用数据；或者需要继续管理该数据库中的表的结构。

在导入 Access 数据库数据时，会出现一些提示信息，其具体内容如下表所示。

元　　素	说　　明
多个对象	一次可以导入多个对象
新对象	每次导入操作都会在目标数据库中创建一个新对象
导入链接的表	如果源表实际上是链接表，则当前的导入操作将替换为链接操作
忽略字段和记录	在导入来自表或查询的数据时，不能忽略特定字段或记录。不过，如果用户不想导入表中的任何记录，则可选择只导入表定义
关系	可以选择导入源表之间的关系
表定义	可以选择导入整个表或只导入表定义。如果只导入表定义，则将创建一个表，它的字段与源表中的字段完全相同，但不含数据
记录源对象	导入查询、窗体或报表不会自动导入基础记录源。必须导入所有基础记录源，否则查询、窗体或报表将不起作用

续表

元　素	说　明
查阅字段	如果源表中的字段查询其他表或查询中的值,并且让目标字段显示查阅值,则必须导入相关的表或查询
子窗体、子报表	在导入窗体或报表时,不会自动导入该窗体或报表中包含的子窗体及子报表。而需要导入每个子窗体、子报表及其基础记录源,这样窗体或报表才能在目标数据库中正常使用
查询	查询可以作为查询或表导入。如果作为查询导入,则必须导入基础表

需要注意的是,确保没有用户以独占模式打开源数据库和目标数据库,并且具有在该数据库中添加对象和数据所需的权限。

2．导入 Access 数据

执行"外部数据"|"导入并链接"|"新数据源"|"从数据库"|"Access"命令,如图 11-1 所示。在弹出的"获取外部数据-Access 数据库"对话框中,直接在"文件名"文本框中输入源数据库的名称,或单击"浏览"按钮选择目标数据库,如图 11-2 所示。

图 11-1

图 11-2

选择"将表、查询、窗体、报表、宏和模块导入当前数据库"选项,则将导入所选数据库中的内容;选择"通过创建链接表来链接到数据源"选项,则将创建所选数据库的链接内容。

单击"确定"按钮,在弹出的"导入对象"对话框中选择所需的对象,如图 11-3 所示。若要取消选中的对象,则再次单击该对象。

在"导入对象"对话框中,单击"选项"按钮,在展开的"选项"栏中指定其他设置,如图 11-4 所示。

第 11 章 导入与导出数据

图 11-3

图 11-4

每个选项的具体功能如下表所示。

元　　素	说　　明
关系	导入所选定的表之间的关系
菜单和工具栏	导入源数据库中存在的所有自定义菜单和工具栏。这些菜单和工具栏将显示在名为"加载宏"的选项卡中
导入/导出规范	导入源数据库中存在的所有已保存的导入或导出规格
导航窗口组	导入源数据库中存在的所有自定义导航窗口组
所有图像与主题	导入所有选定的图像和主题
定义和数据	导入所有选定的表的结构和数据
仅定义	只导入选定表中的字段，不导入源记录
作为查询	把选定的查询作为查询导入
作为表	把查询作为表导入

在"导入对象"对话框中，单击"确定"按钮，返回"获取外部数据-Access 数据库"对话框，取消选中"保存导入步骤"复选框，单击"关闭"按钮。

此时，在当前的数据表中将导入所选择的数据库对象，并显示在导航窗口中。用户可通过双击导入的对象，来查看对象的数据及结构内容。

> **提示**
> 如果用户选中"通过创建链接表来链接到数据源"选项，则导入的数据表对象前将添加一个箭头标志，表示链接数据表。

11.1.2 导入 Excel 数据

在导入数据时，Access 会在新表或现有的表中创建数据副本，而不更改源 Excel 文件。

执行"外部数据"|"导入并链接"|"新数据源"|"从文件"|"Excel"命令，如图 11-5 所示。

在弹出的"获取外部数据-Excel 电子表格"对话框中，单击"浏览"按钮，选择导入文件。同时，选中"将源数据导入当前数据库的新表中"选项，并单击"确定"按钮，如图 11-6 所示。

图 11-5

图 11-6

在"指定数据在当前数据库中的存储方式和存储位置"选项组中，包括下列三种选项。

- 将源数据导入当前数据库的新表中。将数据存储在新表中，并且提示用户命名该表。
- 向表中追加一份记录的副本。将数据追加到现有的表中。
- 通过创建链接表来链接到数据源。在数据库中，创建所选择表为链接表。

在弹出的"导入数据表向导"对话框中，选中"显示工作表"选项，在列表框中选择一个工作表，并单击"下一步"按钮，如图 11-7 所示。

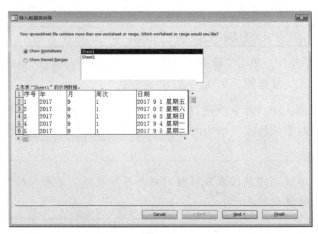

图 11-7

由于该工作表中的第一行包含了列标题，因此选择"第一行包含列标题"复选框，单击"下一步"按钮，如图 11-8 所示。

第 11 章 导入与导出数据

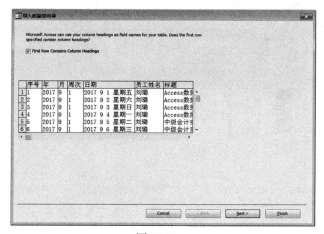

图 11-8

此时，在"字段选项"选项组中，设置字段名称、数据类型、索引等选项，并单击"下一步"按钮，如图 11-9 所示。

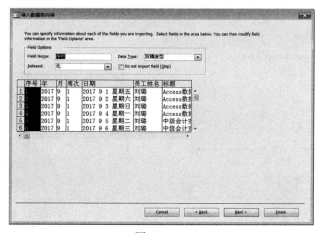

图 11-9

- 提 示 -

　　如果需要修改字段名称，则需要在下面的列表框中选择字段列，并在"字段名称"选项后的文本框中输入新的字段名称即可。

在弹出的对话框中，设置导入数据的主键，并单击"下一步"按钮。其中，"让 Access 添加主键"选项表示 Access 会将"自动编号"字段添加为目标表中的第一个字段，并且用从 1 开始的唯一 ID 值自动填充它，如图 11-10 所示；"我自己选择主键"选项需要通过单击其后的下拉按钮手动指定主键字段；"不要主键"选项则表示忽略该表中的主键。

355

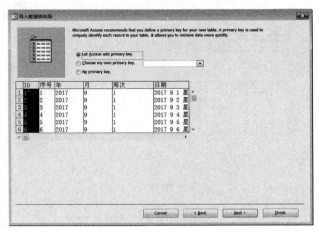

图 11-10

在"导入到表"文本框中输入导入数据表的名称,并单击"完成"按钮,如图 11-11 所示。

此时,系统会自动返回"获取外部数据-Excel 电子表格"对话框,取消选择"保存导入步骤"复选框,单击"关闭"按钮,如图 11-12 所示。

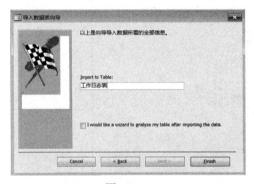

图 11-11

图 11-12

11.2 导出数据

对于一些重要的数据,用户可通过导出数据的方法进行备份。这样既不占用太大的控件(与整个数据库相比),又便于恢复数据库中该对象的内容。

11.2.1 导出 Access 数据

导出 Access 数据库是从一个 Access 数据库将表、查询、窗体、报表、宏或模块导出到另一个 Access 数据库。而导出对象时,Access 将在目标数据库中创建该对象的副本。

1. 导出 Access 数据的注意事项

Access 提供了多种将对象从一个数据库复制到另一个数据库的方法。复制并粘贴对象是最简单的方法，但导出对象可以提供更多选项。例如，可以导出表定义和表中的数据；也可以只导出表定义（表的空副本）；还可以将操作的详细信息另存为导出规格供以后使用。

> **提示**
> 不能导出部分对象，例如不能仅导出在视图中选择的记录或字段。但用户可以通过复制并粘贴数据的方法来导出部分对象。

在导出 Access 数据时，其文件格式可以为 MDB 或 ACCDB 数据库文件，则源对象必须是表、查询或宏，不能从 MDE 或 Access 文件导出窗体、报表和模块。

另外，在导出 Access 数据库之前，还需要注意一些元素所代表的含义，具体内容如下表所示。

元 素	说 明
每次操作仅限一个对象	每次只能导出一个对象。若要导出多个对象，应该对每个对象重复导出操作，或者在目标数据库中执行一次导入操作
新表	每个导出操作在目标数据库中创建一个新对象。如果已存在同名的对象，可以选择覆盖现有对象，或者为新对象指定另一个名称，但不能通过执行导出操作向现有表中添加记录
导出链接表	如果要导出的表是链接表，导出操作将在目标数据库中创建链接表。新的链接表链接到原始源表
部分导出	不能导出对象的一部分或仅导出一些选定的记录
关系	由于每次只能导出一个表，因此导出操作并不会复制关系。如果要导入多个表及其关系，需要打开目标数据库并导入对象
表定义	可以选择导出整个表或仅导出表定义。导出定义时将在目标数据库中创建该表的一个空副本
记录源	导出查询、窗体或报表并不会自动导出基础记录源。用户必须导出基础记录源，否则查询、窗体或报表将无法操作
查阅字段	如果源表中的字段在另一个表或查询中查阅值，则在目标字段显示查阅值时，必须导出相关的表或查询。如果不导出相关的表或查询，目标字段将仅显示查阅 ID
子窗体和子报表	导出窗体或报表时，不会自动导出包含在窗体或报表中的子窗体和子报表，需要单独导出每个子窗体或子报表及其基础记录源

2. 导出 Access 数据

打开源数据库，执行"外部数据"|"导出"|"Access"命令，如图 11-13 所示，在弹出的"导出-Access 数据库"对话框中，设置数据库的文件名及格式，并单击"确定"按钮，如图 11-14 所示。

图 11-13

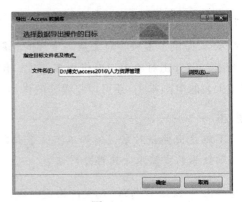
图 11-14

在弹出的"导出"对话框中，设置导出名称和导出方式，并单击"确定"按钮，如图 11-15 所示。

在弹出的"导出-Access 数据库"对话框中，单击"关闭"按钮即可，如图 11-16 所示。

图 11-15

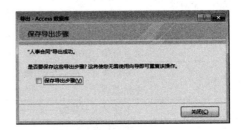
图 11-16

> **提 示**
> 如果目标数据库中存在同名的对象，将提示覆盖此对象或为新对象指定另一个名称。单击"是"按钮进行覆盖，或者单击"否"按钮返回"导出"对话框。

11.2.2 导出 Excel 数据

通过 Access 中的"导出"向导，可以将数据库对象导出到 Excel 工作簿中。但是，在导出 Excel 电子表格之前，还应当了解一些基本要点。

1．导出 Excel 数据的注意事项

当导出数据时，Access 会创建所选数据或数据库对象的副本，并将该副本存储在一个 Excel 工作簿中。

在执行导出操作时，可以保存详细信息以备以后使用，甚至还可以预设时间，导出操作会按特定时间间隔自动运行。

例如，在导航窗口中，选择包含要导出的数据的对象并检查源数据，确保它不包含任何错误指示符或错误值。

如果源对象是一个表或查询，要决定导出数据时是否带有格式。因为此决定会影响生成的工作簿的显示格式。

下表说明了导出带格式的数据和不带格式的数据所形成的最终结果。

导　　出	源 对 象	格式设置
不带格式	表或查询	在导出过程中，会忽略"格式"属性设置。对于查阅字段，只导出查阅 ID 值
带格式	表、查询或窗体	向导会保留"格式"属性设置。对于查阅字段，查阅值会被导出。对于超链接字段，值会被导出为超链接。对于格式文本字段，则会导出文本，而不导出格式

在导出操作过程中，Access 会提示指定目标工作簿的名称。下表总结了何时创建一个工作簿（如果该工作簿尚不存在），以及何时覆盖该工作簿（如果该工作簿已经存在）。

工作簿	源 对 象	导　　出	结　　果
不存在	表、查询或窗体	数据（带格式或不带格式）	在导出操作过程中创建工作簿
已经存在	表或查询	数据（不带格式）	不覆盖工作簿中的内容
已经存在	表、查询或窗体	数据（带格式）	导出的数据会覆盖工作簿中的内容

2．导出 Excel 数据

打开源数据库，执行"外部数据"|"导出"|"Excel"命令。在弹出的"导出-Excel 电子表格"对话框中，设置文件名和文件格式，选择"导出数据时包含格式和布局"复选框，如图 11-17 所示。

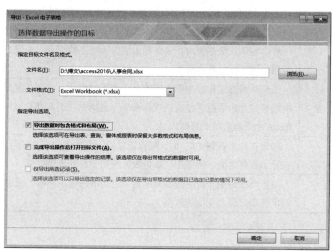

图 11-17

在该对话框中，主要包括下列选项。

- 文件名。用于设置目标文件的本地地址及文件名。
- 文件格式。用于设置所导出的 Excel 工作簿的格式，包括 Excel 二进制工作簿、Excel97-Excel2003 工作簿、Microsoft Excel5.0/95 工作簿和 Excel 工作簿四种格式。
- 导出数据时包含格式和布局。选择该复选框，表示将导出带格式的数据。
- 完成导出操作后打开目标文件。选择该复选框，表示在导出操作完成之后系统自动打开目标 Excel 工作簿，以供用户查看。
- 仅导出所选记录。选择该复选框，表示仅导出用户所选定的记录。如果该选项未激活，表示用户没有打开源对象（数据表、报表或窗体等）。

在该向导对话框中，单击"确定"按钮，即可执行导出操作。若因出现错误而失败，Access 会显示一条消息来说明错误原因。否则，根据在向导中指定的导出选项导出数据。此时，用户也可以保存导出规格。

当打开工作簿时，可能会发现一些错误的内容，如工作表中丢失值和错误值等。因此，用户需要在 Excel 工作簿中进行更正，也可以在 Access 数据库中更正源对象，并重新执行导出操作。

下表说明了解决常见错误的不同方法。

问题	说明和解决方案
多值字段	支持多个值的字段会被导出为一个值的列表，值由分号（;）分隔
图片、对象和附件	图形元素（如徽标、OLE 对象字段等内容）不会被导出。在完成导出等操作之后需将它们手动添加到工作表中
图表	当导出包含 Graph 对象的窗体时，不会导出图形对象
错误列中的数据	最终工作表中的控件会替换下一列中的数据
丢失日期值	早于 1900 年 1 月 1 日的日期值不会被导出。工作表中的对应单元格将包含一个空值
丢失表达式	用于计算值的表达式不会被导出到 Excel，只有计算结果会被导出
丢失子窗体和子数据表	导出窗体或数据表时，只会导出主窗体或主数据表。对需要导出的每个子窗体和子数据表重复执行导出操作
列丢失或列格式设置不正确	如果在最终工作表中所有列都显示为不带格式，可以重复导出操作，一定要在向导中选择"导出数据时包含格式和布局"复选框。而有些列显示的格式不正确，可以在 Excel 中手动应用所需格式
列中的"#"值	如果在列中看到"#"值，则该值对应于窗体中的"是/否"字段。若要解决此问题，在导出数据之前，需要在"数据表"视图中打开该窗体
错误指示符或错误值	检查单元格中是否有错误指示符（边角的绿色三角形）或错误值（以"#"字符开头的字符串，而非相应的数据）

11.2.3　导出文件文本

用户可以将表、查询、窗体和报表导出为文本格式（.txt）的文件，并且可以导出整个表和查询对象，或者只导出数据，而忽略所有额外的格式设置。

1. 文件格式概述

在导出过程中，Access 会创建一个文本文件。如果选择忽略格式设置，则可以创建带分隔符的文本文件或固定宽度的文本文件。

在带分隔符的文件中，每一行只出现一个记录，各字段间由称为分隔符的单个字符分隔。分隔符可以是字段值中不会出现的任何字符，如逗号或分号。

在固定宽度的文件中，每个记录在单独的一行上出现，每个字段在不同记录中的宽度完全一致。每个记录的第一个字段的长度可能始终是 7 个字符，每个记录的第二个字段的长度可能始终是 12 个字符等。如果某个字段的实际值在每个记录中各不相同，那么小于必须宽度的值将由尾部空格补齐。

在带格式的文件中，使用连字符（-）和短竖线（|）在网格中组织内容。记录显示为行，字段显示为列。第一行中显示字段名称，如图 11-18 所示。

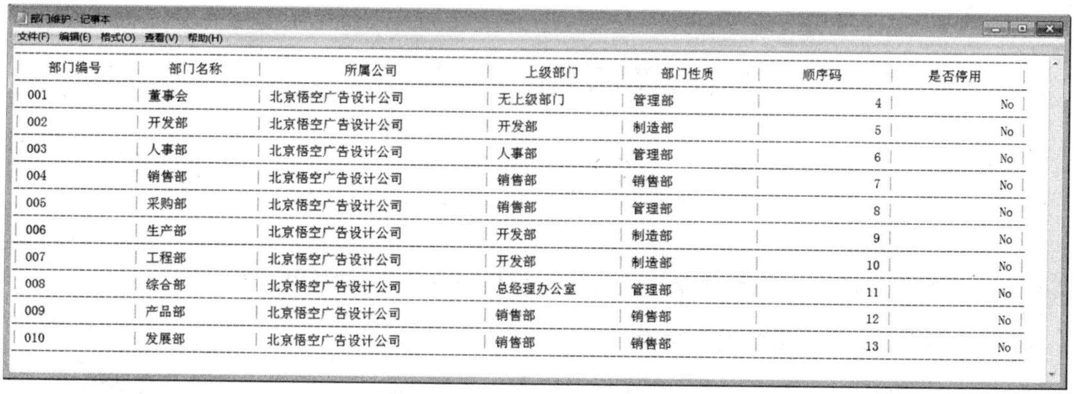

部门编号	部门名称	所属公司	上级部门	部门性质	顺序码	是否停用
001	董事会	北京悟空广告设计公司	无上级部门	管理部	4	No
002	开发部	北京悟空广告设计公司	开发部	制造部	5	No
003	人事部	北京悟空广告设计公司	人事部	管理部	6	No
004	销售部	北京悟空广告设计公司	销售部	销售部	7	No
005	采购部	北京悟空广告设计公司	销售部	管理部	8	No
006	生产部	北京悟空广告设计公司	开发部	制造部	9	No
007	工程部	北京悟空广告设计公司	开发部	制造部	10	No
008	综合部	北京悟空广告设计公司	总经理办公室	管理部	11	No
009	产品部	北京悟空广告设计公司	销售部	销售部	12	No
010	发展部	北京悟空广告设计公司	销售部	销售部	13	No

图 11-18

2. 导出带格式和布局的文本文件

打开源数据库，选择需要导出的对象，执行“外部数据”|“导出”|“文本文件”命令。在弹出的“导出-文本文件”对话框中，设置文件名，选择“导出数据时包含格式和布局”复选框，并单击“确定”按钮，如图 11-19 所示。

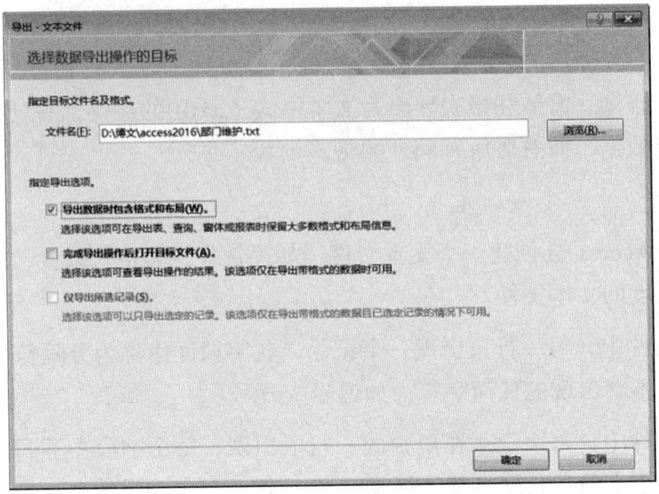

图 11-19

> **提示**
> 在默认情况下，一般生成的文件保存到本地计算机的"我的文档"文件夹中。

在弹出的"对'部门维护'的编码方式"对话框，选择编码方式，并单击"确定"按钮，如图 11-20 所示。

图 11-20

此时，系统会自动返回"导出-文本文件"对话框中，关闭该对话框即可。

3．导出不带格式和布局的文本文件

执行"外部数据"｜"导出"｜"文本文件"命令，在弹出的"导出-文本文件"对话框中，设置文件名，并单击"确定"按钮。

在弹出的"导出文本向导"对话框中，选择文本文件的导出格式，此处选中"带分隔符-用逗号或制表符之类的符号分隔每个字段"选项，并单击"下一步"按钮，如图 11-21 所示。

选中"制表符"选项，选择"第一行包含字段名称"复选框，并单击"下一步"按钮，如图 11-22 所示。

在"导出到文件"文本框中，输入文件的保存位置和名称，单击"完成"按钮即可，如图 11-23 所示。

第 11 章 导入与导出数据

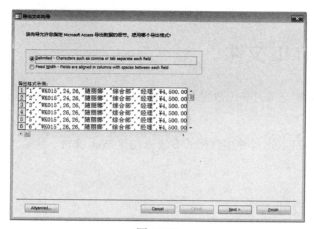

图 11-21

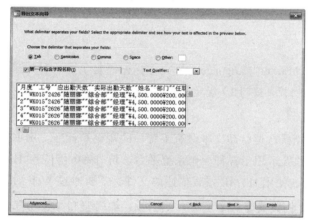

图 11-22

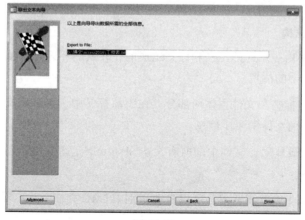

图 11-23

11.3 创建 HTML 文件

创建数据文件，其实是通过导出数据功能，将文件导出格式为 HTML 的文件，从而达到创建 Web 和 HTML 文件的目的。

在 Access 中，用户可以通过导出数据的方法来创建 Web 文件。但是，在创建 Web 文件之前，需要了解以下基础知识。

11.3.1 HTML 概述

在 Access 中，用户可以通过导出数据的方法来创建 HTML 文件，但是在此之前，需要先了解 HTML 文件的基础知识。

1．概述

HTML（Hypertext Marked Language，超文本标记语言）是一种用来制作超文本文档的简单标记语言。超文本传输协议（HTTP）规定了浏览器在运行 HTML 文档时所遵循的规则和进行的操作。

HTTP 的制定使浏览器在运行超文本时有了统一的规则和标准。用 HTML 编写的超文本文档称为 HTML 文档，能独立运用于各种操作系统平台，自 1990 年依赖 HTML 以来就一直被用作 WWW 的信息表示语言。使用 HTML 语言描述的文件，需要通过 Web 浏览器显示出效果。

创建一个 HTML 文档只需要两个工具——HTML 编辑器和 Web 浏览器。HTML 编辑器是用于生成和保存 HTML 文档的应用程序。Web 浏览器是用来打开 Web 网页文件，让用户查看 Web 资源的客户端程序。

2．HTML 的基本结构

一个 HTML 文档是由一系列的元素和标签组成的，元素名不区分大小写。IITML 用标签规定元素的属性和它在文件中的位置。

HTML 文档分头部标签和文件主体两部分。在头部标签中，可以定义文件一些必要的设置；在文件主体中是要显示的文件的主要信息。

<HTML>在文档的最外层，文档中的所有文本和<html>标签都包含在其中，表示该文档是以超文本标识语言编写的。

事实上，现在常用的 Web 浏览器都可以自动识别 HTML 文档，并不要求有<html>标签，也不对该标签进行任何操作。

3. HTML 的标签与属性

在 HTML 文档中，用"<>"括起来的句子称为标签。它用来分隔标签文本的元素，以形成文本的布局、文字的格式、绚丽多彩的画面。

标签通过指定某块信息为段落或标题等来标识文档的某个部件。属性是标签中参数的选项。

HTML 的标签分为单独标签和成对标签两种。成对标签是由首标签<标签名>和尾标签<标签名>组成的，并且作用于标签之内的文档内容。

单独标签的格式为<标签名>，单独标签在相应的位置插入元素就可以了，大多数标签都包含一些属性，用于进一步改变显示的效果。属性之间无先后次序，属性是可选的。

11.3.2 创建 HTML 文件

执行"外部数据"|"导出"|"其他"|"HTML 文档"命令，如图 11-24 所示。

图 11-24

在弹出的"导出-HTML 文档"对话框中，设置文件名，选择"导出数据时包含格式和布局"复选框，并单击"确定"按钮，如图 11-25 所示。

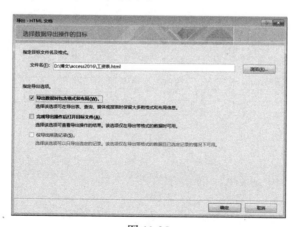

图 11-25

在弹出的"HTML 输出选项"对话框中,选中"默认编码方式"选项,并单击"确定"按钮,如图 11-26 所示。

图 11-26

> **提示**
> 用户也可以选择"选择 HTML 模板"复选框,并单击"浏览"按钮,在弹出的对话框中选择 HTML 模板文档。

此时,关闭"导出-HTML 文档"对话框,在保存 HTML 文件的位置,双击该文件,浏览其效果,如图 11-27 所示。

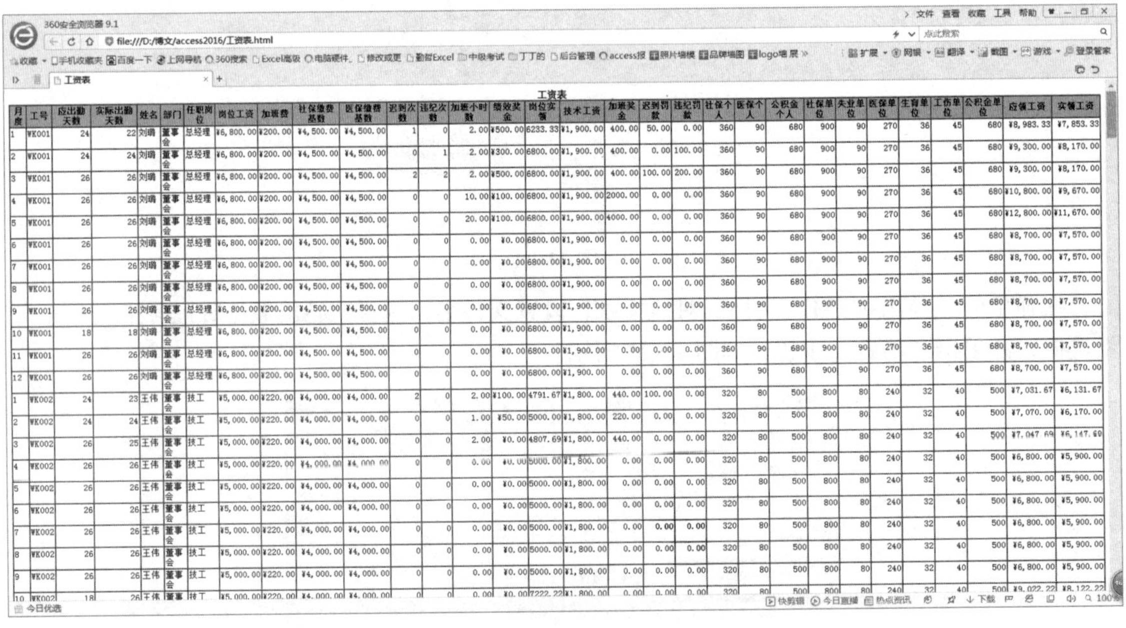

图 11-27

第 12 章
数据库安全与优化

Access 是 Microsoft 公司研发的微型计算机数据库管理系统,已经逐渐应用于电子商务、金融、财务等众多领域。作为一种功能强大的 MIS 系统开发工具,Access 具有界面友好、易学易用、开发简单、接口灵活等特点,是一个典型的数据管理和信息系统开发工具。除此之外,随着数据库计数的更新,新版本的 Access 提供了更强大的数据组织、用户管理和安全检查等功能,既增加了数据库的安全性,又可以全面地协助用户对数据库进行优化,从而保证数据库运行的平稳性。在本章中,将详细介绍数据库安全与优化的基础知识和操作方法。

12.1 数据库安全与优化概述

在 Access 数据库系统中，用户可以通过多种保存数据库数据的方法增加数据库的安全性。每种安全策略都具有专门的针对性，以强化数据库的安全性。

12.1.1 优化数据库概述

在数据库中，通过优化操作可以使其更完整、更符合规范化规则。因此，我们可以对数据库中的表和查询进行优化操作，也可以对窗体和报表进行优化操作。

1. 优化表和查询

一般，在创建表、字段和关系后即可先使用示例数据来填充表，再尝试通过创建查询、添加新记录等操作来使用这些信息。这些操作可以帮助发现潜在的问题。例如，在设计阶段忘记插入的列，或者可能需要将一个表拆分为两个表，以消除重复等。

在测试初始数据库时，可能会发现可改进之处，以下是要检查的事项：

- 是否忘记了任何列？如果忘记了列，该信息是否属于现有的表？如果是有关其他主题的信息，则可能需要创建另一个表，并根据需要为每个信息项各创建一列。如果无法通过其他列计算出信息，则可能需要为其创建一个新列。
- 是否可以通过现有字段计算得到的不必要的列？如果某信息项可以通过其他现有列计算得到，则进行计算通常会更好，并能够避免创建新列。
- 是否存在某个表中重复输入相同的信息的现象？如果存在，则可能需要将这个表拆分为两个具有一对多关系的表。
- 是否具有很多字段，但记录数量有限，且各个记录中有很多空字段？如果有，则考虑对该表重新进行设计，使其包含更少的字段和更多的记录。
- 每个信息项是否已经拆分为最小的有用单元？如果需要对某个信息进行报告、排序、搜索或计算，则将该项放入自己的列中。每一列是否包含有关所标注的主体的事实？如果某一列不满足此条件，则该列属于其他表。
- 表之间的所有关系是否已经都由公共字段或第三个表加以表示？一对一关系和一对多关系要求使用公共列，而多对多关系要求使用第三个表来表示。

2. 优化窗体和报表

创建窗体和报表的草稿，检查这些窗体和报表是否显示所期望的数据，查找不必要的数据重复，找到后对设计进行更改，以消除这种数据重复。

另外，在窗体和报表中，还有一些策略可应用于单个文本框和组合框控件，以改善其性能。

通过下列内容，可以判断窗体或报表是否需要改进。

- 将子窗体和子报表建立在一个查询上，该查询只包含要求的字段并带有一个记录集的筛选。
- 如果记录顺序无关紧要，那么在查询中不排序记录可节省时间。
- 是否试图对表达式进行排序或分组操作。
- 确保窗体或报表所基于的表及查询是优化过的。
- 不要用位图和图形对象做过度的设计，需要添加图形时，可将无边界对象图形框控件转化为载入时间较少的图形控件。
- 尽量少用子窗体或子报表，减少占用的空间。

12.1.2 数据库安全概述

在数据库技术飞速发展的今天，数据库数据特别是敏感数据的安全性已经成为数据库技术研究者关注的焦点。

1. Access 数据库安全概述

Access 与早期版本中的安全工具相比，增加了以下功能。

1）加密或解密数据库

最简单（也是安全性最低）的保护方法是对数据库进行加密。

加密数据库就是将数据库文件压缩，从而使某些实用程序（如字处理器）不能解读这些文件。

加密一个不具有安全设置的数据库并不能保证数据库的安全，因为任何人都可以打开数据库并完全访问数据库中的所有对象。

加密可以避免在以电子方式传输数据库，或者将其存储在 U 盘或光盘上时，其他用户偶然访问数据库中的信息。然而 Access 使用的数据库引擎所使用的加密方法非常薄弱，因此决不能用于保护敏感数据。

2）设置数据库密码

在数据库上设置密码，从而要求用户在访问数据和数据库对象时输入密码。但是不能使用此方法为用户或组分配权限，因此任何掌握密码的人都可以无限制地访问所有 Access 数据和数据库对象。

3）用户级安全性

除共享安全性外，还可以使用用户级安全性，它提供了最严格的访问限制，能够最大限度地控制数据库及其中包含的对象。用户级安全性（在单独使用时）主要用于保护数据库中的代码和对象，以免用户不小心进行了修改。

2. Access 用户级安全性

Access 使用 Microsoft Jet 数据引擎存储和检索数据库中的对象。Jet 数据引擎使用基于工作组的安全模型（也称为用户级安全性）来判断谁可以打开数据库，并保护数据库所包含的对象的安全。

无论是否明确设置了数据库的安全性，用户级安全性对所有 Access 数据库始终处于打开状态，用户可以通过操纵用户和组账户的权限及成员身份来更改 Access 中的默认安全级别。

启用 Access 时，Jet 数据引擎都要查找工作组信息文件。工作组信息文件包含组和用户信息（包括密码），这些信息决定了谁可以打开数据库，以及他们对数据库中的对象的权限。对单个对象的权限存储在数据库中。这样，可以赋予一个组的用户（而不是其他用户）使用特定表的权限，而赋予另一个组的用户查看报表的权限，但不能修改报表的设计。

工作组信息文件包括内置组（Admins 和 User）及一个通用用户账户（Admins），该账户具有管理数据库及其包含的对象的权限（无限制）。

但是，工作组中的 Admins 组不能被删除，其成员具有不可撤销的管理权限，可以通过其他方式（如代码）删除 Admins 组的权限，但 Admins 组的任何成员都可以重新添加权限。

此外，Admins 组中必须始终至少有一个管理数据库的成员。对于没有进行安全设置的数据库，Admins 组始终包含默认的 Admins 用户账户，这也是所有用户默认登录的账户。

如果将以前版本具有用户级安全性的 Access 数据库转换为新的文件格式，则 Access 将自动剔除所有的安全设置，并应用保护 accdb 或 accde 文件的规则。

12.1.3 Access 中的安全功能

在 Access 中，除了早期版本具有的密码功能，还拥有下列一些新的安全功能。

1. 信任中心

在默认情况下，Access 会禁用所有可能不安全的代码或其他组件。但是，用户可通过设置受信任的文件夹来解除这种禁用功能。

执行"文件"|"选项"命令，在弹出的"Access 选项"对话框中，激活"信任中心"选项卡，单击"信任中心设置"按钮，如图 12-1 所示。

在弹出的"信任中心"对话框中，激活"受信任位置"选项卡，单击"添加新位置"按钮，如图 12-2 所示。

第 12 章 数据库安全与优化

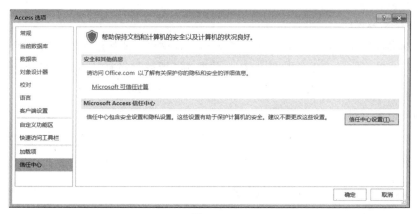

图 12-1

图 12-2

在弹出的"Microsoft Office 受信任位置"对话框中,选择受信任源的位置的文件路径和文件夹名称,单击"确定"按钮即可,如图 12-3 所示。

图 12-3

> **提示**
> 如果要允许收信人网络上的位置,在"信任中心"对话框中选择"允许网络上的受信任位置(不推荐)"复选框。

2. 压缩和修复数据库

为确保实现最佳性能，应该定期压缩和修复 Access 文件，即数据库的编码/解码过程。如果要压缩位于服务器或共享文件夹上的共享 Access 数据库，要确保没有其他用户打开它。执行"数据库工具"|"工具"|"压缩和修复数据库"命令即可，如图 12-4 所示。

另外，用户也可以设置每次关闭 Access 都自动执行压缩功能。执行"文件"|"选项"命令，在弹出的"Access 选项"对话框中，激活"当前数据库"选项卡，选择"关闭时压缩"复选框，单击"确定"按钮即可，如图 12-5 所示。

图 12-4

图 12-5

3. 备份数据库

除了对数据库采取一些策略来保护数据库，最重要、最直接的保护措施就是将整个数据库进行备份操作。当然，这样可能会加大数据库维护的工作量，但对数据库的保护会更全面、更安全。

执行"文件"|"保存"命令，在"另存为"列表中选择"数据库另存为"选项，同时选择"备份数据库"选项，并单击"另存为"按钮，如图 12-6 所示。

在弹出的"另存为"对话框中，设置保存位置和文件名，单击"保存"按钮即可，如图 12-7 所示。

> **提示**
> 如果采用用户级安全机制，则还应该创建工作组信息文件的备份。如果该文件丢失或损坏，将无法启动 Access，只有还原或更新该文件后才能启动。

第 12 章　数据库安全与优化

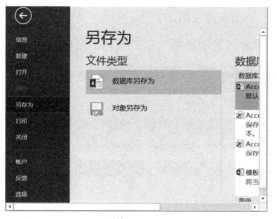

图 12-6

图 12-7

4．用备份副本还原 Access 数据库

如果数据库文件夹中已有的 Access 数据库文件和备份副本有相同的名称，则还原的备份数据库可能会替换已有的文件。如果要保存已有的数据库文件，应在复制备份数据库之前为其重新命名。也可以先创建空数据库，然后从原始数据库中导入相应的对象，来备份单个的数据库对象。

12.2　优化数据库

通过优化操作可以使数据库更完整，更符合规范化规则。一般，用户可以对整个数据库进行优化操作，也可以对数据库中的对象进行优化操作。

12.2.1　优化数据库性能

在 Access 中，可以通过"性能分析器"功能来优化数据库的性能。而"性能分析器"在 Access 项目（与 SQL Server 数据库连接且用于创建客户/服务器应用程序的 Access 文件）中不可用。

执行"数据库工具"｜"分析"｜"分析性能"命令，弹出"性能分析器"对话框。激活"全部对象类型"选项卡，单击"全选"按钮，选择数据库中所有的对象，并单击"确定"按钮，如图 12-8 所示。

> **提示**
> 用户也可以通过激活不同的选项来选择不同的分析内容。例如，激活"查询"选项卡，在该选项卡内选择需要进行分析的查询对象。

此时，在"性能分析器"对话框中将显示分析结果。分析结果中的内容将被划分为"推荐""建议""意见"和"更正"四种分析结果。当用户选择"分析结果"列表中的任何一个项目时，

373

列表下的"分析注释"框会显示建议优化的相关信息,如图 12-9 所示。

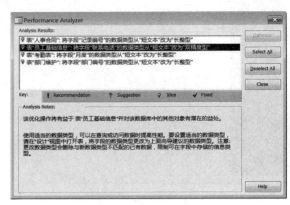

图 12-8　　　　　　　　　　　　　　图 12-9

12.2.2　优化数据库对象

在 Access 中,除了优化整个数据库,还可以通过"分析表"和"数据库文档管理器"对数据库中的对象进行优化操作。

1. 分析表

在将数据导入 Access 表之后,可以使用表分析器向导快速标识出重复的数据。

执行"数据库工具"|"分析"|"分析表"命令,如图 12-10 所示。

在弹出的"表分析器向导"对话框中,可以通过单击"显示范例"按钮查看简短的教程,并单击"下一步"按钮,如图 12-11 所示。

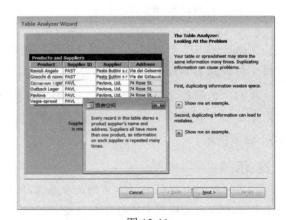

图 12-10　　　　　　　　　　　　　　图 12-11

在"表分析器:问题解决"选项卡中,也可以通过单击"显示范例"按钮查看简短的教程,并单击"下一步"按钮,如图 12-12 所示。

在"请确定哪张表中含有许多记录中有重复值的字段"选项卡中,选择表列表框中需要分析的表,并单击"下一步"按钮,如图12-13所示。

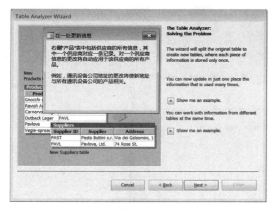

图 12-12

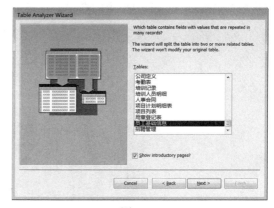

图 12-13

此时,用户通过两个选项确定检查表是否有不符合规则的内容,此处选中"否,自行决定"选项,并单击"下一步"按钮,如图12-14所示。

提 示

如果让向导决定将哪些字段放在哪些表中,那么它的选择可能并不总是满足用户意愿的数据,尤其是没有很多要处理的数据时,所以应当仔细检查向导的结果。

如果选择让向导做决定,应当看到通过关系线链接的多个表。但此时,由于是手动自主决定,因此 Access 只创建一个包含所有字段的表。

用户可以将字段从表拖到页的空白区域,以创建包含这些字段的新表,并提示输入表名称。另外,如果认为将字段存储在另一个表中更有效,则可以将字段从当前表拖到该表中,如图12-15所示。移动新表后,单击"下一步"按钮,继续向导操作。

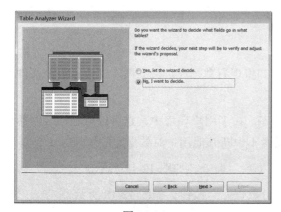

图 12-14

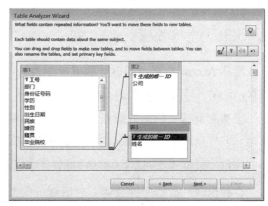

图 12-15

如果向导发现记录中有非常相似的值，它会将这些值作为可能的排版错误标识出来，并显示在屏幕供用户确认其操作。如果向导未发现记录中有非常相似的值，则会在弹出的对话框中询问用户是否创建查询，选中相应的选项，单击"完成"按钮，如图 12-16 所示。

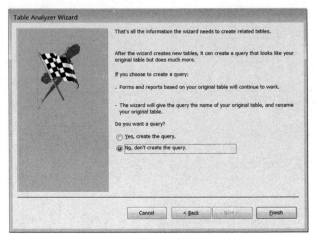

图 12-16

2．数据库文档管理器

数据库文档管理器主要管理数据库中的所有对象，以及分析数据库中对象的性能，并且以报表的形式显示文档的信息。

12.3 移动数据及生成文件

在 Access 中，除了通过导入和导出功能来移动数据，还可以通过移动数据和生成文件功能实现数据的转移。

12.3.1 迁移数据

迁移 Access 数据，即拆分数据库中表的内容。如将现有数据库拆分为两个文件：一个文件包含表，一个文件包含查询和表单。

该功能是将表的当前数据库移到新的后端数据库，在多用户环境中，这可以减轻网络的通信负担，并可以使后续的前端开发不影响数据库，或者不中断其他用户对数据库的访问。

执行"数据库工具"｜"移动数据"｜"Access 数据库"命令，如图 12-17 所示。

在弹出的"数据库拆分器"对话框中单击"拆分数据库"按钮，如图 12-18 所示。

第 12 章 数据库安全与优化

图 12-17

图 12-18

在弹出的"创建后端数据库"对话框中，设置保存位置和文件名，如图 12-19 所示，单击"拆分"按钮。

> **提示**
> 如果源数据库受密码保护，拆分向导将创建一个没有密码的后端数据库，这样，所有的用户都可以访问该数据库。为了确保数据库的安全，拆分后有必要为后端数据库创建新密码。

此时，系统将自动弹出提示对话框，提示用户数据库拆分成功，单击"确定"按钮即可，如图 12-20 所示。

图 12-19

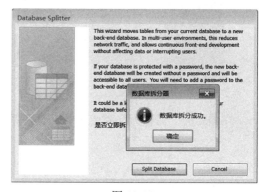

图 12-20

12.3.2 生成 accde 格式的文件

Access 采用了一种支持很多产品增强功能的新型文件格式，如 accdb 和 accde 格式。当在 Access 中创建一个新数据时，默认情况下该数据库将保存为以 accdb 为扩展名的文件。

该文件格式支持多值字段和附件等新功能，所以其应用范围更加广泛。但这种文件格式在早期版本的 Access 中无法打开（以 mdb 为扩展名的文件），也不支持复制和用户级安全性。

> **提示**
>
> mde 格式的文件用于确保 Access 数据库中的窗体、报表和 VBA 代码的安全。将 Access 数据库保存为 mde 格式的文件时，若数据库包含 VBA 代码，则会编译所有代码，删除所有可编译的源代码，并压缩目标数据库。

以 accde 为扩展名的文件，继承了以 mde 为扩展名的文件特征，成为 Access 版本中"仅执行"模式的文件。它删除了所有 VBA 的源代码，只能执行 VBA 代码，而不能修复这些代码。

如果 accdb 格式的文件包含 VBA 代码，则 accde 格式的文件中仅包括编译的代码，因此用户不能查看或修改 VBA 代码。而且 accde 格式的文件用户没有权限更改窗体或报表设计。

在 Access 中，执行"文件"|"另存为"命令，在展开的列表中选择"数据库另存为"选项，同时选择"生成 ACCDE"选项，并单击"另存为"按钮，如图 12-21 所示。

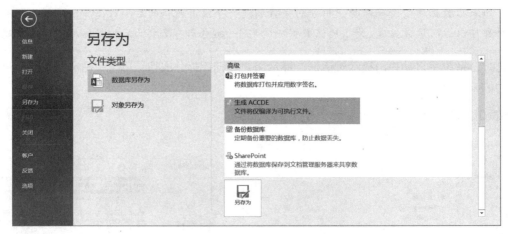

图 12-21

在弹出的"另存为"对话框中，设置保存位置和名称，单击"保存"按钮即可。